Voraussetzungen und Folgen des Koppelungsverbotes Art. 10 § 3 MRVG

Schriften zum deutschen und internationalen Baurecht

Herausgegeben von Axel Wirth

Band 3

Frankfurt am Main · Berlin · Bern · Bruxelles · New York · Oxford · Wien

Petra Christiansen-Geiss

Voraussetzungen und Folgen des Koppelungsverbotes Art. 10 § 3 MRVG

PETER LANG
Internationaler Verlag der Wissenschaften

Bibliografische Information der Deutschen Nationalbibliothek
Die Deutsche Nationalbibliothek verzeichnet diese Publikation
in der Deutschen Nationalbibliografie; detaillierte bibliografische
Daten sind im Internet über <http://www.d-nb.de> abrufbar.

Zugl.: Darmstadt, Techn. Univ., Diss., 2008

D 17
ISSN 1863-091X
ISBN 978-3-631-58403-3
© Peter Lang GmbH
Internationaler Verlag der Wissenschaften
Frankfurt am Main 2009
Alle Rechte vorbehalten.

Das Werk einschließlich aller seiner Teile ist urheberrechtlich
geschützt. Jede Verwertung außerhalb der engen Grenzen des
Urheberrechtsgesetzes ist ohne Zustimmung des Verlages
unzulässig und strafbar. Das gilt insbesondere für
Vervielfältigungen, Übersetzungen, Mikroverfilmungen und die
Einspeicherung und Verarbeitung in elektronischen Systemen.

www.peterlang.de

„Das Recht ist kein Kreißsaal für die Gerechtigkeit und hat niemals behauptet, einer zu sein. Das Recht besteht aus Gesetzen, Gesetze bestehen aus Wörtern, und Wörter können manches sein, aber sicher nicht gerecht. Wie soll eine geschriebene Regel, für unendlich viele Fallkonstellationen gedacht, angesichts der Einmaligkeit eines Geschehens eine gerechte Aussage treffen? Das Recht ist klüger als diese Forderung. Seine Regeln sind ebenso giftig oder heilsam wie Gefäße, die erst von Menschen mit verschiedenen Inhalten gefüllt werden."

Juli Zeh, Spieltrieb, S. 518/519

Vorwort

Bei der vorliegenden Arbeit handelt es sich um eine Dissertation, die dem Fachbereich 1, Rechts- und Wirtschaftswissenschaften der Technischen Universität Darmstadt vorgelegen hat.
Literatur und Rechtsprechung sind bis Anfang 2008 berücksichtigt.
Besonders bedanken möchte ich mich bei meinen Doktorvater, Professor Dr. Axel Wirth, der mir die Gelegenheit geboten hat, das interessante Thema im Rahmen einer Dissertation aufzuarbeiten und in seiner Schriftenreihe im Peter Lang Verlag zu publizieren. Mein Dank gilt ebenfalls Professor Dr. Lautner, der die Arbeit als Zweitkorrektor betreut hat, sowie Professor Dr. Werner, mit dem ich über einzelne Problemkreise und Thesen angeregt diskutieren konnte.
Für die Unterstützung bei der schriftlichen Erstellung des Manuskriptes möchte ich mich herzlich bei Frau Wruk und Frau Arens bedanken.
Der größte Dank gilt meiner Familie, insbesondere meinem Ehemann und meinen Kindern, die in Folge meiner Beschäftigung mit der Arbeit manchmal etwas zu kurz kamen, mich aber immer ermutigt und unterstützt haben.

Juli 2008   Petra Christiansen-Geiss

Inhaltsverzeichnis

Literaturverzeichnis		17
I.	Anlass	27
II.	Gesetzestext	29
III.	Hintergrund für den Erlass des Art. 10 § 3 MRVG	31
1.	Rechtslage vor Erlass des Art. 10 § 3 MRVG	33
1.1.	Unwirksamkeit des Architektenvertrags gemäß § 138 BGB	33
1.2.	Verstoß gegen kartell- und wettbewerbsrechtliche Bestimmungen	36
2.	Begründung des Gesetzgebers für den Erlass des Art. 10 § 3 MRVG	37
IV.	Verfassungsrechtliche Prüfung	41
1.	Verstoß gegen Art.14 Abs. 1 GG	41
1.1.	Einschränkung der Rechte des Erwerbers	41
1.2.	Einschränkung der Rechte des Veräußerers	41
1.3.	Art. 14 Abs. 1 GG und Erbbaurecht	45
2.	Verstoß gegen Art. 12 Abs. 1 GG	46
2.1.	Vorschrift mit berufsregelnder Tendenz	46
2.2.	Rechtfertigung des Eingriffs	47
2.3.	Beschränkung der Berufswahl und der Berufsausübung	48
2.4.	Zulässigkeit der Berufswahlregelung	48
2.4.1.	Überragend wichtiges Gemeinschaftsgut	48
2.4.1.1.	Freie Wahl der Architekten/Ingenieure durch die Bauwilligen	48
2.4.1.2.	Schutz des Wettbewerbs	49
2.4.1.3.	Schutz des typischen Berufsbildes des freiberuflichen Architekten/Ingenieurs	50
2.4.1.4.	Schutz des Mieters vor Überteuerung	51
2.4.2	Erforderlichkeit	51
2.4.3.	Zwischenergebnis	52
2.5.	Berufsausübungsfreiheit	52
2.5.1.	Eingriff in die Freiheit der Berufsausübung	52

2.5.2.	Vernünftige Gründe des Gemeinwohls	53
2.5.3.	Notwendigkeit des Eingriffs	53
2.5.4.	Zwischenergebnis	56
2.5.5.	Rechtsfolgen des Verstoßes	57
3.	Verstoß gegen Art. 2 Abs. 1 GG	58
4.	Verstoß gegen Art. 3 Abs. 1 GG	58
4.1.	Unterschiedliche Behandlung vergleichbarer Sachverhalte	59
4.2.	Zulässigkeit der Ungleichbehandlung	59
4.2.1.	Auffassung in der Literatur und Rechtsprechung	60
4.2.1.1.	Befürworter einer zulässigen Differenzierung	60
4.2.1.2.	Ablehnende Stimmen in der Literatur	61
4.2.2.	Stellungnahme	63
4.3.	Rechtsfolgen	65
5.	Zusammenfassung	65
V.	Art. 10 § 3 MRVG und Verträge mit Auslandsbezug	67
1.	Grenzüberschreitende Verträge bei im Inland gelegenen Grundstücken	67
1.1.	Architekten-/Ingenieurverträge	68
1.2.	Grundstücksverträge	70
1.3.	Auswirkungen der Rechtswahl auf die Anwendung des Art. 10 § 3 MRVG	70
1.4.	Anwendung des Art. 34 EGBGB	71
2.	Im Ausland gelegene Grundstücke	74
3.	Zusammenfassung	75
VI.	Art. 10 § 3 MRVG und EG-Recht	77
1.	Beschränkung der Dienstleistungsfreiheit	77
2.	Rechtfertigung der Beschränkung	79
VII.	Voraussetzungen des Art. 10 § 3 MRVG	83
1.	Geschützter Personenkreis	83
1.1.	Wohnungsbauunternehmen Projektentwicklungsgesellschaften, Bauträger etc.	83
1.1.1.	Herrschende Meinung	83
1.1.2.	Mindermeinung	83
1.1.3.	Stellungnahme	84
1.2.	Architekten und Ingenieure als geschützter Personenkreis	85
2.	Grundstückserwerb	86
2.1.	Kaufverträge, Tauschverträge	86

2.2.	Schenkung	87
2.3.	Vorverträge	88
2.4.	Übertragung von Gesellschaftsanteilen	88
2.4.1.	Kein Fall der Koppelung	88
2.4.2.	Gegenmeinung	88
2.4.3.	Stellungnahme	89
2.4.	Grundstückserwerb bei Erbauseinandersetzung	90
2.5.	Erwerb von Wohnungseigentum	91
2.5.1.	Überwiegende Auffassung	91
2.5.2.	Gegenmeinung	92
2.5.3.	Stellungnahme	93
2.6.	Erwerb von Bruchsteils- bzw. Miteigentum und Gesamthandseigentum	94
2.7.	Einräumung eines Erbbaurechts	96
2.7.1.	Herrschende Meinung	96
2.7.2.	Mindermeinung	98
2.7.3.	Stellungnahme	98
2.8.	Nießbrauch, Grunddienstbarkeit, persönlich beschränkte Dienstbarkeit und Grundstückserwerb	99
3.	Grundstück im Sinne des Art. 10 § 3 MRVG	100
4.	Bindung an einen Architekten/Ingenieur	101
4.1.	Person des Begünstigten	101
4.1.1.	Berufstands- oder leistungsbezogen	101
4.1.1.1.	Leistungsbezogene Interpretation	101
4.1.1.2.	Berufsstandsbezogene Interpretation	103
4.1.1.2.1.	Rechtsprechung des Bundesgerichtshofs	103
4.1.1.2.2.	Rechtsprechung der Obergerichte	106
4.1.1.2.3.	Meinungen in der Literatur	107
4.1.1.3.	Der Architekt als Generalübernehmer, Baubetreuer, Generalunternehmer oder Bauträger	109
4.1.1.3.1.	Rechtsprechung des Bundesgerichtshofs	109
4.1.1.3.2.	Rechtsprechung der Landes- und Oberlandesgerichte	110
4.1.1.3.3.	Auffassung in der Literatur	111
4.1.1.4.	Stellungnahme	112
4.1.2.	Projektmanager, Projektentwickler, Projektsteuerer, Projektcontroller, Baucontroller	115
4.1.2.1.	Projektmanager	116
4.1.2.2.	Projektentwickler	116
4.1.2.3.	Projektsteuerer	119
4.1.2.4.	Projektcontroller	124

4.1.2.5.	Baucontroller	125
4.2.	„Bestimmter Architekt/Ingenieur"	125
4.2.1.	Herrschende Meinung	126
4.2.2.	Mindermeinung	126
4.2.3.	Stellungnahme	127
4.3.	Wer ist Architekt/Ingenieur im Sinne der Vorschrift?	127
5.	Art der Leistung der Architekten/Ingenieure	130
5.1.	Planung und Ausführung eines Bauwerkes	130
5.1.1.	Herrschende Meinung	130
5.1.2.	Mindermeinung	131
5.1.3.	Stellungnahme	131
5.2.	Bauwerke	132
6.	Koppelung zwischen Architekten-/Ingenieurvertrag und Grundstückserwerbsvertrag	133
6.1.	Voraussetzung für das Vorliegen einer Koppelung	133
6.2.	Von wem geht die Koppelung aus; wer hat das Grundstück „an der Hand"?	134
6.3.	Art der Architektenbindungsvereinbarung	137
6.3.1.	Weite Auslegung	138
6.3.2.	Enge Auslegung	139
6.3.3.	Stellungnahme	139
6.4.	Abstandssumme	140
6.4.1.	Herrschende Rechtsprechung	140
6.4.2.	Meinung in der Literatur	144
6.4.3.	Stellungnahme	145
6.5.	Zeitliches Element	146
6.6.	Beweislast und Beweisregeln	146
6.7.	Kenntnis von dem Koppelungsverbot	149
6.8.	Architektenwettbewerbe	150
6.8.1.	Herrschende Meinung	150
6.8.2.	Mindermeinung	151
6.8.3.	Stellungnahme	151
6.8.4.	Folgen bei Auslobung nach den GRW	152
6.9.	Keine Koppelung	155
VIII.	Rechtsfolgen des Verstoßes	159
1.	Architekten-/Ingenieurvertrag	159
1.1.	Nichtigkeit nach § 134 BGB	159
1.2.	§ 141 BGB Heilung der Unwirksamkeit durch Bestätigung	159
1.2.1.	Überwiegende Meinung	160

1.2.2.	Mindermeinung	161
1.2.3.	Stellungnahme	161
1.2.4.	Weitere Voraussetzungen einer Bestätigung	163
1.3.	§ 242 BGB	164
1.3.1.	Treuwidrigkeit des Architekten	164
1.3.2.	Treuwidrigkeit des Erwerbers	165
1.3.3.	Stellungnahme	166
2.	Rechtsfolgen der Nichtigkeit der Architektenbindung für den Grundstückskaufvertrag	167
2.1.	Art. 10 § 3 Satz 2 MRVG	167
2.2.	Anwendbarkeit des § 139 BGB und Art. 10 § 3 Satz 2 MRVG	168
2.2.1.	Rechtsprechung	168
2.2.2.	Meinungen in der Literatur	171
2.2.3.	Stellungnahme	173
3.	Verknüpfung weiterer Vereinbarungen mit der unzulässigen Architektenbindung und deren Nichtigkeit über § 139 BGB	174
4.	Beurkundungszwang	175
5.	Folgen des nichtigen Architekten-/Ingenieurvertrags	180
5.1.	Ansprüche des Architekten/Ingenieurs	180
5.1.1.	Ansprüche des Architekten/Ingenieurs aus GOA (§§ 683, 670 BGB)	181
5.1.1.1.	Übernahme der Geschäftsführung	181
5.1.1.2.	Im Interesse und mit Willen des Bauherrn	181
5.1.1.3.	Umfang und Höhe des Aufwendungsersatzanspruches	183
5.1.1.3.1.	Erforderliche Aufwendungen	183
5.1.1.3.2.	Übliche Vergütung	184
5.1.1.3.3.	Honorar unterhalb der Mindestsätze	184
5.1.1.3.4.	Fehlende Verwertung der Architektenleistung	185
5.1.1.4.	Ergebnis	186
5.1.2.	Ansprüche aus Bereicherung (§§ 812 Abs. 1 Satz 1, 818 Abs. 2 BGB)	186
5.1.2.1.	Leistung	186
5.1.2.2.	Vermögensvorteil	187
5.1.2.3.	Herausgabe des Erlangten	187
5.1.2.3.1.	Herausgabe des Erlangten bei mangelhafter/unbrauchbarer Leistung des Architekten/Ingenieurs	188
5.1.2.3.2.	Wertersatz bei fehlender Verwertung bzw. Verwertungsabsicht	189
5.1.2.3.3.	Vereitelte Vorteile	193
5.1.2.3.4.	Kritik am Wegfall der Bereicherung	194
5.1.2.3.5.	Stellungnahme	195

5.1.2.3.6.	§§ 818 Abs. 4, 819 BGB	195
5.1.2.4.	Höhe des Wertersatzanspruches	197
5.1.2.4.1.	Besondere Leistungen	197
5.1.2.4.2.	Mindestsatzunterschreitung	198
5.1.2.4.3.	Minderwertige Leistung	199
5.1.2.5.	§ 814 BGB	199
5.1.2.6.	§ 817 Satz 2 BGB	201
5.1.2.6.1.	Herrschende Auffassung	202
5.1.2.6.2.	Mindermeinung	202
5.1.2.6.3.	Stellungnahme	203
5.2.	Ansprüche des Erwerbers/Auftraggebers im Falle der Nichtigkeit des Architektenvertrages	204
5.2.1.	Ansprüche auf Rückerstattung zuviel gezahlten Architektenhonorars nach § 812 Absatz 1 Satz 1 BGB	204
5.2.1.1.	Keine Leistung erbracht	205
5.2.1.2.	Mehr als Mindestsätze bezahlt	205
5.2.1.3.	Mangelhafte bzw. unbrauchbare Architektenleistungen	205
5.2.1.4.	Rückzahlungsanspruch des Architektenhonorars bei fehlender Verwertung durch den Bauherrn	207
5.2.1.5.	Rückzahlung des Architektenhonorarvorschusses bei günstigerer anderer Beauftragungsmöglichkeit	207
5.2.1.6.	Die Mangelbeseitigungskosten übersteigen das Architektenhonorar	208
5.2.1.7.	§ 814 BGB	208
5.2.2.	„Gewährleistungsansprüche" des Bauherrn bei mangelhafter Leistung des Architekten ?	209
5.2.2.1.	Vertragliche Ansprüche aus §§ 633 ff. BGB analog	210
5.2.2.2.	§ 311 Abs. 2 BGB / Ansprüche aus Verschulden bei Vertragsschluss	210
5.2.2.2.1.	Aufklärungspflicht des Architekten/Ingenieurs	210
5.2.2.2.2.	Verschulden	212
5.2.2.2.3.	Rechtsfolgen eines Aufklärungspflichtverstoßes	212
5.3.	Versicherungsrechtliche Probleme	214
IX.	Kritik an Art. 10 § 3 MRVG	217
1.	Kritische Stimmen in der Literatur	217
2.	Positive Meinung	220
3.	Erster Baugerichtstag am 19.05.2006 in Hamm	220
X.	Gesetzesinitiativen	223

| XI. | Zusammenfassung der Ergebnisse | 229 |
| XII. | Resümee | 235 |

Literaturverzeichnis

Arndt, Herbert/Lerch, Klaus/Sandkühler, Gerd: Bundesnotarordnung vom 24.02.1961, Kommentar, Carl Heymanns Verlag, Köln, 5. Auflage 2003 (zitiert: Arndt/Lerch/Sandkühler)

Bamberger, Heinz-Georg/Roth, Herbert (Herausgeber): Kommentar zum bürgerlichen Gesetzbuch, Band 1, Verlag C.H. Beck, München, 2. Auflage, 2007 (zitiert: Bearbeiter in Bamberger/Roth)

Bilda, Klaus: Bauaufträge als „Maklerlohn", MDR 1977, 540 ff.

Bindhardt, Walther/Jagenburg, Walter: Die Haftung des Architekten, Werner Verlag, Düsseldorf, 8. Auflage, 1981 (zitiert: Bearbeiter in Bindhardt/Jagenburg)

Brambring, Günter: Das Gesetz zur Änderung und Ergänzung beurkundungsrechtlicher Vorschriften in der notariellen Praxis, DNotZ 1990, 281 ff.

Brandt, Dieter: Baubetreuung, Anwendungsbereich und Grenzen der Verordnung zur Durchführung des § 34c Gewerbeordnung, BauR 1976, 21 ff.

Breiholdt, Jutta: „Das Kopplungsverbot" in der Rechtsprechung Anmerkungen zu Art. 10 § 3 Mietrechtverbesserungsgesetz (MRVerbG), MDR 1987, 810 ff.

Bruck, Ernst/Möller, Hans/Johannsen, Ralf: Kommentar zum Versicherungsvertragsgesetz, Band IV, Allgemeine Haftpflichtversicherung (§§ 149 – 158 a) ohne Kraftverkehrsversicherung und andere Pflichtversicherungen, de Gruyter, Berlin, 8. Auflage, 1970 (zitiert: Bruck/Möller/Johannsen)

Brych, Friedrich/Pause, Hans-Egon: Bauträgerkauf: Vom Generalübernehmer – zum Mehrwertsteuermodell?, NJW 1990, 545 ff.

Bultmann, Stephan: Zur „Entreicherung" des Bauherrn bei Architektenleistungen aufgrund nichtigen Vertrages gemäß § 818 Abs. 3 BGB, BauR 1995, 335 ff.

Callies, Christian/Ruffert, Matthias: EUV/EGV Das Verfassungsrecht der Europäischen Union mit Europäischer Grundrechtscharta, Kommentar, Verlag C.H. Beck, München, 3. Auflage, 2007 (zitiert: Bearbeiter in Callies/Ruffert)

Christiansen-Geiss, Petra: Formverstoß hinsichtlich nichtiger Architektenbindungsvereinbarung: Gesamtnichtigkeit des Vertrages?, IBR 2006, 206

Custodis, Hans: Architektenbindungsklauseln nach altem und neuem Recht, DNotZ 1973, 526 ff.

Custodis, Hans: Gilt das Verbot der Architektenbindung auch für Architekten, die sich als Bauträger betätigen? MitRhNotK 1977, 173 ff.

Doerry, Jürgen: Das Verbot der Architektenbindung in der Rechtsprechung des Bundesgerichtshofs, ZfBR 1991, 48 ff.

Doerry, Jürgen: Das Verbot der Architektenbindung in der Rechtsprechung des Bundesgerichtshofs in: Festschrift für Gottfried Baumgärtel zum 70. Geburtstag, Carl Heymanns Verlag, Köln, 1990, S. 41 ff. (zitiert: Bearbeiter in Festschrift für Baumgärtel)

Dreier, Horst: Grundgesetzkommentar Band 1, Verlag Mohr, Siebeck, Tübingen, 2. Auflage, 2004 (zitiert: Dreier)

Drucksache 6/1549 Deutscher Bundestag 6. Wahlperiode Anlage 1 Entwurf des Gesetzes über Maßnahmen zur Verbesserung des Mietrechts und der Begrenzung des Mietanstiegs Anlage 2 Stellungnahme des Bundesrats

Drucksache 6/2124 Deutscher Bundestag 6. Wahlperiode Gesetzentwurf zur Verbesserung des Mietrechts und der Begrenzung des Mietanstiegs (schriftlicher Bericht des Rechtsausschusses) 5. Ausschuss, Bericht der Abgeordneten, Zusammenstellung des von der Bundesregierung eingebrachten Entwurfs mit den Beschlüssen des Rechtsausschusses

Drucksache 10/1562 Deutscher Bundestag 10. Wahlperiode Beschlussempfehlung und Bericht des Ausschusses für Raumordnung, Bauwesen und Städtebau, 16. Ausschuss, zu dem von den Abgeordneten eingebrachten Entwurf eines Gesetzes zur Änderung des Gesetzes zur Regelung von Ingenieur- und Architektenleistungen – Drucksache 10/543 (neu) –

Erding, Walter/Schmalzl, Max: Vertragsgestaltung und Haftung im Bauwesen, Verlag C.H. Beck, München, 2. Auflage, 1967

Erman Westermann, Harmpeter (Herausgeber): Bürgerliches Gesetzbuch, Band 3, Aschendorff Rechtsverlag, Münster/Dr. Otto Schmidt Verlag, Köln, 11. Auflage, 2004 (zitiert: Bearbeiter in Erman)

Eschenbruch, Klaus: Projektsteuerung im Fokus der BGH-Rechtsprechung, NZBau 2000, 409 ff.

Eschenbruch, Klaus: Recht der Projektsteuerung, Werner Verlag, Düsseldorf, 1999 (zitiert: Eschenbruch)

Fischer, Hans Georg: Europarecht, Grundlagen des Europäischen Gemeinschaftsrechts in Verbindung mit deutschem Staats- und Verwaltungsrecht, Verlag C.H. Beck, München, 3. Auflage, 2001

Fischer, Peter: Grenzüberschreitende Architektenverträge in: Festschrift für Ulrich Werner zum 65. Geburtstag, Werner Verlag, München, 2005, S. 23 ff. (zitiert: Bearbeiter in Festschrift für Werner)

Forkert, Meinhard: Die HOAI – im Spannungsfeld des Europarechts, BauR 2006, 586 ff.

Glaser, Hugo: Das Architektenrecht in der Praxis, Verlag Neue Wirtschaftsbriefe, Herne/Berlin, 2. Auflage, 1971 (zitiert: Glaser 2. Auflage 1971) 3. Auflage, 1981 (zitiert Glaser, 3. Auflage)

Gold, Ingo: „GOA" bei nichtigen Werkverträgen?, JA 1994, 205 ff.

Hagen, Horst/Brambring, Günter/Krüger, Wolfgang/Hertel, Christian: Der Grundstückskauf, RWS Verlag, Köln, 8. Auflage, 2005 (zitiert: Bearbeiter in Hagen/Brambring/Krüger/Hertel)

Häring, Hans: Der Architektenvertrag und seine Rechtsprobleme, Luchterhand, Neuwied, 1969 (zitiert: Häring)

Heiermann, Wolfgang: Die Tätigkeit des Projektsteuerer unter dem Blickwinkel des Rechtsberatungsgesetzes, BauR 1996, 48 ff.

Hesse, Hans Gerd/Korbion, Herrmann/Mantscheff, Jack/Vygen, Claus: HOAI Honorarordnung für Architekten und Ingenieure, Verlag C.H. Beck, München, 5. Auflage, 1996 (zitiert: Bearbeiter in Hesse/Korbion/Mantscheff/ Vygen, 5. Auflage)

Hesse, Hans Gerd/Korbion, Herrmann/Mantscheff, Jack/Vygen, Claus: HOAI Honorarordnung für Architekten und Ingenieure, Verlag C.H. Beck, München, 4. Auflage, 1992 (zitiert: Bearbeiter in Hesse/Korbion/Mantscheff/ Vygen, 4. Auflage)

Hesse, Hans Gerd: Das Verbot der Architektenbindung, BauR 1977, 73 ff.

Hesse, Hans Gerd: Verbot der Architektenbindung – Fehlschlag und Abhilfe, BauR 1985, 30 ff.

Hettich, Michael: Die Honorarregelungen der HOAI im EU-Binnenmarkt, NZBau 2005, 190 ff.

Hoffmüller, Joachim: Achtung! Koppelungsverbot nach wie vor wirksam, DAB 1989, NW 79

Huhn, Diether/von Schuckmann, Hans Joachim: Beurkundungsgesetz und Dienstordnung für Notare, Kommentar, de Gruyter, Berlin, 4. Auflage, 2003 (zitiert: Huhn/von Schuckmann)

Ingenstau, Heinz/Korbion, Hermann: VOB Teile A und B, Kommentar, Werner Verlag, Düsseldorf, 16. Auflage, 2007 (zitiert: Bearbeiter in Ingenstau/Korbion)

Jagenburg, Walter: Das Verbot der Architektenbindung im Spannungsfeld zwischen Vertragsfreiheit und Wirtschaftsordnung, BauR 1979, 91 ff.

Jacobs, Dieter/Ring, Jacob/Wolf, Reiner (Herausgeber): Freiburger Handbuch zum Baurecht, Bundesanzeigerverlag, Köln, 2. Auflage, 2003 (zitiert: Jacobs/ Ring/Wolf)

Jarras, Hans/Pieroth, Bodo: Grundgesetz für die Bundesrepublik Deutschland Kommentar, Verlag C.H. Beck, München, 9. Auflage, 2007 (zitiert: Bearbeiter in Jarras/Pieroth)

Jaspers, Jan: Koppelungsverbot nicht zugunsten von Projektentwicklungsgesellschaften!, IBR 2004, 323

Jauernig, Othmar (Herausgeber): Bürgerliches Gesetzbuch, Verlag CH. Beck, München, 12. Auflage, 2007 (zitiert: Jauernig/Bearbeiter)

Jochem, Rudolf: HOAI-Kommentar, Bauverlag, Wiesbaden und Berlin, 4. Auflage, 1998 (zitiert: Jochem)

Kämmerer, Jörn Axel: Projektsteuerung und Grundgesetz: § 31 HOAI im Lichte des Verfassungsrechts, BauR 1996, 162 ff.

Kniffka, Rolf/Koeble, Wolfgang: Kompendium des Baurechts – Privates Baurecht und Bauprozess –, Verlag C.H. Beck, München, 2. Auflage, 2004 (zitiert: Kniffka/Koeble)

Kniffka, Rolf: Die Zulässigkeit rechtsbesorgender Tätigkeiten durch Architekten, Ingenieure und Projektsteuerer (Teil I), ZfBR, 1994, 253 ff.

Kniffka, Rolf: Die Zulässigkeit rechtsbesorgender Tätigkeiten durch Architekten, Ingenieure und Projektsteuerer (Teil II), ZfBR 1995, 10 ff.

Koeble, Wolfgang: Einzelfragen der Anwendung des § 3 des Gesetzes zur Regelung von Ingenieur- und Architektenleistungen, insbesondere die Anwendbarkeit auf Baubetreuungsverträge, BauR 1973, 25 ff.

Korbion, Hermann/Mantscheff, Jack/Vygen, Claus: HOAI, Honorarordnung für Architekten und Ingenieure, Verlag C.H. Beck, München, 6. Auflage, 2004 (zitiert: Bearbeiter in Korbion/Mantscheff/Vygen)

Krauß, Hans-Frieder: Immobilienkaufverträge in der Praxis, ZAP Verlag, Münster, 4. Auflage, 2008 (zitiert: Krauß)

Kroppen, Heinz: Zur Nichtigkeit vor dem 04.11.1971 abgeschlossener, mit dem Erwerb eines Grundstücks gekoppelter Architektenverträge, BauR 1974, 174 ff.

Lass, Christiane: Das Koppelungsverbot des Art. 10 § 3 MRVG aus verfassungsrechtlicher Sicht, DNotZ 1996, 742 ff.

Littbarski, Sigurd: AHB Kommentar Allgemeine Versicherungsbedingungen für die Haftpflichtversicherung, Verlag C.H. Beck, München, 2001

Locher, Horst Ulrich/Koeble, Wolfgang/Frik, Werner: Kommentar zur HOAI, Werner Verlag, Düsseldorf, 9. Auflage, 2005 (zitiert: Locher/Koeble/Frik)

Locher, Horst: Das private Baurecht, Verlag C.H. Beck, München, 7. Auflage, 2005 (zitiert: Locher, Privates Baurecht)

Locher, Ulrich: Die Abwicklung des unwirksamen Architektenvertrages in: Festschrift für Klaus Vygen zum 60. Geburtstag, Werner Verlag, Düsseldorf, 1999, S. 28 ff. (zitiert: Bearbeiter in Festschrift für Vygen)

Löffelmann, Peter/Fleischmann, Gundram: Architektenrecht, Werner Verlag, Düsseldorf, 4. Auflage, 2000 (zitiert: Löffelmann/Fleischmann)

Ludwigs, Kurt/Ludwigs, Jürgen: Der Architekt, Vertragsrecht, Gebührenordnung, Carl Heymanns Verlag, Köln/Berlin/Bonn/München, 1964 (zitiert: Ludwigs/ Ludwigs)

Maser, Axel: Bauherrenmodelle im Spiegel der neueren Gesetzgebung und Rechtsprechung, NJW 1980, 961 ff.

Maunz, Theodor/Dürig, Günter/Herzog, Roman (Herausgeber): Kommentar zum Grundgesetz, Loseblattsammlung seit 1958, Band 2, Verlag C.H. Beck, München (zitiert: Bearbeiter in Maunz/Dürig/Herzog)

Merkert, Hubert: Die Rechtswirkungen der Architektenbindungsklausel beim Grundstücksverkauf, Betriebsberater 1962, 1144 ff.

Morlock, Alfred: Gilt das Koppelungsverbot für Baubetreuer?, IBR 1993, 386

Motzke, Gerd/Wolff, Rainer: Praxis der HOAI, Verlag C.H. Beck, München, 3. Auflage, 2004 (zitiert: Motzke/Wolff)

Münchener Kommentar zum Bürgerlichen Gesetzbuch, Rebmann, Kurt/Säcker, Franz Jürgen/Rixecker, Roland (Herausgeber): Band 10, Einführungsgesetz zum Bürgerlichen Gesetzbuch (Art. 1 bis 46), Internationales Privatrecht, Verlag C.H. Beck, München, 4. Auflage, 2006, (zitiert: Bearbeiter in Münchner Kommentar)

Band 1, Allgemeiner Teil, 1. Halbband (§§ 1 bis 240), PostG, Verlag C.H. Beck, München, 5. Auflage, 2006, (zitiert: Bearbeiter in Münchner Kommentar)

Band 2, Schuldrecht, Allgemeiner Teil, §§ 241 bis 432, Verlag C.H. Beck, München, 5. Auflage, 2007, (zitiert: Bearbeiter in Münchner Kommentar)

Band 4, Schuldrecht, Besonderer Teil II, §§ 611 bis 704, EFZG, TzBfG, KSchG, Verlag C.H. Beck München, 4. Auflage, 2005, (zitiert: Bearbeiter in Münchner Kommentar)

Band 5, Schuldrecht, Besonderer Teil III, §§ 705 bis 853, Partnerschaftsgesellschaftsgesetz, Produkthaftungsgesetz, Verlag C.H. Beck, München, 4. Auflage, 2004 (zitiert: Bearbeiter in Münchner Kommentar)

Neuenfeld, Klaus/Baden, Eberhard/Gräfin Dohna, Inge/Groscurth, Eberhard: Handbuch des Architektenrechts, Loseblattsammlung, Band 1, Allgemeine Grundlagen, Verlag Kohlhammer, Stuttgart, 3. Auflage, (zitiert: Bearbeiter in Neuenfeld/Baden/Dohna/Groscurth)

Palandt: Bürgerliches Gesetzbuch, Verlag C.H. Beck, München, 66. Auflage, 2007 (zitiert: Bearbeiter in Palandt)

Pauly, Holger: Das Koppelungsverbot des Art. 10 § 3 MRVG – Ein alter Zopf muss weichen, BauR 2006, 769 ff.

Pott, Werner/Dahlhoff, Willi/Kniffka, Rolf/Rath, Heike: HOAI Verordnung über die Honorare für Leistungen der Architekten und Ingenieure, Verlag Hubert

Wingen/Rudolf Müller, Essen, Köln, 8. Auflage, 2006 (zitiert: Pott/Dahlhoff/ Kniffka/Rath)

Pott, Werner/Dahlhoff, Willi/Kniffka, Rolf: HOAI, Verordnung über die Honorare für Bauleistungen der Architekten und Ingenieure, Verlag Hubert Wingen/ Rudolf Müller, Essen, Köln, 7. Auflage ,1996 (zitiert: Pott/Dahlhoff/Kniffka)

Prölls, Erich/Martin, Anton: Versicherungsvertragsgesetz, Kommentar zur VVG und EGVVG, Verlag C.H. Beck, München, 27. Auflage, 2004

Quack, Friedrich: Europarecht und HOAI, ZfBR 2003, 419 ff.

Quack, Friedrich: Projektsteuerung, ein Berufsbild ohne Rechtsgrundlage, BauR 1995, 27 ff.

Rädler, Veronika: Die HOAI als zwingendes Preisrecht für Architekten und Landschaftsarchitekten in Deutschland im internationalen Vergleich, BauR 2001, 1032 ff.

RGRK: Das Bürgerliche Gesetzbuch, Kommentar, Band II, 5. Teil, §§ 812 bis 831, de Gruyter, Berlin, 13. Auflage, 1995, (zitiert: Bearbeiter in RGRK)

Richter, Andreas: Unzulässige Koppelung von Kauf- und Architektenvertrag?, IBR 2004, 147

Roth, Werry/Gaber, Bernhard/Hartmann, Leopold: Kommentar zum Vertragsrecht und zur Gebührenordnung für Architekten, Bertelsmann Fachverlag, Gütersloh, 10. Auflage, 1970 (zitiert: Roth/Gaber)

Sachs, Michael: Grundgesetzkommentar, Verlag C.H. Beck, München, 4. Auflage, 2007 (zitiert: Bearbeiter in Sachs ...)

Schäfer/Finnern/Hochstein/Korbion: Die Rechtsprechung zum privaten Baurecht, Loseblattsammlung seit 1978, Werner Verlag, Köln (zitiert: Schäfer/Finnern/ Hochstein/Korbion)

Schäfer/Finnern: Die Rechtsprechung zum privaten Baurecht, Loseblattsammlung seit 1954, Werner Verlag, Köln, (zitiert: Schäfer/Finnern)

Schill, Nicolas: Die Entwicklung des Rechts der Projektsteuerung seit 1998, NZBau 2002, 201 ff.

Schmidt, Friedrich: Anmerkung zu der Entscheidung des Bundesgerichtshofes vom 29.09.1988 – VII ZR 94/88, DNotZ 1989, 749 ff.

Schöner, Hartmut/Stöber, Kurt: Grundbuchrecht, Verlag C.H. Beck, München, 13 Auflage, 2003 (zitiert: Schöner/Stöber)

Schulze-Hagen, Alfons: Keine Ausnahme vom Koppelungsverbot, IBR 1992, 54

Soergel, Hs.Th.: Bürgerliches Gesetzbuch, Band 4, Schuldrecht III (§§ 705 bis 853), Verlag W. Kohlhammer, Stuttgart, Berlin, Köln, Mainz, 11. Auflage, 1985 (zitiert: Bearbeiter in Soergel)

Späte, Bernd: Haftpflichtversicherung, Kommentar zu den Allgemeinen Versicherungsbedingungen für die Haftpflichtversicherung (AHB), Verlag CH Beck, München, 1993

Staudinger, J. von: Kommentar zum Bürgerlichen Gesetzbuch mit Einführungsgesetz und Nebengesetzen, Recht der Schuldverhältnisse, §§ 311b, 311c, Neubearbeitung 2006 von Wufka, Eduard,de Gruyter, Berlin (zitiert: Bearbeiter in Staudinger)

Staudinger, J. von: Kommentar zum Bürgerlichen Gesetzbuch mit Einführungsgesetz und Nebengesetzen, Neubearbeitung 1999 von Lorenz, Werner, Recht der Schuldverhältnisse, §§ 812 bis 822, de Gruyter, Berlin (zitiert: Bearbeiter in Staudinger)

Stemmer, Michael/Wierer, Karl-Georg: Rechtsnatur und zweckmäßige Gestaltung von Projektsteuerungsverträgen, BauR 1997, 935 ff.

Stern, Klaus: Das Staatsrecht der Bundesrepublik Deutschland, Band III/1, Allgemeine Lehren und Grundrechte, Verlag C.H. Beck, München, 1988 (zitiert: Stern, Allgemeine Staatslehre, Band III/1)

Streinz, Rudolf: EUV/EGV, Kommentar, Verlag C.H. Beck, München, 2003 (zitiert: Streinz)

Thode, Reinhold/Wirth, Axel/Kuffer,Johann (Herausgeber): Praxishandbuch Architektenrecht, Verlag C.H. Beck, München, 2004 (zitiert: Thode/Wirth/Kuffer)

Umbach, Dieter/Clemens, Thomas (Herausgeber): Grundgesetz Mitarbeiterkommentar und Handbuch, Band 1, CF Müller Verlag, Heidelberg, 2002

Vogel, Olrik: Auswirkungen und Einfluss des Gemeinschaftsrechts auf das private Baurecht, BauR 2006, 744 ff.

Vogelheim, Markus/Najork, Eike: Die Verteidigungsaussichten der HOAI vor dem EUGH, NZBau 2007, 265 ff.

Vollmer, Michael: Koppelungsverbot und Grundstücksveräußerung mit Bauplanung, ZfBR 1999, 249 ff.

von Mangoldt, Hermann/Klein, Friedrich/Starck, Christian: Kommentar zum Grundgesetz, Band 1, Art. 1 – 19, Vahlen Verlag, München, 5. Auflage, 2005 (zitiert: Bearbeiter in von Mangoldt/Klein/Starck)

Band 2, Art. 20 – 82, Vahlen Verlag, München, 5. Auflage, 2005 (zitiert: Bearbeiter in von Mangoldt/Klein/Starck)

von Münch, Ingo/Kunig, Philip: Grundgesetz-Kommentar Band 1, Art. 1 – 19, Verlag C.H. Beck, München, 5. Auflage, 2001 (zitiert: Bearbeiter in von Münch/Kunig)

Band 2, Art. 20 – 69, Verlag C.H. Beck, München, 5. Auflage, 2001 (zitiert: Bearbeiter in von Münch/Kunig)

Wagner, Klaus-R.: Projektmanagement – Treuhandschaft – Immobiliendevelopement, BauR 1991, 665 ff.

Weyer, Friedhelm: Gründe für eine Nichtigkeit des Architektenvertrages und dessen Abwicklung, BauR 1984, 324 ff.

Weinbrenner, Eberhard/Jochem, Rudolf/Neusüß, Wolfgang: Der Architektenwettbewerb, Erläuterungen der Grundsätze und Richtlinien für Wettbewerbe auf den Gebieten der Raumplanung, des Städtebaus und des Bauwesens – GRW 1995 – Bauverlag, Wiesbaden und Berlin, 2. Auflage, 1998 (zitiert: Weinbrenner/Jochem/Neusüß GRW 1995)

Weinbrenner, Eberhard/Jochem, Rudolf: Der Architektenwettbewerb, eine Erläuterung der Grundsätze und Richtlinien für Wettbewerbe auf den Gebieten der Raumplanung, des Städtebaus und des Bauwesens – GRW 1977 – Bauverlag, Wiesbaden und Berlin, 1988 (zitiert: Weinbrenner/Jochem GRW 1977)

Weise, Stefan: Der Projektsteuerungsvertrag nach dem AHO-DVP-Modell kann ein Werkvertrag sein. § 8 HOAI findet auf Projektsteuerungsverträge keine Anwendung, NJW Spezial 2007, 213 ff.

Wenner, Christian: Die objektive Anknüpfung grenzüberschreitender Verträge im Deutschen Internationalen Anlagen- und Bauvertragsrecht, in: Festschrift für Jack Mantscheff zum 70. Geburtstag, Verlag C.H. Beck, München, 2000, 205 ff. (zitiert: Bearbeiter in Festschrift für Mantscheff)

Wenner, Christian: HOAI im internationalen Rechtsverkehr, RIW 1998, 173 ff.

Wenner, Christian: Internationale Architektenverträge, insbesondere das Verhältnis Schuldstatut – HOAI, BauR 1993, 257 ff.

Wenner, Christian: Internationales Kollisionsrecht der HOAI und EG-rechtliche Folgen, ZfBR 2003, 421 ff.

Werner, Ulrich/Christiansen-Geiss, Petra: Nichtige Architekten-Koppelungsvereinbarung nach Artikel 10 § 3 MRVG und die notarielle Beurkundungspflicht nach § 311 b BGB in: Festschrift für Hans Ganten zum 70. Geburtstag, Vieweg Verlag/GWV Fachverlage, Wiesbaden, 2007 (zitiert: Werner/Christiansen-Geiss in Festschrift für Ganten)

Werner, Ulrich/Pastor, Walter: Der Bauprozess, Werner Verlag, Köln, 12. Auflage, 2008 (zitiert: Bearbeiter in Werner/Pastor)

Will, Ludwig: Bauherrenaufgaben: Projektsteuerung nach § 31 HOAI „kontra Baucontrolling", BauR 1984, 333 ff.

Wirth, Axel/Theis, Stefanie: Architekt und Bauherr, Fallorientierte Erläuterungen zum Architekten- und Ingenieurvertrag, Verlag für Wirtschaft und Verwaltung Hubert Wingen, Essen, 1997 (zitiert: Wirth/Theis)

Wirth, Axel (Herausgeber): Darmstädter Baurechtshandbuch, Band 1, Privates Baurecht, Werner Verlag, München, 2. Auflage, 2005 (zitiert: Bearbeiter in Wirth, Darmstädter Baurechtshandbuch)

Wolfsteiner, Hans: Kommentar zur Entscheidung des LG Traunstein vom 05.11.1974 – AZ: 2 O 420/74, MitBayNotZ 1978, 52 ff.

Zeiß, Eberhard: Zusammenhang zwischen Grundstückskaufvertrag und Bauvertrag, BWNotZ 1984, 129 ff.

Zöller, Richard: Kommentar Zivilprozessordnung, Otto Schmid Verlag, Köln, 26. Auflage, 2006 (zitiert: Bearbeiter in Zöller)

I. Anlass

Anlass für die Beschäftigung mit diesem Thema war folgender Passus in einem notariell beurkundeten Architekten- und Garantievertrag vom Juli 1979:

„§ 8

Die Beteiligten sind von dem Notar darauf hingewiesen worden, dass gemäß § 3 des Art. 10 des Gesetzes vom 04.11.1971 (Bundesgesetzblatt I S.1754) eine Vereinbarung, die den Erwerber eines Grundstückes im Zusammenhang mit dem Erwerb verpflichtet, bei der Planung oder Ausführung eines Bauwerkes auf dem Grundstück die Leistungen eines bestimmten Ingenieurs oder Architekten in Anspruch zu nehmen, unwirksam ist.

Die Bauherren erklären, dass ihnen von Seiten des Grundstücksverkäufers eine solche Verpflichtung nicht auferlegt worden ist.

Sollten die Bauherren sich gleichwohl zu Recht darauf berufen, dass dieser Architektenvertrag nach dem vorstehend bezeichneten Gesetz unwirksam ist und den Architekten aus dem Vertrag insoweit entlassen, so gilt für diesen Fall folgendes als verbindlich vereinbart:

1.

Der Bauherr erkennt an, dass er in einem solchen Fall dem Architekten die von ihm bis dahin tatsächlich erbrachten Leistungen aus dem Gesichtspunkt der ungerechtfertigten Bereicherung dennoch zu vergüten hat. Der Architekt kann verlangen, dass das vereinbarte Architektenhonorar für die Leistungen dann entsprechend seiner amtlichen Gebührenordnung aufgeteilt wird. Der Bauherr erkennt eine Zahlungsverpflichtung für einen solchen Fall in Höhe von 3.000,00 DM als fest geschuldete Verbindlichkeit hiermit ausdrücklich an.

2.

Der nachstehend beurkundete Garantievertrag ist in einem solchen Fall ebenfalls von Anfang an unwirksam.

Dem Bauherrn ist in diesem Zusammenhang von dem Notar bekanntgemacht, dass eine Auflösung des Architektenvertrages aus den Gründen des vorstehend angegebenen Gesetzes nicht zwangsläufig auch die Unwirksamkeit des Grundstückskaufvertrages zur Folge hat."

Während des Bauvorhabens kam es – wie so oft – zu erheblichen Problemen mit den ausführenden Unternehmen. Der Rohbauunternehmer meldete Konkurs an. Nicht die Bauherren, sondern der Architekt berief sich nun auf die Nichtigkeit des Architektenvertrags wegen Verstoßes gegen Art. 10 § 3 des Gesetzes zur Verbesserung des Mietrechts und der Bekämpfung des Mietanstiegs sowie zur Regelung von Ingenieur- und Architektenleistungen (im weiteren MRVG genannt). Das Oberlandesgericht Köln entschied in dem Rechtsstreit zwischen Bauherrn und Architekten schließlich zugunsten des Architekten. Das führte zu folgenden Ergebnissen:

- Der Architektenvertrag (samt Vertragsstrafenregelung) war nichtig.
- Der Garantievertrag mit dem Architekten über die einzuhaltende Bausumme war ebenfalls nichtig.
- Der Architekt ließ sich nicht mehr blicken, behielt aber sein Honorar.
- Der Bauherr nahm die Bauleitung selbst in die Hand und führte das Bauvorhaben zu einem verspäteten, aber erfolgreichen Ende.
- Der Präsident des Landgerichts als Aufsichtsbehörde über die Notare sah keinen Grund, das Verhalten des Notars zu beanstanden. Der Notar habe schließlich auf die Möglichkeit der Nichtigkeit des Vertrages hingewiesen.

Grund genug, sich – wenn auch fast 30 Jahre später – mit Art. 10 § 3 MRVG näher zu befassen und den im Zusammenhang mit dieser Norm auftauchenden Fragen nachzugehen, wie z.B.:

- Was war Grund für den Erlass der Norm?
- Wann liegen die Voraussetzungen der Norm vor?
- Wie ist die Vorschrift im Lichte der Verfassung und der Regelungen des EU-Rechtes zu sehen?
- Ist das Koppelungsverbot noch zeitgemäß?

II. Gesetzestext

Art. 10 § 3 des Gesetzes zur Verbesserung des Mietrechts und zur Begrenzung des Mietanstiegs sowie zur Regelung von Ingenieur- und Architektenleistungen vom 04.11.1971, geändert durch Gesetz zur Änderung des Gesetzes zur Regelung von Ingenieur- und Architektenleistungen vom 12.11.1984, lautet wörtlich wie folgt:

Artikel 10 § 3

„**Unverbindlichkeit der Koppelung von Grundstückskaufverträgen mit Ingenieur- und Architektenverträgen**

Eine Vereinbarung, durch die der Erwerber eines Grundstückes sich im Zusammenhang mit dem Erwerb verpflichtet, bei der Planung oder Ausführung eines Bauwerks auf dem Grundstück die Leistungen eines bestimmten Ingenieurs oder Architekten in Anspruch zu nehmen, ist unwirksam. Die Wirksamkeit des auf den Erwerb des Grundstückes gerichteten Vertrages bleibt unberührt."

III. Hintergrund für den Erlass des Art. 10 § 3 MRVG

Bereits vor Schaffung der Regelung des Art. 10 § 3 MRVG wurde in Rechtsprechung und Literatur die Koppelung von Ingenieur- und Architektenverträgen an Grundstückserwerbsverträge als problematisch und teilweise als wettbewerbsverzerrend angesehen.[1]

Der Grund lag darin, dass in zunehmendem Maße Grundstückseigentümer für die Baureifmachung ihres Grundstücks die fachliche oder geschäftliche Unterstützung von Architekten oder Ingenieuren in Anspruch nahmen. Häufig überließen sie diesen dann auch die Vermittlung des Baulands an kaufwillige Interessenten. Eine Vergütung in Form eines Maklerhonorars durften die Architekten/ Ingenieure aber wegen des Verbots des § 34 c Abs. 1 Gewerbeordnung nicht entgegennehmen.[2]

Als „Gegenleistung" ließen sich die Architekten/Ingenieure daher vielfach von den bauwilligen Kaufinteressenten mit der Erbringung von Planungsleistungen beauftragen. Das Grundstück wurde zusammen bzw. im Zusammenhang mit der Eingehung dieser Architekten-/Ingenieurverträge veräußert.[3] Häufig gelang es Architekten/Ingenieuren dann, eine besonders starke Stellung zu erwerben, wenn es um die Baureifmachung und Vermittlung größerer ehemals landwirtschaftlich genutzter Flächen ging, die als neue Wohngebiete erschlossen werden sollten.[4] Der Bauherr wiederum war gezwungen, den Architekten/Ingenieur zu beauftragen, der ihm das Grundstück vermittelte, wobei es auf die fachlichen Fähigkeiten des Vermittlers nicht ankam.[5]

Teilweise war es allerdings auch umgekehrt. Bauwillige, die in der Umgebung von Städten Grundstücke erwerben wollten, wandten sich an ortsansässige Architekten mit der Bitte, ihnen Grundstücke zu beschaffen, und der Zusage, diese dann mit Architekten-/Ingenieurleistungen zu beauftragen. Sie gingen davon aus, dass die Architekten/Ingenieure auf Grund ihrer Beziehungen zu Land und

---

1 Doerry in Festschrift für Baumgärtel 1990 S. 42
2 So auch Jagenburg in Bindhardt/Jagenburg, § 2 Rn. 113
3 Hesse, BauR 1977, 73; Vygen in Korbion/Mantscheff/Vygen, Art. 10 § 3 MRVG Rn. 1
4 Hesse, BauR 1977, 73; Vygen in Korbion/Mantscheff/Vygen, Art. 10 § 3 MRVG Rn. 1
5 Hesse, BauR 1977, 73; Vygen in Korbion/Mantscheff/Vygen, Art. 10 § 3 MRVG Rn. 1

Leuten am besten in der Lage sein würden, ihnen entsprechendes Grundeigentum zu verschaffen.[6]

Bereits im Jahre 1953 nahm der Bund Deutscher Architekten zum Thema „architektengebundene Grundstücke" Stellung.[7] In einem Beschluss seines Vorstands legte er Folgendes fest:

„Die vorbereitenden Arbeiten eines Architekten für die Parzellierung von Grundbesitz stellen städtebauliche Vorarbeiten dar, die mit der baulichen Planung des Architekten für ein bestimmtes Bauprojekt nicht unmittelbar verbunden zu sein brauchen. Diese städtebaulichen Vorarbeiten lösen sachlich den Honoraranspruch des Architekten aus, der im Regelfall vom Auftraggeber zu vergüten ist, wobei nichts dagegen einzuwenden ist, dass diese Vergütung anteilmäßig auf die zu verkaufenden Flächen umgelegt wird und der Architekt seinen Honoraranspruch bis zum effektiven Verkauf der Einzelparzellen stundet und dann bezüglich seines Anspruches aus dem Verkaufserlös befriedigt wird. Eine darüber hinausgehende Bindung des Architekten für die bauliche Planung des Käufers bedarf in jedem Einzelfall der Nachprüfung. Eine Genehmigung einer solchen Bindung ist nur in dem Fall zulässig, wenn es sich bei der Planung um die Sicherung der einheitlichen Bebauung einer Mehrzahl von Gebäuden handelt und die Qualifikation des zu bindenden Architekten der Aufgabe entspricht. Auch dann soll die Bindung nicht über das Maß hinausgehen, das zur Erreichung dieses Zieles notwendig ist. Die Berechtigung einer solchen Architektenbindung ist abzulehnen, da die Qualität der Architektenleistung den Käufer überzeugen soll, mit ihm zu arbeiten. Der Zwang der Bindung des Architekten durch Verpflichtung beim Kauf eines Grundstücks ist im Allgemeinen keine unserer Berufsauffassung entsprechende Maßnahme".[8]

In der Berufsordnung für die Kammermitglieder der Baden-Württembergischen Architektenkammer wurde im Jahre 1959 in Teil A Ziffer 2 Abs. 3 Folgendes festgelegt:

„Der freie Architekt darf keine Vereinbarungen treffen und Vormerkungen im Grundbuch veranlassen, wonach fremde Grundstücke nur verkauft werden dürfen, wenn der Käufer sich verpflichtet, bestimmte Architekten mit der Planung oder sonstigen, dem freien Architekten obliegenden Aufgaben, zu beauftragen. Eine Ausnahme ist nur zulässig, wenn übergeordnete Gesichtspunkte diese rechtfertigen. Der freie Architekt darf keine architektengebundenen fremden Grundstücke anbieten".[9]

---

6 Jagenburg in Bindhardt/Jagenburg, § 2 Rn. 113
7 Roth/Gaber, S. 90
8 Roth/Gaber, S. 90; Custodis DNotZ 1973, 526 ff., 527
9 Roth/Gaber, S. 90/91; Ludwigs/Ludwigs, S. 248; Custodis, DNotZ 1973, 526 ff., 527; Glaser, 2. Auflage 1971, S. 279

1. Rechtslage vor Erlass des Art. 10 § 3 MRVG

In Rechtsprechung und Literatur wurde ebenfalls die Meinung vertreten, dass die Architektenbindungsvereinbarung grundsätzlich standeswidrig sei, zumindest dann, wenn ein Architekt auf eine architektengebundene Veräußerung eines Grundstücks hinwirke und aus einer entsprechenden Vertragsklausel Ansprüche gegen den Erwerber geltend mache und keine übergeordneten Gesichtspunkte dies rechtfertigten.[10]

Der standesrechtliche Verstoß konnte auf die Vertragsbeziehungen zwischen den Parteien jedoch nur dann Einfluss haben, wenn er auch zivilrechtlich beachtlich war. Zu der Frage, inwieweit und auf welcher rechtlichen Grundlage eine Unwirksamkeit des Architektenvertrags angenommen werden könne, entwickelte sich eine reichhaltige und z.T. widersprüchliche Rechtsprechung.[11] Die Frage wurde auch in der Literatur diskutiert.[12]

In Betracht gezogen wurde eine Unwirksamkeit aufgrund Verstoßes gegen die guten Sitten – § 138 BGB –.[13] Einige wenige Autoren beschäftigten sich auch mit der Frage, ob ein Verstoß gegen das Wettbewerbs- und Kartellrecht gegeben sein könnte.[14]

1.1. Unwirksamkeit des Architektenvertrags gemäß § 138 BGB

Zu der Frage, ob und unter welchen Voraussetzungen vor Erlass des Art. 10 § 3 MRVG Architektenkoppelungsvereinbarungen gegen die guten Sitten verstießen und deshalb nach § 138 BGB nichtig waren, gingen in Literatur und Rechtsprechung die Meinungen auseinander. Das Oberlandesgericht Frankfurt führte in einer Entscheidung vom 31.01.1971 aus, dass der Verkauf eines Grundstücks mit

---

10 BGH, BauR 1973, 117 ff., 118; Häring, S. 108; Custodis, DNotZ 1973, 526 ff., 528; Glaser, 2. Auflage 1971, S. 279; Merkert, BB 1962, 1144 ff.
11 BGH, BB 1964, 1147 ff.; BGH, BB 1963, 111 ff.; BGH, BB 1961, 914 ff.; BGH, BauR 1973, 117 ff.; OLG Düsseldorf, BauR 1970, 186 ff.; OLG Hamm, NJW 1964, 405 ff.; OLG Frankfurt, BauR 1973, 392 ff.; OLG Frankfurt, DB 1971, 1388 f.
12 Glaser, 2. Auflage 1971, S. 278 ff.; Herding/Schmalzl, S. 282; Merkert, BB 1962, 1144 ff.; Roth/Gaber, S. 90 ff.; Ludwigs/Ludwigs, S. 248 ff.; Häring, S. 108 ff.
13 BGH, BB 1964, 1147 ff.; BGH, BB 1963, 111 ff.; BGH, BB 1961, 914 ff.; BGH, BauR 1973, 117 ff.; OLG Düsseldorf, BauR 1970, 186 ff.; OLG Hamm, NJW 1964, 405 ff.; OLG Frankfurt, BauR 1973, 392 ff.; OLG Frankfurt, DB 1971, 1388 f.; Locher/Koeble/Frik, Art. 10 § 3 MRVG Rn. 3; Hesse, BauR 1977, 73; Jagenburg in Bindhardt/Jagenburg, § 2 Rn. 114; Glaser, 2. Auflage 1971, 278 ff.; Custodis, DNotZ 1973, 526 ff.; Doerry, ZfBR 1991, 48 ff.; Vollmer, ZfBR 1999, 249 ff.
14 Hesse, BauR 1977, 73 ff., 74; Vollmer, ZfBR 1999, 249 ff.

Architektenbindung in der Regel sittenwidrig sei. Er begründete dies damit, dass Architekten einen freien Beruf ausübten. Mit dem Wesen eines freien Berufes sei es aber nicht vereinbar, dass auf den Auftraggeber Druck ausgeübt wird, die Entscheidung darüber jedoch, welchen Architekten er beauftragen wolle, von anderen Kriterien als der fachlichen Qualifikation und der persönlichen Zuverlässigkeit abhängig zu machen. Bei der Architektenleistung sei gerade ein besonderes Vertrauensverhältnis wichtig. Dies gelte sowohl für den planenden als auch für den bauaufsichtsführenden Architekten. Das Oberlandesgericht Frankfurt[15] hielt die damals weit verbreitete Vereinbarung von Architektenbindungen deshalb für eine Unsitte, die zu erheblichen Missständen führe. In den Ballungsräumen seien Baugrundstücke praktisch nur mit Architektenbindung zu erwerben. Dies führe letztlich dazu, dass über den beruflichen Erfolg eines Architekten nicht mehr seine künstlerischen Fähigkeiten, sein bautechnisches Können oder die geschäftliche Zuverlässigkeit entscheide, sondern nur die Findigkeit im Aufspüren von zum Verkauf stehenden Grundstücken und seine Geschicklichkeit in der Bearbeitung von Grundstücksverkäufen. Auch in der Literatur wurde teilweise angenommen, dass es sich bei der Architektenbindungsvereinbarung um einen Verstoß gegen das Standesrecht handele und dies dazu führe, dass die Vereinbarung in der Regel als sittenwidrig zu betrachten sei.[16]

Die herrschende Meinung in Literatur und Rechtsprechung hat sich dem in dieser Konsequenz nicht angeschlossen.[17]

Anders als Merkert[18] und das Oberlandesgericht Frankfurt[19] schloss der Bundesgerichtshof[20] aus dem Vorliegen einer Standeswidrigkeit nicht ohne weiteres auf eine Sittenwidrigkeit im Sinne des § 138 Abs. 1 BGB. Dem hat sich auch die herrschende Meinung in der Literatur und Rechtsprechung angeschlossen.[21]

Begründet wurde dies damit, dass für die Sittenwidrigkeit maßgeblich sei, ob eine Vereinbarung nach Inhalt, Zweck und Beweggrund als gegen das Anstandsgefühl aller billig und gerecht Denkender verstoße.[22] Nicht schon jeder Standesverstoß eines an eine Standesordnung gebundenen Vertragsteiles sei sittenwidrig. Zwar würden häufig Vereinbarungen, die als standeswidrig angesehen werden,

---

15 OLG Frankfurt, DB 1971, 1388 f.
16 So Merkert, BB 1962, 1144 ff.
17 BGH, BauR 1973., 117 ff.; BGH, BB 1964, 1147 ff; BGH, BB 1961, 914 ff; OLG Düsseldorf, BauR 1970, 186 ff.; Glaser 2. Auflage, 278 ff.; Roth/Gaber, S. 90 ff.; Ludwigs/Ludwigs, S. 248 ff.; Häring, S. 108 ff.
18 Merkert, BB 1962, 1144 ff.
19 OLG Frankfurt, DB 1971, 1388 ff.
20 BGH, BauR 1973, 117 ff., 118; BGH, BB 1961, 914 ff.
21 Glaser, 2. Auflage 1971, S. 278 ff.; Ludwigs/Ludwigs, S. 248 ff.; Häring, S. 108 ff.; OLG Düsseldorf, BauR 1970, 186 ff.; OLG Frankfurt, BauR 1973, 392 ff.
22 BGH, BauR 1973, 117 ff., 118

auch gegen das Anstandsgefühl aller billig und gerecht Denkenden verstoßen. Es komme dabei aber stets auf die Umstände des Einzelfalls an, wobei die an das Standesbewusstsein der verschiedenen Berufszweige zu stellenden Anforderungen durchaus nicht überall gleich zu sein bräuchten. Der Bundesgerichtshof und auch die herrschende Meinung in der Literatur gingen daher davon aus, dass eine Architektenbindungsvereinbarung ohne Hinzutreten weiterer erschwerender Umstände noch nicht als sittenwidrig angesehen werden könne.[23] Wie Vollmer in diesem Zusammenhang ausführt, dient § 138 BGB nicht dazu, die Einhaltung des Berufsrechs durchzusetzen. Dies sei vielmehr Aufgabe der berufständischen Organisationen.[24]

Unter Zugrundelegung dieser Meinung ist es in den konkret zu entscheidenden Fällen dann auch zu keinem Zeitpunkt zur Annahme der Nichtigkeit einer Architektenkoppelungsvereinbarung wegen Verstoßes gegen die guten Sitten gekommen. So hatte der Bundesgerichtshof im Jahre 1964 darüber zu entscheiden, ob eine Vereinbarung unwirksam war, in der sich der Käufer bei Erwerb des Grundstücks verpflichtete, auch den Architektenvertrag (zwischen Verkäufer und Architekt) zu übernehmen. Dies hat der Bundesgerichtshof verneint. Bei dem Vertrag ginge es nicht darum, einem Grundstückserwerber einen Architekten aufzuzwingen, sondern darum, dass dem Architekten die durch Vertrag erworbenen vermögensrechtlichen Ansprüche vom Erwerber erfüllt werden. Dagegen sei nichts einzuwenden. Im Verhältnis zwischen dem Veräußerer und dem Erwerber handele es sich im Ergebnis um eine zusätzliche Gegenleistung für den Erwerb des Grundstücks. Dem Erwerber habe es von vornherein freigestanden, ob er diese Aufwendungen neben dem Kaufpreis erbringen wolle.[25] Auch in der Entscheidung vom 07.12.1972[26] ging der Senat davon aus, dass das zwischen Architekten und Bauherrn notwendige Vertrauensverhältnis keineswegs schon dadurch ausgeschlossen sei, dass ein Bauwilliger, wenn er das Grundstück erwerbe, in der Wahl des Architekten nicht mehr völlig frei sei. Dieser sei nicht gezwungen, ein architektengebundenes Grundstück zu erwerben. Außerdem sei er auch nicht unausweichlich an die Person des vorgegebenen Architekten gebunden. Vielmehr könne er grundsätzlich den Vertrag jederzeit nach § 649 BGB kündigen. Die finanzielle Last stelle wirtschaftlich nichts anderes als eine weitere Gegenleistung für den Erwerb des Grundstücks dar.[27]

---

23 BGH, BauR 1973, 117 ff., 118; Custodis, DNotZ 1973, 526; Glaser, 2. Auflage 1971, S. 278 ff., 280; Ludwigs/Ludwigs, 248 ff., 249
24 Vollmer, ZfBR 1999, 249 ff.
25 BGH, BB 1964, 1147 ff.
26 BGH, BauR 1973, 117 ff.
27 BGH BauR 1973, 117 ff.; so auch OLG Düsseldorf, BauR 1970, 186 ff.

In anderen Entscheidungen hat der Bundesgerichtshof die Sittenwidrigkeit im Einzelfall deshalb abgelehnt, weil ein besonderes Interesse für eine Koppelung sprach, so z.B. die Einheitlichkeit der Bebauung eines Baugebiets.[28] Zum Teil wurde ein besonderes Interesse an einer Architektenbindung auch dann bejaht und für zulässig gehalten, wenn der Architekt das Grundstück „an der Hand hatte", d.h. dem Bauherrn beschafft hatte und ihm dadurch erst die Möglichkeit zum Bauen gab.[29]

Als sittenwidrig wurde es dagegen angesehen, wenn der Verkäufer im Zusammenwirken mit einem mit ihm befreundeten Architekten die Architektenbindung ausschließlich zum Zwecke der Gewinnerzielung verlangte.[30] Dies wurde von den Gerichten in den zu entscheidenden Fällen jedoch nie bejaht.

Festzuhalten ist somit, dass grundsätzlich zwar eine Überprüfung von Architektenbindungsvereinbarungen unter dem Gesichtspunkt eines Verstoßes gegen die guten Sitten (§ 138 BGB) erfolgte. Da aber die Anforderungen an die Annahme eines Verstoßes gegen die guten Sitten hoch angesetzt wurden, kam es in den zu entscheidenden Einzelfällen mit Ausnahme der Entscheidung des Oberlandesgerichts Frankfurt aus dem Jahre 1971 nicht zu der Feststellung der Unwirksamkeit einer solchen Architektenbindungsvereinbarung bzw. eines gekoppelten Architektenvertrags.

1.2. Verstoß gegen kartell- und wettbewerbsrechtliche Bestimmungen

Einige Autoren stellten die Frage, ob die Architektenbindungsvereinbarung nicht einen Verstoß gegen § 1 des Gesetzes gegen Wettbewerbsbeschränkungen (im weiteren GWB) darstellen könnte[31]. Wie jedoch zu Recht in der Literatur ausgeführt wurde, scheitert die Anwendung des § 1 GWB in der Regel schon daran, dass die Unternehmereigenschaft des Erwerbers nicht bejaht werden kann.[32] Zwar werden regelmäßig die Architekten als Angehörige eines freien Berufes als Unternehmer im Sinne des § 1 GWB angesehen. Das reicht jedoch für die Anwendung des § 1 GWB nicht aus. Vielmehr muss auch der Vertragspartner, also der Grundstückseigentümer/Erwerber Unternehmer sein. Dies war meistens nicht

---

28 BGH, BB 1961, 914 ff.
29 Ludwigs/Ludwigs, S. 249
30 Ludwigs/Ludwigs, S. 249
31 Siehe Hesse, BauR 1977, 73 ff., 74; Vollmer, ZfBR 1999, 249 ff., 250; Vygen in Korbion/Mantscheff/Vygen, Art. 10 § 3 Rn. 5
32 Hesse, BauR 1977, 73 ff., 74; Vollmer, ZfBR 1999, 249 ff., 250; Vygen in Korbion/Mantscheff/Vygen, Art. 10 § 3 MRVG Rn. 5

der Fall, so dass damals schon aus diesem Grunde die Anwendung des § 1 GWB in fast allen Fällen ausschied.[33]

Teilweise wurde auch davon ausgegangen, dass nicht § 1 GWB, sondern § 16 GWB anzuwenden sei[34]. Sowohl bei der Vereinbarung zwischen Architekt/Verkäufer als auch bei der Koppelungsabrede Verkäufer/Käufer handele es sich um eine Ausschließlichkeitsbindung nach § 16 GWB.[35] So würde der Verkäufer beim Verkauf seines Grundstücks und der Käufer beim Bezug seiner gewerblichen Leistung beschränkt, was unter § 16 Abs. 1 Satz 1 GWB bzw. § 16 Abs. 1 Satz 2 GWB[36] fallen würde. Allerdings könnten die Verträge dann allenfalls im Rahmen eines Untersagungsverfahrens durch die zuständige Kartellbehörde für nichtig erklärt werden.[37] Die Regelung half daher nicht weiter.

Dementsprechend wurde auch in der Rechtsprechung die Frage der Unwirksamkeit einer Architektenkoppelungsvereinbarung von vornherein lediglich unter dem Gesichtspunkt eines Verstoßes gegen § 138 BGB diskutiert worden.

2. Begründung des Gesetzgebers für den Erlass des Art. 10 § 3 MRVG

Da die bisherigen gesetzlichen Möglichkeiten zur Eindämmung der unerwünschten wettbewerbsbehindernden bzw. wettbewerbsverzerrenden Architektenbindungen nach Meinung des Gesetzgebers nicht ausreichten, sah er sich 1971 veranlasst, eine besondere gesetzliche Regelung zu erlassen. Dies geschah im Gesetz zur Verbesserung des Mietrechts und zur Begrenzung des Mietanstiegs sowie zur Regelung von Ingenieur- und Architektenleistungen.

Die Bundesregierung begründete den von ihr eingebrachten Gesetzentwurf zum Koppelungsverbot folgendermaßen:

„Mit der Vorschrift soll einer Koppelung von Grundstückskaufverträgen mit Ingenieur- oder Architektenverträgen entgegengewirkt werden. Bei dem knappen Angebot an Baugrundstücken erwirbt der Ingenieur oder Architekt, dem Grundstücke „an die Hand" gegeben sind, eine monopolartige Stellung, die nicht auf eigener beruflicher Leistung beruht. Der Wettbewerb wird manipuliert. Der Ingenieur oder Architekt widmet sich einer berufsfremden Tätigkeit, die der des Maklers ähnlich ist. Dem Käufer wird das freie Wahlrecht bezüglich seines Ingenieurs oder Architekten genommen. Er muss die an das Grundstück gebundene Ingenieur- und Architektenleistung mitkaufen, ohne die Leis-

---

33 Hesse, BauR 1977, 73 ff.,74; Vygen in Korbion/Mantscheff/Vygen, Art. 10 § 3 MRVG Rn. 5; Vollmer, ZfBR 1999, 249 ff., 250
34 Vollmer, ZfBR 1999, 249 ff., 250
35 Vollmer, ZfBR 1999, 249 ff., 250
36 Vollmer, ZfBR 1999, 249 ff., 250
37 Vollmer, ZfBR 1999, 249 ff., 250

tungsfähigkeit des Ingenieurs oder Architekten im Einzelnen zu kennen. Nur in Ausnahmefällen, wenn Ingenieur oder Architekt Eigentümer des Grundstückes ist, sollen Verträge mit Ingenieur- und Architektenbindungsklauseln zulässig sein. In solchen Fällen kann ein berechtigtes und schutzwürdiges Interesse des Ingenieurs oder Architekten an der Bebauung des Grundstückes gegeben sein".[38]

Deshalb lautete die entsprechende Formulierung im Gesetzentwurf:

„Verspricht der Erwerber eines Grundstückes im Zusammenhang mit dem Abschluss des Kaufvertrages dem Veräußerer, einen bestimmten Ingenieur oder Architekten mit der Planung oder Ausführung eines Bauwerkes zu beauftragen, so wird durch dieses Versprechen eine Verbindlichkeit nicht begründet. Satz 1 gilt nicht, wenn der in dem Versprechen bezeichnete Ingenieur oder Architekt Eigentümer des Grundstückes ist".[39]

In seiner Stellungnahme regte der Bundesrat an, in Satz 1 des Gesetzesentwurfs die Worte „oder Architekten" durch die Worte „Architekten oder Unternehmer" zu ersetzen. Er führte dazu aus, dass das Verbot der Architektenbindung um das Verbot einer Bindung an einen bestimmten Unternehmer erweitert werden solle. Eine zulässige Unternehmerbindung könne unschwer zu einer Umgehung führen und wiederum die Bindung an einen bestimmten Architekten ermöglichen. Schließlich werde mit dem Verbot der Unternehmerbindung auch der Wettbewerb im Bau- und Wohnungswesen gefördert. Ferner schlug der Bundesrat vor, den Satz 2 zu streichen. Hierzu gab er an, dass die Einschränkung des Satzes 2 den vorangegangenen Satz entwerte. Missstände auf dem Gebiet der Architektenbindung von Grundstücken seien vor allem dort aufgetreten, wo Architekten durch Vorratskäufe von Bauerwartungsland sich die Ausgangsposition zur Vereinbarung einer Architektenbindung geschaffen hätten. Mit Hilfe des Satzes 2 ließe sich die in Satz 1 getroffene Regelung daher mühelos umgehen.

Weiterhin schlug der Bundesrat vor, folgende Regelung aufzunehmen:

„(2) Abs. 1 gilt bei der Bestellung oder Veräußerung eines Erbbaurechts entsprechend."

Als Begründung führte der Bundesrat aus, dass bei der Bestellung oder Veräußerung eines Erbbaurechts in gleicher Weise das Bedürfnis bestehe, die Koppelung mit Ingenieur- und Architektenverträgen für unverbindlich zu erklären. Ohne eine solche Ergänzung bestünde die Gefahr, die beabsichtigte Einschränkung dadurch zu umgehen, dass statt einer Veräußerung des Grundstücks auf eine Erbbaurechtsbestellung ausgewichen werde.[40]

---

38 Bundestagsdrucksache 6/1549 S. 14/15
39 Bundestagsdrucksache 6/2421 S. 21
40 Bundestagsdrucksache 6/1549, S. 31/32

Die Bundesregierung lehnte die vorgeschlagenen Änderungen ab. Es bestünden Bedenken, die Tätigkeit von Wohnungsbauunternehmen, die Grundstücke erschließen und erschlossene Grundstücke für Rechnung des Erwerbers bebauen, in das Gesetz mit aufzunehmen. Die Unternehmen könnten dadurch behindert werden.

Zur vorgeschlagenen Streichung des Satzes 2 heißt es:

„Die Streichung könne zu Härten führen, falls der Architekt/Ingenieur das Grundstück nicht im Wege des Vorratskaufes erworben habe."

Im Übrigen hatte die Bundesregierung jedoch keine Einwendungen gegen die Vorschläge des Bundesrates.[41]

Auch der Rechtsauschuss machte Änderungsvorschläge. Diese übernahm die Bundesregierung vollständig. Das ist insofern interessant, als auch die Stellungnahme des Rechtsausschusses eine Streichung des letzten Satzes mit der darin enthaltenen Ausnahme für Architekten/Ingenieure als Grundstückseigentümer vorsah. Insoweit hatte die Bundesregierung zwar dem Vorschlag des Bundesrates nicht folgen wollen, nahm die Streichung jetzt aber aufgrund der Stellungnahme des Rechtsausschusses vor.

Gleichfalls in Anlehnung an die Änderungswünsche des Rechtsausschusses wurde als neuer Satz 2 in den Gesetzestext aufgenommen:

„Die Wirksamkeit des auf den Erwerb des Grundstückes gerichteten Vertrages bleibt unberührt."

Als weiteren Vorschlag sah die Stellungnahme des Rechtsausschusses eine Ergänzung des Gesetzestextes in Satz 1 vor. Es müsse die Unwirksamkeit der Architekten-/Ingenieurbindung nicht nur an eine dem Veräußerer gegenüber abgegebenen Verpflichtungserklärung geknüpft sein, sondern auch an eine solche gegenüber dem Architekten. Als Grund für die Änderungen in den Sätzen 1 und 2 gab der Rechtsausschuss an:

„§ 3 soll der Koppelung von Grundstückskaufverträgen mit Ingenieur- und Architektenverträgen entgegenwirken, weil hierdurch eine Beeinträchtigung des Wettbewerbs entstehen kann. Hierbei muss jedoch sichergestellt sein, dass das Koppelungsverbot nicht dadurch umgangen werden kann, dass das Versprechen zur Beauftragung eines bestimmten Ingenieurs oder Architekten in einem vom Kaufvertrag getrennten Vertrag gegenüber dem Ingenieur oder Architekten abgegeben wird."

Mit der von ihm vorgeschlagenen Fassung des Art. 10 § 3 Satz 1 wollte der Rechtsausschuss solche Umgehungsversuche verhindern. Dagegen sollte die Än-

---

41 Bundestagsdrucksache 6/1549, S. 4

derung in Art. 10 § 3 Satz 2 klarstellen, dass die durch Satz 1 angeordnete Unwirksamkeit der Ingenieur- bzw. Architektenbindung den Grundstückskaufvertrag nicht erfasst.

Die in Art. 10 § 3 Satz 2 der Regierungsvorlage enthaltene Ausnahmevorschrift für Fälle, in denen der Ingenieur bzw. Architekt selbst Grundstückseigentümer ist, hat der Ausschuss deshalb nicht übernehmen wollen, weil sie eine Umgehung des Koppelungsverbots ermöglicht und damit die gesamte Vorschrift entwertet hätte.[42]

Nach Übernahme der Vorschläge des Rechtsausschusses in die Gesetzesvorlage verabschiedete der Bundestag am 4. November 1971 das Gesetz, dessen § 3 nun folgendermaßen lautete:

„Unverbindlichkeit der Koppelung von Grundstückskaufverträgen mit Ingenieur- und Architektenverträgen
Eine Vereinbarung, durch die der Erwerber eines Grundstücks sich im Zusammenhang mit dem Erwerb verpflichtet, bei der Planung oder Ausführung eines Bauwerks auf dem Grundstück die Leistungen eines bestimmten Ingenieurs oder Architekten in Anspruch zu nehmen, ist unwirksam. Die Wirksamkeit des auf den Erwerb des Grundstücks gerichteten Vertrages bleibt unberührt".[43]

Auf den ersten Blick verwundert, warum das Koppelungsverbot ausgerechnet in ein Gesetz aufgenommen wurde, das dem Ziel diente, die Verbesserung der Stellung des Mieters und die Begrenzung des Mietanstiegs herbeizuführen. Nach seiner Entstehungsgeschichte hat das Koppelungsverbot doch überwiegend kartellrechtlichen Charakter. Der sachliche Zusammenhang mit der Ermächtigung zum Erlass von Gebührenordnungen für Architekten und Ingenieure wird letztendlich darin gesehen, dass das Kartellrecht auf dem Umweg über die Aufrechterhaltung einer funktionierenden Wettbewerbsordnung auch den Schutz der Verbraucher in seine Zielvorstellungen mit einbezieht. Als Verbraucher kommen in erster Linie die bauwilligen Grundstückseigentümer und in zweiter Linie die Mieter in Betracht.[44] Über die Begünstigung der Grundstückserwerber/Bauherrn, d.h. die Beseitigung der Wettbewerbsverzerrungen auf dem Architektenmarkt, sollte indirekt auch dem Anstieg der Mietpreise entgegengewirkt werden.[45]

---

42 Schriftlicher Bericht des Rechtsausschusses, Bundestagsdrucksache 6/2421 S. 6
43 Bundestagsdrucksache 6/2421 S. 21
44 Hesse, BauR 1977, 73 ff., 74
45 Breiholdt, MDR 1987, 810 ff.; Kroppen, BauR 1974, 174 ff., 175; Vygen in Korbion/Mantscheff/Vygen, Art. 10 § 3 MRVG Rn. 6;

IV. Verfassungsrechtliche Prüfung

Es stellt sich die Frage, ob Art. 10 in § 3 MRVG verfassungskonform ist. Er könnte gegen

- Art. 14 Absatz 1 GG
- Art. 12 Absatz 1 GG
- Art. 2 Abs. 1 GG
- Art. 3 Absatz 1 GG

verstoßen.

1. Verstoß gegen Art.14 Abs. 1 GG

Ein Verstoß gegen Art. 14 GG ist unter mehreren Gesichtspunkten zu untersuchen. Sowohl der Erwerber als Eigentümer eines Grundstücks wie auch der Veräußerer können durch die Norm unzulässig eingeschränkt werden.

1.1. Einschränkung der Rechte des Erwerbers

Der Erwerber kann sich immer freiwillig entscheiden, mit dem „vorgegebenen" Architekten den Vertrag zu schließen, so dass eine Einschränkung seiner Eigentumsrechte nicht gegeben ist.

1.2. Einschränkung der Rechte des Veräußerers

Art. 10 § 3 MRVG könnte allerdings eine unzulässige Einschränkung der Eigentümerrechte des Veräußerers darstellen und damit gegen Art. 14 Abs. 1 GG verstoßen.

Unter Eigentum im Sinne des Art. 14 Abs. 1 GG versteht man die Summe aller durch Gesetz angeordneten vermögenswerten Rechte, die dem Bürger eine private Nutzung und Verfügungsbefugnis einräumen.[46]

Zu dem geschützten Eigentum gehört u.a. das Grundeigentum.[47] Geschützt sind der Bestand der Eigentumsposition und die Nutzung der Position, weiterhin deren Veräußerung und Verfügungen über sie.[48] Der Freiheitsbereich kann durch unmittelbare, aber auch durch faktische und indirekte Einwirkungen auf die Nutzung, Verfügung und Verwertung der Eigentumsposition beeinträchtigt werden.[49]

Grundsätzlich könnte man in der Beschneidung der Möglichkeit, ein Grundstück mit Bindung an einen bestimmten Architekten zu veräußern, einen Eingriff in die Verfügungsmöglichkeiten des veräußernden Eigentümers sehen.

Rechtsprechung und Lehre[50] vertreten teilweise die Auffassung, dass Art. 14 Abs. 1 GG nicht durch das Koppelungsverbot berührt wird. Der veräußernde Eigentümer sei deshalb nicht in seinem Recht auf Eigentum beeinträchtigt, weil die Wahl des Architekten sich erst auf die äußere Gestaltung des Grundstücks in der Zukunft auswirke. Zu diesem Zeitpunkt sei der Veräußerer nicht mehr Eigentümer des Grundstücks. Einen nachwirkenden Eigentumsschutz gebe es nicht. Es gehöre zwar zu dem Eigentumsschutz, eine beliebige Gegenleistung zu vereinbaren. Bei der Bindung an den Architekten gehe es aber allenfalls um eine rechtlich fern liegende Gewinnchance.

Richtig ist, dass die Bindung an einen Architekten sich auch in der Zukunft auswirkt und den zukünftigen Eigentümer betrifft. Dennoch kann man nicht davon ausgehen, dass deshalb keine Beeinträchtigung der Eigentumsposition des Veräußerers möglich ist. Dieser ist in seiner Verfügungsbefugnis über sein Eigentum vielmehr insoweit betroffen, als er die Übertragung bzw. Veräußerung des Eigentums nicht an bestimmte von ihm gewählte Bedingungen knüpfen kann. Man kann deshalb nicht nur von einer rechtlich fern liegenden Gewinnchance sprechen. Der Veräußerer ist vielmehr unmittelbar in seinen Rechten als Eigentümer betroffen. Er kann auch unmittelbare wirtschaftliche Nachteile erleiden z.B., wenn er von dem Architekten ein Entgelt dafür erhält, dass das Grundstück mit Architektenbindung veräußert wird. Der Vorteil für den Veräußerer kann aber auch darin liegen, dass er selbst Verpflichtungen gegenüber dem Architek-

---

46 Jarass in Jarass/Pieroth, Art. 14 GG Rn. 8
47 Jarass in Jarass/Pieroth, Art. 14 Rn. 9
48 Jarass in Jarass/Pieroth, Art. 14 GG Rn. 19;Berkemann in Umbach/Clemens, Art. 14 GG Rn. 217
49 Jarass in Jarass/Pieroth, Art. 14 GG Rn 29/30; Wendt in Sachs,Art. 14 GG Rn. 52; Papier in Maunz/Dürig/Herzog Art. 14 GG Rn. 14 GG Rn. 29
50 Lass, DNotZ 1996, 742 ff., 748; ibr-online: OLG Düsseldorf Urteil vom 21.08.2007 – 21 U 239/06 –

ten eingegangen ist und sich von ihnen über die Vereinbarung einer Abstandssumme bzw. einer Beauftragung oder Vertragsübernahme durch den Erwerber lösen will. Der Veräußerer kann zwar seinerseits den Architektenvertrag immer frei kündigen. Er hat aber dann gemäß § 649 BGB unter Umständen erhebliche Zahlungsverpflichtungen zu gewärtigen und besitzt daher in solchen Fällen ein legitimes und wirtschaftliches Interesse an einer Architektenbindungsvereinbarung. Die Koppelungsvereinbarung kann aber auch dem Interesse des Veräußerers an einer bestimmten zukünftigen Bebauung des zu veräußernden Grundstücks dienen. Es geht in all diesen Fällen also nicht um einen nachwirkenden Eigentumsschutz, sondern um die Möglichkeit, zum Zeitpunkt in dem der Veräußerer selbst Eigentümer ist über das Grundstück so zu verfügen, wie es dem eigenen Interesse entspricht. Auch wenn der Veräußerer zum Zeitpunkt der Bebauung nicht mehr Eigentümer des Grundstücks ist, gehört die Möglichkeit, die Veräußerung an bestimmte Bedingungen und Auflagen oder ein bestimmtes Entgelt zu knüpfen daher zu den schutzfähigen bzw. geschützten Rechten im Rahmen des Art. 14 Abs. 1 GG.

Die Eigentumsrechte im Sinne des Art.14 Abs. 1 GG bestehen allerdings von vornherein nur in den Grenzen und mit dem Inhalt, der gesetzlich vorgesehen ist. Das Eigentum bedarf daher notwendig der rechtlichen Ausformung.[51] Der Inhalt des Eigentums ergibt sich somit aus dem Zusammenspiel aller zu einem bestimmten Zeitpunkt geltenden, die Eigentümerstellung regelnden gesetzlichen Vorschriften.[52] Das bedeutet, dass dann, wenn das Gesetz dem Eigentümer eine bestimmte Befugnis nicht gewährt, diese auch nicht zu seinem Eigentum gehört.[53] Bei der Ausgestaltung der Eigentumsordnung durch Gesetz ist besonders auf die Sozialbindung des Eigentums in Art. 14 Abs. 2 GG zu achten. Der Grundsatz der Verhältnismäßigkeit gebietet es allerdings, dass die Regelungen des Gesetzgebers zur Bestimmung des Inhalts und der Schranken des Eigentums nicht zu übermäßigen Einschnitten bzw. Belastungen führen und der Eigentümer im vermögensrechtlichen Bereich nicht unzumutbar getroffen wird.[54] Das Bundesverfassungsgericht prüft die gesetzlichen Regelungen deshalb auf Geeignetheit und Erforderlichkeit hin. Inhalts- und Schrankenbestimmungen müssen daher von dem geregelten Sachverhalt geboten und in ihrer Ausgestaltung sachgerecht sein. Sie

---

51 Berkemann in Umbach/Clemens, Art. 14 GG Rn. 133; BVerfGE 58, 300 ff., 336
52 Depenheuer in von Mangoldt/Klein/Starck, Art. 14 GG Rn. 111; BVerfGE 58, 300 ff., 336; Jarass in Jarass/Pieroth, Art. 14 Rn. 21
53 BVerfGE 58, 300 ff., 336; BVerfGE 49, 382 ff., 393
54 Depenheuer in von Mangoldt/Klein/Starck, Art. 14 GG Rn. 226; BVerfGE 52, 1 ff., 27 ff.

dürfen nicht weitergehen als der von der Regelung intendierte Schutzzweck reicht.[55]

Art. 10 § 3 MRVG bewegt sich im Rahmen dieser Grenzen. Er ist verhältnismäßig, sowie zur Erreichung des angestrebten Zweckes geeignet und erforderlich. Mit dem Verbot zur Vereinbarung einer Architektenbindung wird das Recht des Eigentümers auf Verfügung über sein Eigentum nur sehr geringfügig betroffen. Er kann grundsätzlich frei über das Grundstück verfügen. Das Koppelungsverbot führt nicht zu einer Unwirksamkeit des Grundstücksvertrags. Die fehlende Möglichkeit, das Grundstück mit einer Bindung an einen bestimmten Architekten zu veräußern, ist auch geeignet, den vom Gesetzgeber verfolgten Zweck herbeizuführen. Die Aufrechterhaltung des Wettbewerbs unter Architekten/Ingenieuren ist damit zu erreichen. Fraglich kann sein, ob Art. 10 § 3 MRVG erforderlich ist, um dieses Ziel zu erreichen. Auch dies ist jedoch zu bejahen. Der Bundesgerichtshof[56] hat insoweit zutreffend Folgendes ausgeführt:

„Mit der Anordnung, dass die hier in Rede stehenden Ingenieur- und Architektenbindungen unwirksam sind, hat der Gesetzgeber das im Grundgesetz angelegte Spannungsfeld zwischen verbürgter Freiheit und geforderter Sozialgerechtigkeit der Eigentumsordnung[57] nicht außer Acht gelassen, sondern nur die Sozialbindung des Eigentums konkretisiert. Die Regelung des Art. 10 § 3 MRVG gilt zwar für solche Unternehmen nicht, zu deren berufstypischer Leistung auch die Beschaffung und Erschließung von Baugrundstücken gehört.[58] Jedem anderen Grundstückseigentümer und damit auch dem Ingenieur und Architekten, ist es aber verwehrt, die Veräußerung eigener Grundstücke von der Verpflichtung des Kaufinteressenten abhängig zu machen, dass dieser die Leistungen eines bestimmten Ingenieurs oder Architekten in Anspruch nehme. Der Gesetzgeber hat mit Art. 10 § 3 MRVG der Gefahr begegnen wollen, dass bei knapp gewordenem Angebot von Baugrundstücken ein Ingenieur oder Architekt, dem Grundstücke „an Hand" gegeben worden sind, eine monopolartige Stellung erwirbt und dass der Wettbewerb dadurch manipuliert wird. Dazu würde es aber auch kommen, wenn Ingenieure oder Architekten Grundstücke zunächst selbst erwerben oder von der Ehefrau erwerben lassen und sie später mit entsprechender Bindung weiterveräußern könnten: „Sie hätten das Bauland damit gleichfalls „an Hand". Unvermeidliche Mehrkosten hätte wegen der Beschränkung des Wettbewerbs letztlich der Bauherr oder Mieter zu tragen. Soll der mit dem Gesetz verfolgte Zweck nicht verfehlt werden, muss der Ingenieur- und Architektenbindung die rechtliche Anerkennung auch in diesen Fällen versagt werden."

---

55 Depenheuer in von Mangoldt/Klein/Starck, Art. 14 GG Rn. 227; ff.; BVerfGE 52, 1 ff., 27 ff., 29; BVerGE 50, 290 ff., 341; BVerfGE 21, 72 ff., 82; BVerfGE 21, 150 ff., 155
56 BGH, BauR 1978, 147 ff., 148
57 BGHZ 64, 30/38 sowie die dort angeführte Rechtsprechung des Bundesverfassungsgerichtes
58 BGHZ 63, 302/304

Art. 10 § 3 MRVG stellt somit nur eine gemessen an der Sozialbindung des Eigentums zulässige Inhalts- und Schrankenbestimmung dar.

Zu einem anderen Ergebnis kommt man auch nicht, wenn der Architekt gleichzeitig Eigentümer des Grundstückes ist. Seine Stellung als Eigentümer im Sinne des Art. 14 Abs. 1 GG unterscheidet sich nicht von der jedes anderen Veräußerers.[59]

1.3. Art. 14 Abs. 1 GG und Erbbaurecht

Eine unzulässige Beschränkung des Eigentums im Sinne von Art. 14 Abs. 1 GG kann aber dann vorliegen, wenn man Art. 10 § 3 MRVG auch auf den Erwerb und die Übertragung von Erbbaurechten bezieht.

Die Frage, ob Architektenverträge/Ingenieurverträge, die im Zusammenhang mit der Bestellung oder Übertragung eines Erbbaurechtes geschlossen werden, unter Art. 10 § 3 MRVG fallen, ist in Rechtsprechung und Literatur umstritten (s. Seite 96 ff.).

Geht man davon aus, dass Art. 10 § 3 MRVG auch den Fall erfassen soll, dass ein Architekten-/Ingenieurvertrag im Zusammenhang mit der Bestellung oder Übertragung eines Erbbaurechts geschlossen wird, dann ist zu prüfen, ob darin nicht ein unzulässiger Eingriff in das Recht des Grundstückseigentümers zu sehen ist. Mit dieser Frage hat sich bisher lediglich Lass[60] auseinandergesetzt. Sie betont, dass bei der Bestellung eines Erbbaurechts der Veräußerer/Besteller seine Grundstückseigentümerstellung behält. Dessen freie Bestimmung, wie mit seinem Eigentum zu verfahren sei und wer darauf ein Gebäude errichten könne, stehe aber unter dem Schutz der verfassungsrechtlichen Eigentumsgarantie. Der Eingriff, der in dieses freie Selbstbestimmungsrecht durch Art. 10 § 3 MRVG vorgenommen werde, lasse sich nicht dadurch rechtfertigen, dass er zur Erreichung eines legitimen Zweckes geeignet und erforderlich sei. Das Ziel, den Wettbewerb der Architekten untereinander zu schützen, sei damit kaum zu erreichen. Obwohl sich die Bestellung von Erbbaurechten einer gewissen Beliebtheit erfreue, sei nicht zu befürchten, dass es die Veräußerung von Grundstücken in so erheblichem Umfange ablösen werde, dass die Gefahr eines Mietanstiegs oder aber einer Wettbewerbsverzerrung auf dem Architekten-/Ingenieurmarkt entstehe. Es handele sich vielmehr um ein typisches Einzelgeschäft. Damit bestehe aber kein rechtfertigender Grund, das Erbbaurecht über den ausdrücklichen Wortlaut der Vorschrift hinaus unter Art. 10 § 3 MRVG zu fassen. Die Autorin hält daher

---

59 Lass, DNotZ 1996, 742 ff.,748; Doerry in Festschrift für Baumgärtel, S. 44
60 Lass, DNotZ 1996, 742 ff., 748

Art. 10 § 3 MRVG für verfassungswidrig, wenn man die Norm dahingehend auslegt, dass auch die Bestellung des Erbbaurechts von dem Koppelungsverbot erfasst ist.

Die Auffassung von Lass ist zutreffend. Ausgangspunkt der gesetzgeberischen Überlegungen war, dass das Bauland eine knappe Ressource darstellt. Die Bestellung eines Erbbaurechts hat nicht den Stellenwert wie der Erwerb oder die Veräußerung von Grundstückseigentum. Wettbewerbsverzerrungen auf dem Architekten-/Ingenieurmarkt oder ein Anstieg der Mieten sind daher kaum zu befürchten. Selbst wenn man jedoch die Gefahr einer Wettbewerbsverzerrung sieht und ggf. auch Auswirkungen auf die Mietpreise befürchtet, so ist dennoch zu beachten, dass der Grundsatz der Verhältnismäßigkeit nicht gewahrt wäre, wenn auch die Bestellung eines Erbbaurechts unter Art. 10 § 3 MRVG fallen würde. Der Eingriff in die Rechte des Bestellers eines Erbbaurechts ist wesentlich gravierender als der in die Rechte eines Grundstücksveräußerers. Der Besteller eines Erbbaurechts bleibt Eigentümer des Grundstücks. Er kann beispielsweise zur Sicherung seiner Rechte bestimmte Einschränkungen vereinbaren (§ 5 ErbbauVO). In § 2 Nr. 4, § 3, § 4 ErbbauVO ist ferner der Heimfallanspruch geregelt. Grundsätzlich kann daher nicht von vornherein dem Eigentümer ein legitimes Interesse abgesprochen werden, auf eine bestimmte Bebauung Einfluss zu nehmen. Angesichts der relativ geringen wirtschaftlichen Bedeutung, welche die Bestellung des Erbbaurechts im Verhältnis zur Grundstücksveräußerung hat, und des relativ starken Eingriffs, den Art. 10 § 3 MRVG in das Eigentumsrecht des Bestellers vornimmt, ist das Gebot der Verhältnismäßigkeit nicht mehr gewahrt, wenn man die Vorschrift auch auf die Bestellung eines Erbbaurechts bezieht.[61]

2. Verstoß gegen Art. 12 Abs. 1 GG

2.1. *Vorschrift mit berufsregelnder Tendenz*

Art. 12 Abs. 1 GG gliedert das einheitliche Grundrecht in zwei Teilbereiche auf, die Freiheit der Berufswahl und die Freiheit der Berufsausübung.[62] Ein Eingriff in die Berufsfreiheit besteht dann, wenn die berufliche Tätigkeit bzw. die Berufswahl durch Regelungen beeinträchtigt werden, d.h. Vorschriften mit berufsregelnder Tendenz vorliegen.[63]

---

61 Lass, DNotZ 1996, 742 ff., 748
62 Jarass in Jarass/Pieroth, Art. 12 GG Rn. 8
63 Lass, DNotZ 1996, 742 ff., 751;; BVerfGE 70, 191 ff., 214; BVerfGE 52, 42 ff., 54; BVerfGE 13, 181 ff., 186

Art. 10 § 3 MRVG weist eine solche berufsregelnde Tendenz auf[64] und zwar einmal in persönlicher Hinsicht, weil sie auf das spezielle Verhalten Angehöriger bestimmter Berufe (Architekten/Ingenieure) abzielt und zum anderen auch sachlich, weil das rechtsgeschäftliche Verhalten bei Ausübung dieser Berufe eingeschränkt wird.[65]

2.2. Rechtfertigung des Eingriffs

Da das Grundrecht der Berufsfreiheit unter Gesetzesvorbehalt steht, ist zu überprüfen, ob der Eingriff gerechtfertigt ist. Wichtig bei der Prüfung ist, ob das Verhältnismäßigkeitsgebot eingehalten wurde.[66] Nach der vom Verfassungsgericht entwickelten Stufenlehre ist zu unterscheiden zwischen Eingriffen in die Berufswahl und Eingriffen in die Berufsausübung.[67]

Werden mit der Festlegung bestimmter Berufsbilder bestimmte Tätigkeiten zugelassen und andere als untypisch ausgeschlossen, so führt das dazu, dass für denjenigen, der sich im Rahmen der typischen Tätigkeit des Berufsbildes bewegt, eine Berufsausübungsregelung vorliegt. Für andere, die einer untypische Tätigkeit nachgehen oder sich aus typischen und untypischen Tätigkeiten ein eigenes Berufsbild schaffen, kann eine objektive Zulassungsbeschränkung hinsichtlich der Wahl des Berufes vorliegen.[68]

Es besteht also die Möglichkeit, dass eine Regelung gleichzeitig doppelten Charakter hat: einmal die Berufsausübung und zum anderen die Berufswahl einschränkt, je nachdem, welche Tätigkeit im einzelnen durch die Betroffenen ausgeübt wird oder ausgeübt werden soll.[69] In solchen Fällen muss die einschränkende Regelung den erhöhten Anforderungen an die Einschränkung der Berufswahl genügen.[70]

---

64 So auch Lass, DNotZ 1996, 742 ff., 751; ibr-online: OLG Düsseldorf Urteil vom 21.08.2007 – 21 U 239/06 –
65 Lass, DNotZ 1996, 742 ff., 751
66 Lass, DNotZ 1996, 742 ff., 751; Jarass in Jarass/Pieroth, Art. 12 GG Rn. 24
67 BVerfGE 7, 377 ff., 397 ff.; Jarass in Jarass/Pieroth, Art. 12 GG Rn. 24; Lass, DNotZ 1996, 742 ff., 750
68 BVerfGE 13, 97 ff., 117; Lass, DNotZ 1996, 742 ff., 751
69 BVerfGE 78, 179 ff., 193; BVerfGE 59, 302 ff., 315; Lass, DNotZ 1996, 742 ff., 751
70 BVerfGE 78, 179 ff., 193; Lass, DNotZ 1996, 742 ff., 751

2.3. Beschränkung der Berufswahl und der Berufsausübung

Bei Art. 10 § 3 MRVG handelt es sich um eine solche Norm mit Doppelcharakter.[71] Bewegen sich die Architekten und Ingenieure in ihrem typischen Berufsbild, so liegt eine Berufsausübungsbeschränkung vor. Anders ist es bei Architekten und Ingenieuren, die als ihr Tätigkeitsfeld nicht nur die typischen Architekten- und Ingenieurleistungen gewählt haben, sondern darüber hinaus auch Grundstücke vermitteln wollen bzw. zusammen mit planerischen Architektenleistungen auch Generalunternehmertätigkeiten anbieten wollen.[72] Für letztere liegt eine objektive Zulassungsbeschränkung in der Wahl des Berufes vor.[73]

2.4. Zulässigkeit der Berufswahlregelung

Bei dem Eingriff in die Berufswahl darf eine Einschränkung nur dann erfolgen, wenn sie zur Abwehr nachweisbarer und höchstwahrscheinlich schwerer Gefahren für ein überragend wichtiges Gemeinschaftsgut notwendig ist.[74]

2.4.1. Überragend wichtiges Gemeinschaftsgut

2.4.1.1. Freie Wahl der Architekten/Ingenieure durch die Bauwilligen

Als zu bewahrendes Rechtsgut kommt bei Art. 10 § 3 MRVG die freie Wahl des Architekten oder Ingenieurs durch den Bauherrn bzw. bauwilligen Erwerber in Betracht.[75]

Der Erwerber und Bauinteressent soll seinen Architekten nach Fähigkeiten und Kompatibilität mit seinen Wünschen aussuchen können. Gerade dann, wenn nur begrenztes Bauland zur Verfügung steht, kann der Bauwillige kaum mehr zwischen gekoppeltem und nicht gekoppeltem Bauland wählen und muss daher die Bindung an den Architekten in Kauf nehmen, der ihm das Baugrundstück verschafft. Die Möglichkeit, den Architekten nach Qualität und Leistungsfähigkeit auszusuchen, ist somit beschränkt. Es gehört aber zu den wesentlichen im Rahmen des Art. 14 Abs. 1 GG geschützten Rechten des Eigentümers, das auf dem Grundstück errichtete Gebäude nach seinen eigenen Wünschen auszugestal-

---

71 Lass, DNotZ 1996, 742 ff., 751
72 Lass, DNotZ 1996, 742 ff., 751
73 Lass, DNotZ 1996, 742 ff., 751
74 BVerfGE 63, 266 ff., 286; BVerfGE 59, 302 ff., 316; BVerfGE 7, 377 ff., 408; Lass, DNotZ 1996, 742 ff., 751; Jarass in Jarass/Pieroth, Art. 12 GG Rn. 39
75 Lass, DNotZ 1996, 742 ff., 752

ten. Art. 10 § 3 MRVG steht somit im Spannungsfeld zwischen Eigentumsgarantie des Bauwilligen einerseits und Berufsausübungsfreiheit bzw. Freiheit der Berufswahl des Architekten/Ingenieurs andererseits. Gerade die Verankerung der freien Architektenwahl in der Verfassung spricht dafür, sie als überragend wichtiges Gemeinschaftsgut einzuordnen.[76]

Ob dies auch für die freie Ingenieurwahl gilt, ist fraglich. Lass will ihr nicht den gleichen Rang einräumen wie der freien Architektenwahl. Sie ist der Auffassung, dass es bei den Ingenieuren nicht in erster Linie auf Gestaltung sondern nur auf fachgerechte und sorgfältige Ausführung ankommt. Insoweit sei die freie Ingenieurwahl von geringerer Bedeutung für die Eigentumsfreiheit als die freie Architektenwahl.[77] Es ist zu bezweifeln, ob Ingenieurleistungen geringere gestalterische Wirkungen haben. Ingenieure können durch ihre Konzeption auf die Gestaltung erheblich Einfluss nehmen. Die baulichen Gegebenheiten richten sich häufig auch nach den konstruktiven Möglichkeiten, die von dem Ingenieur vorgegeben und gewählt werden. Bauingenieure haben in diesem Rahmen nicht nur Einfluss auf die Gestaltung des Bauvorhabens, sondern insbesondere auch auf die Qualität der Ausführung. Hinzu kommt noch, dass sie häufig auch Tätigkeiten übernehmen, die in das klassische Feld der Architektentätigkeit fallen. Nachvollziehbare Gründe für eine Differenzierung zwischen Architekt und Bauingenieur sind daher nicht gegeben. Wollte man letzteren von Art. 10 § 3 MRVG ausnehmen, könnte dies ferner zu einer Umgehung des Koppelungsverbotes führen. Häufig sind Bauingenieure zusammen mit Architekten rechtlich verbunden. Eine Bindung an den Bauingenieur könnte damit auch zu einer Bindung an einen bestimmten Architekten führen.

2.4.1.2. Schutz des Wettbewerbs

Wenn Architekten/Ingenieure bei knappem Bauland Grundstücke „an der Hand haben", dann verschaffen sie sich einen Wettbewerbsvorteil gegenüber Konkurrenten, die kein Grundstück zusammen mit ihren Leistungen anbieten können. Lass ist der Auffassung, dass alleine die Verschaffung eines Wettbewerbsvorteils durch einen geschäftstüchtigen Konkurrenten den Eingriff in die Berufswahlfreiheit nicht rechtfertigt.[78] Dem ist grundsätzlich zuzustimmen. Allerdings gilt etwas anderes, wenn es um die Erhaltung einer ausreichenden Zahl an Wettbewerbern geht.[79] Gerade bei geringem Angebot an Bauland ist die Gefahr gegeben, dass es

---

76 Lass, DNotZ 1996, 742 ff., 752
77 Lass, DNotZ 1996, 742 ff., 752
78 Lass, DNotZ 1996, 742 ff., 754
79 Jarass in Jarass/Pieroth, Art. 12 GG Rn. 40

insbesondere regional zu Monopolbildungen kommt. Architekten, die über gute Beziehungen und Ortskenntnisse verfügen, können sich Grundstücke „an die Hand geben" lassen und so weitgehend Konkurrenten ausschalten. Es besteht dann die Gefahr, dass keine ausreichende Zahl an Wettbewerbern mehr auf dem Markt vorhanden ist. Dem soll nach dem Willen des Gesetzgebers durch Art. 10 § 3 MRVG gerade entgegengewirkt werden. Die Erhaltung einer ausreichenden Zahl an Wettbewerbern als überragendes Gemeinschaftsgut soll demnach gesichert werden.

2.4.1.3. Schutz des typischen Berufsbildes des freiberuflichen Architekten/Ingenieurs

Eine Koppelung zwischen Architekten- und Grundstücksvertrag könnte dazu führen, dass der freiberufliche Architekt, der nicht über ein Grundstück verfügt, in der Ausübung seiner typischen Architektentätigkeit stark oder gänzlich beschränkt wird. Die typische Tätigkeit des freiberuflichen Architekten ist zumindest zum Teil gekennzeichnet durch eigenschöpferische architektonische Vorstellungen. Sie unterliegt daher dem Schutzbereich des Art. 5 Abs. 3 GG.[80] Das unterstreicht auch die Tatsache, dass Bauwerke als Kunstwerke im Sinne des § 2 Abs. 1 Nr. 4 UrhG aufgeführt sind und dem Urheberrechtsschutz unterliegen.

Wie Lass[81] zu Recht festgehalten hat, liegt die Besonderheit des Architektenberufs darin, dass sich anders als bei anderen Künstlern schöpferische Eigenleistung in dem erstellten Bauvorhaben realisiert. Der Architekt ist daher für die Herstellung seines Kunstwerks auf die Aufträge durch Bauherren angewiesen. Die eigenfinanzierte Herstellung der Gebäude übersteigt in der Regel nicht nur die finanziellen Möglichkeiten des Architekten, sie gehört auch nicht zu dem typischen Inhalt seiner beruflichen Tätigkeit. Der freiberufliche Architekt errichtet Bauvorhaben für Dritte und nicht nur für sich selbst. Es gehört auch nicht zu seinem Berufsbild, dass er als Bauträger Gebäude errichtet und veräußert. Eine Koppelung von Architektenvertrag und Grundstücksvertrag kann zu dem Ergebnis führen, dass freiberufliche Architekten, die sich nicht der Grundstücksvermittlung bedienen, sondern sich auf das klassische Feld ihrer freiberuflichen Tätigkeit beschränken, in der Ausübung ihres in der Verfassung abgesicherten Rechtes aus Art. 5 Abs. 3 GG beschränkt werden bzw. die Ausübung ihrer Tätigkeit ihnen unmöglich gemacht wird. Wegen des unmittelbaren Zusammenhangs mit dem Freiheitsrecht der Kunst ist es daher gerechtfertigt, den Schutz des typischen Be-

---

80 Lass, DNotZ 1996, 742 ff., 754
81 Lass, DNotZ 1996, 742 ff., 754

rufsbildes des Architekten einen überragenden Stellenwert einzuräumen.[82] Entsprechend den obigen Erwägungen gilt dies auch für den Bauingenieur.

2.4.1.4. Schutz des Mieters vor Überteuerung

Art. 10 § 3 MRVG soll mittelbar der Dämpfung des Mietpreisanstiegs dienen. Unabhängig von der Frage, ob das Ziel mit einem Koppelungsverbot überhaupt erreicht werden kann[83], ist der Eingriff in Art. 12 Abs. 1 GG unter diesem Aspekt schon deshalb nicht gerechtfertigt, weil eine Verteuerung der Mieten durch die Baukosten in gleicher Weise auch bei Durchführung der Arbeiten durch einen Bauträger entstehen kann. Ob der Architekt das Grundstück „an der Hand" hat und sich damit die Möglichkeit verschafft, eine „Leistung" teurer an den Bauherrn zu bringen, oder ob dies durch einen Bauträger mit entsprechender Monopolstellung geschieht, ist unerheblich. Eine Monopolstellung bei Grundstücken führt in beiden Fällen zu dem gleichen Ergebnis. Der Eingriff in Art. 12 Abs. 1 GG ist daher unter diesem Gesichtspunkt nicht zu rechtfertigen.

2.4.2 Erforderlichkeit

Das Gesetz muss notwendig sein, um den Schutz des klassischen Berufsbildes des Architekten und die freie Architektenwahl zu gewährleisten. Bei der Prüfung unter dem Gesichtspunkt der Berufswahl geht es ausschließlich darum, dass freiberuflich tätigen Architekten und Ingenieuren verwehrt wird, sich aus dem typischen und atypischen Leistungsbild (freiberuflicher Architekt/Makler) ein eigenes Berufsbild selbst zusammenzustellen.[84] Wie Lass zu Recht ausgeführt hat, würde die Schaffung eines neuen Berufsbildes unter dem Aspekt einer kombinierten Architekten- und Maklertätigkeit gerade dazu führen, dass ein Automatismus in Gang gesetzt wird, zu dessen Verhinderung der Gesetzgeber Art. 10 § 3 MRVG geschaffen hat und in dem die Gefahr für die Freiheit der Architektenwahl und für das Berufsbild des klassischen Architekten zu sehen ist. Gerade die Architekten, die auch Maklertätigkeiten ausüben, können sich eine monopolartige Stellung am Markt in Bezug auf Grundstücke verschaffen und so den Wettbewerb unter fachlichen Gesichtspunkten beeinträchtigen. Der Schutz der überragend wichtigen Gemeinschaftsgüter, nämlich des klassischen Architektenbildes

---

82 Lass, DNotZ 1996, 742 ff., 754
83 Zweifel haben z.B. Vygen im Korbion/Mantscheff/Vygen, Art. 10 § 3 MRVG Rn. 44; Breiholdt, MDR 1987, 810; Lass, DNotZ 1996, 742 ff., 755
84 Lass, DNotZ 1996, 742 ff., 755

und der Wahlfreiheit des Eigentümers in Bezug auf einen Architekten, machen das Gesetz erforderlich.

Gleiches gilt auch für den Ingenieur. Um Umgehungsgefahren zu vermeiden, ist auch die Einbeziehung des Ingenieurs in das Kopplungsverbot erforderlich.

2.4.3. Zwischenergebnis

Festzuhalten ist somit, dass Art. 10 § 3 MRVG eine objektive Zulassungsschranke bildet für diejenigen, die das Berufsbild eines freiberuflichen Architekten/Ingenieurs mit maklerähnlicher Nebenleistung begründen wollen. Der Erlass des Gesetzes ist aber auch unter den strengen Anforderungen bei derartigen Beschränkungen zulässig.[85]

2.5. Berufsausübungsfreiheit

2.5.1. Eingriff in die Freiheit der Berufsausübung

Wie oben ausgeführt, erfasst die Berufswahlbeschränkung diejenigen Architekten und Ingenieure, die sich ein eigenes Berufsbild durch gewerbsmäßig gemischte Tätigkeit als Makler und Architekt schaffen wollen. Anders steht es, wenn freiberufliche Architekten/Ingenieure sich grundsätzlich innerhalb ihres typischen Tätigkeitsbereiches bewegen und lediglich gelegentlich Verträge im Zusammenhang oder Abhängigkeit mit Grundstückserwerbsgeschäften schießen. In diesen Fällen stellt Art. 10 § 3 MRVG lediglich eine Einschränkung der Berufsausübung dar.[86]

Gleiches gilt auch, soweit freiberufliche Architekten/Ingenieure nur gelegentlich – „wie" Bauträger, Generalübernehmer oder Generalunternehmer – Bauvorhaben auf fremden, dem Bauherrn noch zu übertragenden Grundstücken errichten.[87] Insoweit werden sie im Rahmen ihres erlernten Berufes als Architekt/Ingenieur tätig, d.h. sie bewegen sich in dem Berufsbild des Architekten/Ingenieurs.

Anders stellt sich die Sache nur dar, wenn Architekten/Ingenieure nicht freiberuflich, sondern gewerbsmäßig als Bauträger, Generalübernehmer oder Generalunternehmer tätig werden. Sie üben dann die Tätigkeit im Rahmen eines eigenständigen Berufsbildes, nämlich desjenigen des gewerblichen Bauträgers,

---

85 Siehe auch Lass DNotZ 1996, 742 ff., 756
86 Lass DNotZ 1996, 742 ff., 756 ff.; ibr-online: OLG Düsseldorf Urteil vom 21.08.2007 – 21 U 239/06 –
87 Ibr-online: OLG Düsseldorf Urteil vom 21.08.2007 – 21 U 239/06 –

Generalübernehmers und Generalunternehmers aus. Für diese Fälle gilt allerdings Art. 10 § 3 MRVG nicht, da sich das Koppelungsverbot nach herrschender Meinung nicht auf Architekten/Ingenieure bezieht, die gewerblich als Bauträger, Generalübernehmer oder Generalunternehmer tätig werden, da es zum Inhalt ihrer Tätigkeit gehört, gerade Grundstückserschließungen zusammen mit Planungsleistungen zu erbringen.[88]

2.5.2. Vernünftige Gründe des Gemeinwohls

Die Einschränkung der Berufsausübungsfreiheit unterliegt nicht so hohen Anforderungen wie die der Berufswahl. Es genügen bloße Zweckmäßigkeitserwägungen bzw. vernünftige Erwägungen des Gemeinwohls, um den Eingriff in das Grundrecht zu rechtfertigen.[89] Wie ausgeführt wurde, ist das Koppelungsverbot erforderlich, um die freie Auswahl des Architekten allein nach Leistungsgesichtspunkten zu gewährleisten und Wettbewerbsverzerrungen auf dem Markt der Architekten/Ingenieure zu verhindern. Insoweit liegen vernünftige Gründe des Allgemeinwohls vor.

2.5.3. Notwendigkeit des Eingriffs

Auch Eingriffe in die Berufsausübungsfreiheit müssen notwendig sein. Fraglich ist, ob die Formulierung der Norm in der vorliegenden Fassung nicht zu weitgehend ist, d.h. zur Erreichung des angestrebten Zweckes wirklich notwendig ist. Dem Gesetzgeber steht allerdings insoweit bei der Beurteilung ein Ermessensspielraum zu.

Das Gesetz könnte jedoch über das erforderliche Maß hinausgehen, wenn unter das Koppelungsverbot auch diejenigen Architekten/Ingenieure fallen, die nach Durchführung eines ordnungsgemäß durchgeführten Planungswettbewerbs als Wettbewerbssieger dem Erwerber des Grundstücks vorgegeben werden. Nach herrschender Meinung erfasst Art. 10 § 3 MRVG nach Sinn und Zweck sowie Wortlaut auch diese Fälle (s. Seite 150 ff.). Problematisch sind insbesondere Architektenwettbewerbe, die von Gemeinden für Neubaugebiete einheitlich ausgeschrieben werden, wobei die Realisierung den einzelnen Erwerbern obliegt.[90] Ob es notwendig ist, zur Erreichung des gesetzgeberischen Zweckes auch diese Fälle unter das Koppelungsverbot zu fassen, muss im Rahmen einer Gesamtabwägung

---

88 BGH, NJW-RR 1989, 147; ibr-online: OLG Düsseldorf Urteil vom 21.08.2007 – 21 U 239/06 –
89 Ibr-online: OLG Düsseldorf Urteil vom 21.08.2007 – 21 U 239/06 –;BVerfGE 78, 155 ff., 162; BVerfGE 7, 377, 405
90 Lass, DNotZ 1996, 742 ff., 757

überprüft werden, die insbesondere auch die in Art. 5 Abs. 3 GG geschützte Kunstfreiheit sowie die Planungshoheit der Gemeinden mitberücksichtigt.

Die Durchführung von Architektenwettbewerben ermöglicht es in ganz besonderer Weise, die künstlerischen Fähigkeiten und die eigenschöpferischen Leistungen eines Architekten zu fördern. Die Auswahl der Wettbewerbssieger erfolgt durch Kommissionen, die nach Qualitätsgesichtspunkten urteilen. Das bedeutet, dass gerade die besonderen Fähigkeiten und typischen Leistungen eines freiberuflichen Architekten/Ingenieurs durch Architektenwettbewerbe gefördert werden. Die Bindung des Erwerbers der Grundstücke an solche unter Qualitätsgesichtspunkten ausgesuchten Architekten führt zu keiner bedeutenden Einschränkung des Erwerbers/Grundstückseigentümers. Dieser kann zwar den Architekten nicht vollkommen frei wählen. Dem Gesetzgeber ging es aber gerade darum, nicht nur die freie Architektenwahl zu schützen, sondern die Wahlfreiheit insbesondere unter Qualitätsgesichtspunkten zu gewährleisten. Letzteres ist aber gerade bei Architektenwettbewerben gegeben. Durch die Architektenwettbewerbe ist ferner auch eine Verzerrung auf dem Architekten-/Ingenieurmarkt nicht zu befürchten. Im Gegenteil fördert der Wettbewerb eine Auswahl an Qualitätskriterien und nicht Grundstücksbeschaffungskriterien.[91]

Hinzu kommt, dass das Koppelungsverbot Auswirkungen auf die in Art. 28 Abs. 2 GG geregelte Planungshoheit der Gemeinden hat.[92] Durch Art 28 Abs. 2 GG sind u.a. auch eigenverantwortliche Entscheidungen der Gemeinden über die Art und Weise der Bodennutzung[93] sowie die städtebauliche Entwicklung ihres Gebiets geschützt.[94] Die Durchführung von Planungswettbewerben unterliegt der gemeindlichen Planungshoheit und ist Teil des in Art. 28 Abs. 2 GG verankerten gemeindlichen Selbstverwaltungsrechts. Wenn die Gemeinde für ein insgesamt oder parzellenweise zu veräußerndes Grundstück einen Planungswettbewerb durchführt, dann nimmt sie insoweit hoheitliche Aufgaben wahr. Dies gilt auch dann, wenn die Veräußerung des Grundstücks selbst als fiskalisches Handeln dem Privatrecht unterliegt.[95] Die Möglichkeit einer zweckgerichteten Durchführung von Wettbewerben entfällt, wenn der Erwerber nicht an die Wettbewerbsgewinner gebunden werden kann. Es besteht die Gefahr, dass sich Architekten auf Planungswettbewerbe nicht mehr einlassen können, wenn ihnen nicht zumindest in Aussicht gestellt wird, durch die Erwerber des Grundstücks mit den weiteren Leistungsphasen ganz oder teilweise beauftragt zu werden. Architektenwett-

---

91 BVerfG, BauR 2005, 1946 ff.
92 Nierhaus in Sachs Art. 28 GG Rn. 56; Tettinger in v.Mangoldt/Klein/Starck Art. 28 GG Rn. 181; Löwer in v. Münch/Kunig Art. 28 GG Rn. 74 ff.
93 Löwer in v. Münch/Kunig Art. 28 GG Rn. 74 ff.
94 Löwer in v. Münch/Kunig Art. 28 GG Rn. 74 ff.
95 Lass, DNotZ 1996, 742 ff., 758 ff.

bewerbe sind kostenintensiv. Architektenbüros wenden in diesem Zusammenhang häufig größere Beträge auf. Je geringer die Aussicht ist, bei Obsiegen auch einen Auftrag zu erhalten, desto weniger Interesse wird seitens der Architekten daran bestehen, an solchen Wettbewerben teilzunehmen. Darüber hinaus hat die Gemeinde dann, wenn sie keine Koppelung an die Wettbewerbssieger erreichen kann, nicht die Möglichkeit, die ihr genehme Planung im Detail durchzusetzen. Sie kann zwar über die Bebauungspläne oder Bauleitpläne gewisse Grundlagen schaffen. Dies ist aber nicht vergleichbar mit den Möglichkeiten, die Planungswettbewerbe eröffnen. Dort können Details und Qualität wesentlich differenzierter vorgegeben werden. Die Gemeinden sind aufgrund ihrer finanziellen Lage und ihrer personellen Ausstattung häufig nicht in der Lage, auf demselben hohen planerischen Niveau zu arbeiten, wie Architekten im Rahmen von Architektenwettbewerben. Außerdem kann ein Wettbewerb aufgrund der Vielzahl von Teilnehmern eine wesentlich größere Palette an Ideen und Lösungsmöglichkeiten aufzeigen, als einzelne Planer entwickeln können.

Zu Recht hat Lass[96] ausgeführt, dass Gemeinden dann, wenn sie Baugebiete veräußern wollen und zuvor Architektenwettbewerbe durchführen, eine öffentliche Aufgabe wahrnehmen. Der Charakter als öffentliche Aufgabe strahlt auf die Durchsetzung des preisgekrönten Architektenentwurfs aus, auch wenn es konkret um eine Umsetzung mittels privatrechtlicher Verträge geht. Architektenwettbewerbe würden weitgehend leer laufen, wenn es den Gemeinden nicht möglich wäre, die Erwerber des Baulandes an das Ergebnis des Wettbewerbs zu binden. Damit wird die Verpflichtung der Erwerber zum Bestandteil der öffentlichen Aufgabe selbst und das Koppelungsverbot trifft die Gemeinde in der Ausübung ihrer Planungshoheit.

Dies hat zur Konsequenz, dass das Koppelungsverbot in den Fällen, in denen gemeindliche Planungshoheit betroffen wird, Eingriffscharakter hat und insofern überprüft werden muss, ob es einen Rechtfertigungsgrund für den Eingriff gibt. Insbesondere muss hier das Verhältnismäßigkeitsprinzip eingehalten werden.

Im Rahmen der Verhältnismäßigkeitsprüfung ist zum einen zu berücksichtigen, welche Ziele mit in dem Koppelungsverbot verfolgt werden und inwieweit sie durch die Einbeziehung der Architektenwettbewerbe unter Art. 10 § 3 MRVG erreicht werden können. Zum anderen muss berücksichtigt werden, in welchem Maße ein Eingriff sowohl in die Berufsausübungsfreiheit der Architekten und Ingenieure als auch in die gemeindliche Planungshoheit vorliegt. Es wird in solchen Fällen der vom Gesetzgeber verfolgte Normzweck nicht nur nicht gefördert, sondern sogar konterkariert.[97] Die Auswahl des Architekten nach Qualitäts- und

---

96 Lass, DNotZ 1996, 742 ff., 758/759
97 Lass, DNotZ 1996, 742 ff., 759

Leistungsgesichtspunkten, die Art. 10 § 3 MRVG gewährleisten soll, wird durch die Anwendung des Koppelungsverbotes auf Preisträger von Architektenwettbewerben gerade unterlaufen. Diejenigen Instrumente, die dazu dienen sollen, den Wettbewerb unter Architekten unter Qualitätsgesichtspunkten besonders zu fördern, gehen ins Leere, da eine Bindung an den Wettbewerbssieger oder mehrere Preisträger nicht möglich ist, wenn die Grundstücke veräußert werden sollen. Wettbewerbe stellen aber häufig gerade für Berufsanfänger die einzige Möglichkeit dar, sich einen Namen zu schaffen und so an dem Markt unter Qualitätsgesichtspunkten hervorzutreten.[98] Architektenwettbewerbe führen somit dazu, das Berufsbild des freischaffenden Architekten und Ingenieurs zu erhalten und zu fördern. Sie haben große Bedeutung für die Baukultur in der Bundesrepublik und fördern den gesamten Berufsstand.[99]

Der mit Art. 10 § 3 MRVG verfolgte Zweck wird somit bei der Einbeziehung von Architektenwettbewerben unter Art. 10 § 3 MRVG nicht nur nicht erreicht, sondern in sein Gegenteil verkehrt. Art. 10 § 3 MRVG ist insoweit deshalb nicht geeignet, die vom Gesetzgeber angestrebten Ziele zu erreichen.

Die Einbeziehung von Architektenwettbewerben in das Koppelungsverbot ist darüber hinaus auch nicht erforderlich, um den gesetzgeberischen Zweck sicherzustellen. Architektenwettbewerbe werden nicht in solchem Umfange durchgeführt, dass zu befürchten steht, dass Grundstückserwerbern in hohem Maße die Möglichkeit genommen wird, eigenverantwortlich und selbst bestimmt ihren Architekten auswählen zu können. Darüber hinaus wird das Recht der Erwerber auch nur relativ geringfügig beeinträchtigt, da ihnen Architekten nach Qualitätsgesichtspunkten vorgegeben werden.

2.5.4. Zwischenergebnis

Das Verbot der Koppelung von Grundstückskaufvertrag und Architektenvertrag in Fällen der Bindung an Preisträger ordnungsgemäß durchgeführter Planungswettbewerbe stellt somit einen Eingriff in die Berufsausübungsfreiheit und gemeindliche Planungshoheit dar, die von dem gesetzgeberischen Zweck nicht mehr gedeckt wird.

---

98 Lass, DNotZ 1996, 742 ff., 759
99 Lass, DNotZ 1996, 742 ff., 760

2.5.5. Rechtsfolgen des Verstoßes

Ein Gesetz, das gegen die Verfassung verstößt, ist von Anfang an nichtig[100], es sei denn, eine verfassungskonforme Auslegung des Gesetzes ist möglich.[101] Nach der allgemeinen Auslegungslehre sind alle Rechtsnormen in das Gesamtsystem des Rechts zu integrieren und so auszulegen, dass sie nicht in einen inneren oder äußeren Widerspruch zueinander geraten.[102] Verfassungskonforme Auslegung bedeutet somit nichts anderes, als dass die Gesetzesauslegung unter besonderer Berücksichtigung bzw. Respektierung und Verwirklichung der Grundrechte zu erfolgen hat.[103]

Lassen der Wortlaut, die Entstehungsgeschichte, der Gesetzeszusammenhang und Sinn und Zweck der Regelung mehrere Deutungen zu, von denen nur eine zu einem verfassungsmäßigen Ergebnis führt, dann ist diese geboten.[104] Ihre Grenzen findet die verfassungskonforme Auslegung dort, wo sie zu dem klaren Wortlaut und erkennbaren Willen des Gesetzgebers in Widerspruch tritt.[105] Es darf somit einem nach Wortlaut und Sinn eindeutigen Gesetz nicht ein entgegen gesetzter Sinn verliehen und der Gehalt der Norm nicht grundlegend neu bestimmt sowie das gesetzgeberische Ziel nicht in einem wesentlichen Punkt geändert werden.[106]

Nach dem Wortlaut des Art. 10 § 3 MRVG ist die Bindung an einen „bestimmten" Architekten unwirksam. Auch der Preisträger eines Wettbewerbs ist nach dem klaren Wortlaut ein „bestimmter" Architekt in diesem Sinne. Er wird von dem Bauherrn vorgegeben, d.h. somit vorbestimmt. Das Koppelungsverbot sollte nach dem gesetzgeberischen Willen auch undifferenziert und generell jede Bindung an einen bestimmten Architekten verhindern. So wurde der Antrag der SPD Fraktion abgelehnt, Art. 10 § 3 MRVG um eine Ausnahmeklausel dahingehend zu ergänzen, dass das Koppelungsverbot nicht gelten soll, wenn „eine Gemeinde, ein Gemeindeverband oder ein im Einvernehmen mit der Gemeinde tätiger Träger für die Bebauung des Grundstücks einen Planungswettbewerb

---

100 BVerfGE 84, 9 ff., 20 ff.; Jarass in Jarass/Pieroth, Art. 20 GG Rn. 33
101 BVerfGE 88, 145 ff., 166; BVerfGE 86, 288 ff., 320 ff.; Jarass in Jarass/Pieroth, Art. 20 GG Rn. 34
102 Stern, Allg. Staatslehre, Band III/1, S. 1317, 1318
103 Stern, Allg. Staatslehre, Band III/1, S. 1317
104 BVerfGE 88, 145 ff., 166 ff.; BVerfGE 86, 288 ff., 320 ff.; BVerfGE 69, 1 ff., 55
105 BVerfGE 101, 312 ff., 329; BVerfGE 86, 288 ff., 320; BVerfGE 71, 81 ff., 105
106 BVerfGE 90, 263 ff., 286; BVerfGE 71, 81 ff., 105; BVerfGE 8, 71 ff., 78 ff.; Stern, Allg. Staatslehre, Band III/1, S. 1317, 1318; Jarass in Jarass/Pieroth, Art. 20 GG Rn. 34

durchgeführt hat und ein als Preisträger hervorgegangener Architekt oder Ingenieur mit der Planung oder der Ausführung beauftragt werden soll".[107]

Art. 10 § 3 MRVG umfasst somit ausdrücklich auch Preisträger von Planungswettbewerben. Eine andere Interpretation der Norm würde dem erklärten Willen des Gesetzgebers widersprechen. Für eine verfassungskonforme Auslegung besteht somit kein Raum.[108]

3. Verstoß gegen Art. 2 Abs. 1 GG

Die Vertragsfreiheit des Veräußerers ist durch das Grundrecht der allgemeinen Handlungsfreiheit des Art. 2 Abs. 1 GG umfassend geschützt. Allerdings besitzt der Gesetzgeber auch hier weitgehende Eingriffsmöglichkeiten. Die Privatautonomie kann zulässigerweise durch Gesetze beschränkt werden, die sowohl formell als auch materiell rechtmäßig sind.[109] Die Kriterien, unter welchen eine Einschränkung möglich ist, entsprechen denen, die vorstehend zu Art. 12 Abs. 1 GG überprüft wurden. Hiernach ist eine Einbeziehung von Preisträgern ordnungsgemäß durchgeführter Planungswettbewerbe in Art. 10 § 3 MRVG mit dem Verfassungsrecht nicht vereinbar. Es liegt deshalb insoweit auch einen Verstoß gegen Art. 2 Abs. 1 GG vor.[110]

Zu den Rechtsfolgen wird auf die entsprechenden Ausführungen zu Art. 12 GG verwiesen.

4. Verstoß gegen Art. 3 Abs. 1 GG

Ein Verstoß gegen Art. 3 Abs. 1 GG setzt voraus, dass zwei vergleichbare Sachverhalte unterschiedlich behandelt werden.[111] Wesentlich Gleiches darf nicht willkürlich ungleich und wesentlich Ungleiches nicht willkürlich gleich behandelt werden.[112]

---

107 Bundestagsdrucksache 10/1562, S. 6
108 Andere Auffassung: Lass, DNotZ 1996, 742 ff., 761
109 Lass, DNotZ 1996, 742 ff., 760
110 So auch Lass, DNotZ 1996, 742 ff., 760
111 Jarass in Jarass/Pieroth Art. 3 GG Rn. 4; Gubelt in von Münch/Kunig, Art. 3 GG Rn. 10/11
112 Jarass in Jarass/Pieroth, Art. 3 GG Rn. 5, 14; Gubelt in von Münch/Kunig, Art. 3 GG Rn. 11; Dreier Art. 3 GG Rn. 22; BVerfGE 103, 310 ff., 318; BVerfGE 98, 365 ff., 385; BVerfGE 90, 226 ff., 239; BVerfGE 84, 133 ff., 158;

4.1. Unterschiedliche Behandlung vergleichbarer Sachverhalte

Tritt ein freiberuflicher Architekt oder Ingenieur wie ein Bauträger, Generalübernehmer, Generalunternehmer etc. auf und bietet im Rahmen der Gesamtleistung auch Planung und Bauaufsicht an, unterliegt seine Tätigkeit nach ganz herrschender Meinung dem Koppelungsverbot.[113] Dagegen unterliegt der gewerbliche Generalübernehmer, Bauträger, Generalunternehmer, der im selben Umfange wie der freiberufliche Architekt Bauleistungen und Architektenleistungen erbringt, nicht dem Koppelungsverbot. Architekten können ferner, wenn sie im Rahmen eines Architektenwettbewerbs gewinnen, nicht im Rahmen einer Bindungsvereinbarung den Erwerbern vorgegeben werden, während bei entsprechenden Wettbewerben eine Bindung an Bauträger möglich ist.[114]

Der Gesetzgeber hat somit vergleichbare Sachverhalte ungleich behandelt.

4.2. Zulässigkeit der Ungleichbehandlung

Die Frage ist, ob das zulässig ist. Dies hängt davon ab, welcher Gestaltungsspielraum dem Gesetzgeber zusteht, d.h. welche Grenzen einzuhalten sind. Der Maßstab kann von dem Willkürverbot bis zur strengen Bindung an Verhältnismäßigkeitserfordernisse reichen.[115] Entscheidend für die Beurteilung ist ob die Differenzierung nach personengebundenen Merkmalen, nach sachverhaltsbezogenen Merkmalen, die sich mittelbar auf die Ungleichbehandlung von Personengruppen auswirken, oder allein nach Sachverhaltsgruppen vorgenommen wird.[116] Bei letzterer Fallgruppe werden dem Gesetzgeber und auch der Rechtsprechung ein weiterer Gestaltungs- und Beurteilungsspielraum eingeräumt.[117] Grundsätzlich ist es Sache des Gesetzgebers, diejenigen Sachverhalte auszuwählen, an die er dieselben Rechtsfolgen knüpft, vorausgesetzt, die Auswahl ist sachlich vertretbar und nicht sachfremd.[118] Art. 3 Abs. 1GG verlangt nicht, die zweckmäßigste, vernünftigste oder gerechteste Lösung zu wählen.[119]

---

113 BGH, NJW-RR 1991, 143 ff., 144; BGH, NJW 1984, 732, 733; BGH, BauR 1978, 147 ff.
114 BGH, BauR 1982, 512 ff., 513
115 BVerfGE 97,271 ff.,290
116 Gubelt in von Münch/Kunig, Art. 3 GG Rn. 14
117 BVerGE 93, 99 ff., 111; Gubelt in von Münch/Kunig, Art. 3 GG Rn. 14
118 Jarass in Jarass/Pieroth,Art. 3 GG Rn. 15; BVerfGE 90, 145 ff., 196; BVerfGE 94, 241 ff., 260; BVerfGE 103, 242 ff., 258
119 BVerfGE 110, 412 ff.; BVerfGE 84, 348 ff., 359; BVerfGE 83, 395 ff., 401; Jarass in Jarass/Pieroth, Art. 3 GG Rn. 15

Auch bei der Differenzierung nach Sachverhaltsgruppen gilt jedoch, dass dem Gestaltungsspielraum des Gesetzgebers dort engere Grenzen gezogen sind, wo eine Ungleichbehandlung Auswirkungen auf grundrechtlich gesicherte Freiheiten hat.[120] Je stärker die Ungleichbehandlung von Personen oder Sachverhalten sich auf die Ausübung grundrechtlich geschützter Freiheiten nachteilig auswirkt, desto enger sind die Grenzen.[121] In den Fällen, in denen sich die Ungleichbehandlung auf die Wahrnehmung der Grundrechte nachteilig auswirkt, ist sie mit Art. 3 Abs. 1 nur vereinbar, wenn für die Differenzierung Gründe von solcher Art und solchem Gewicht bestehen, dass sie die ungleiche Rechtsfolge rechtfertigen können.[122]

Die Ungleichbehandlung von freiberuflichen Architekten/Ingenieuren, die wie Generalübernehmer, Generalunternehmer, Bauträger etc. Planungs- und Bauaufsichtsleistungen mit erbringen, im Verhältnis zu gewerblichen Bauträgern, Generalübernehmern etc. hat Auswirkungen auf die Grundrechte der freiberuflich tätigen Architekten und Ingenieure. Dies ist oben näher dargelegt worden. Insofern sind – anders als das Oberlandesgericht Düsseldorf[123] angenommen hat – strengere Anforderungen an die Differenzierung zu stellen.

4.2.1. Auffassung in der Literatur und Rechtsprechung

In Literatur und Rechtsprechung gibt es unterschiedliche Auffassungen dazu, ob Art. 10 § 3 MRVG mit Art. 3 Abs. 1 GG vereinbar ist.

4.2.1.1. Befürworter einer zulässigen Differenzierung

Teilweise wird die Auffassung vertreten, dass angesichts des Gesetzeszwecks und der Unterschiede zwischen den Berufsbildern des freiberuflichen Architekten/Ingenieurs einerseits und des gewerblichen Wohnungsbauunternehmens, Bauträgers etc. andererseits eine Differenzierung gerechtfertigt ist.[124]

---

120 BVerfGE 89, 365 ff., 376 ff.; Gubelt in von Münch/Kunig, Art. 3 GG Rn. 14
121 BVerfGE 97, 272 ff., 290 ff.; BVerfGE 88, 87 ff., 96; Gubelt in von Münch/Kunig Art. 3 GG Rn. 14
122 BVerfGE 93, 99 ff., 111; BVerfGE 88, 87 ff., 97; Gubelt in von Münch/Kunig Art. 3 GG Rn. 14
123 Ibr-online: OLG Düsseldorf Urteil vom 21.08.2007 – 21 U 239/06 –
124 Ibr-online: OLG Düsseldorf Urteil vom 21.08.2007 – 21 U 229/06 –; Koeble, BauR 1973, 25 ff., 27

4.2.1.2. Ablehnende Stimmen in der Literatur

Eine andere Auffassung wird teilweise in der Literatur vertreten. So hält es Hesse[125] für zweifelhaft, ob die Begünstigung des Unternehmers gegenüber dem Planer mit dem Gleichheitsgrundsatz vereinbar ist. Zwar biete es technisch-wirtschaftliche Vorteile auch für den Bauherrn, wenn Baubetreuer/Veräußerer die Durchführung einer zusammenhängenden Siedlungsmaßnahme durch den Einsatz von Unternehmern, die von ihm bestimmt sind, koordiniert. Das Argument lasse sich aber auch zugunsten von Planungsleistungen anführen. Nach den Ausführungen von Hesse trifft daher der Vorwurf der Wettbewerbsverzerrung in gleicher Weise auf die Unternehmerbindung zu.[126]

Die weite Auslegung des Art. 10 § 3 MRVG wird von Hesse auch in dem Beitrag aus dem Jahre 1985[127] kritisiert. Zum einen führe die Berufsstandsbezogenheit des Verbotes dazu, dass das Verbot mit Leichtigkeit umgangen werde. Für einen Architekten oder Ingenieur liege nichts näher, als sich hinter einem Unternehmen zu verstecken und genau das weiterzubetreiben, was das Gesetz dem Architekten und Ingenieur verbieten wolle. Seit Erlass des Koppelungsverbotes sei die Hausbau- und Betreuungsgesellschaft mbH, deren Gesellschafter ein Architekt und seine Ehefrau sind, die andere als Architektenleistungen nur durch andere Unternehmen erbringe und zur Erschließungsleistungen überhaupt nicht in der Lage sei, eine landläufige Erscheinung geworden.[128] Der Ansatz der Rechtsprechung, eine verbotene Bindung auch dann anzunehmen, wenn die Gründung eines Unternehmens zum Zwecke der Umgehung des Bindungsverbotes erfolge[129], bietet nach Meinung von Hesse keinen Ausweg. Man würde kaum einen solchen Gründungszweck nachweisen können. Nach Auffassung von Hesse verstößt deshalb die Handhabung des Verbotes d.h. die weite Auslegung durch die Rechtsprechung gegen den Gleichheitsgrundsatz. Identische Sachverhalte würden ungleich behandelt. Auf der einen Seite stehe der Architekt, der als Generalübernehmer im Rahmen der Gesamtleistung Planung und Bauaufsicht erbringe, die allerdings nicht im Vordergrund seiner Tätigkeit stehe, auf der anderen Seite der gewerbliche Generalübernehmer, der im selben Umfange wie Ersterer Architektenleistungen erbringe. Für den Architekten sei das Vorgehen verboten, für den Unternehmer nicht. Von den Architekten/Ingenieuren ein höheres Berufsethos zu erwarten, als von den Unternehmern oder aber diese zu disziplinieren, sei kein

---

125 Hesse, BauR 1977, 73 ff., 76/BauR 1985, 30 ff, 37
126 Hesse, BauR 1977, 73 ff./76
127 Hesse, BauR 1985, S. 30 ff., 37
128 Insoweit verweist Hesse auf Keilholz, Gutachten S. 299, 300; Wolfsteiner, Mitt. Bay Not 1978, 55
129 BGHZ 89, 240 ff. = BauR 1984, 192, 193

Rechtfertigungsgrund für die Differenzierung. Auch kartellrechtliche Gesichtspunkte sprechen nicht für eine unterschiedliche Behandlung von Architekten und Ingenieuren einerseits und Unternehmern andererseits.

Nach Meinung von Hesse[130] wäre auch ein Sonderrecht für Architekten und Ingenieure aus der Rechtsnatur und der tatsächlichen Bedeutung ihrer Tätigkeit nicht abzuleiten. Der Baubetreuer, Generalübernehmer oder Generalunternehmer trage nicht weniger als der Architekt, der vergleichbare Leistungen erbringe, die Verantwortung für das Gelingen des Bauvorhabens. Er muss ebenso verantwortungsbewusst, zuverlässig, ehrlich und umsichtig handeln wie der Architekt, da er für das Wohl und Wehe des Bauherrn verantwortlich sei und dieser ihm nicht selten sein ganzes Vermögen in die Hände gebe. Aus moralischer oder fachlicher Sicht gebe es daher keinen Ansatzpunkt für eine Differenzierung. Ohne Verletzung des Gleichheitsgebots sei es daher nicht möglich, dem Unternehmen zu erlauben, die gleichen Leistungsbilder zu erbringen, die dem Architekten/Ingenieur verboten seien. Auf die Unterschiedlichkeit der Berufsbilder könne es insoweit nicht ankommen.

Auch Pauly[131] vertritt die Auffassung, dass bessere Gründe insgesamt für eine Verfassungswidrigkeit des Art. 10 § 3 MRVG sprächen. Zwar enthalte Art. 3 Abs. 1 GG nach der Rechtsprechung des Bundesverfassungsgerichts kein justitiables Optimierungsgebot. Zu berücksichtigen sei auch, dass das Bundesverfassungsgericht dem Gesetzgeber gerade auf dem Gebiet der Arbeitsmarkt-, Sozial- und Wirtschaftsordnung traditionell eine großzügige Gestaltungsfreiheit zubillige. Anerkanntermaßen seien die Grenzen aber umso enger gesetzt, je stärker die Ungleichbehandlung von Personen und Sachverhalten sich auf die Ausübung grundrechtlich geschützter Freiheit nachteilig auswirke. Dies sei bei dem Koppelungsverbot aber, wie die Diskussion um das Beispiel der Architektenwettbewerbe zeige, der Fall. Es sei zu beanstanden, dass eine Bindung an bestimmte Architektenpreisträger im Hinblick auf das Koppelungsverbot anders zu beurteilen sei als die an Bauträger, Generalunternehmer und -übernehmer mit Planungsverpflichtung.

Lass[132] beschäftigt sich mit Art. 3 Abs. 1 GG nur am Rande. Sie weist allerdings darauf hin, dass der Schutz des Mieters vor Überteuerung keine Begründung für eine unterschiedliche Behandlung zwischen Architekten/Ingenieuren einerseits und Bauunternehmern, Baubetreuern etc. andererseits rechtfertige, da wesentlich Gleiches nicht willkürlich ungleich behandelt werden könne. Eine Verteuerung der Gesamtkosten könne aber in gleicher Weise bei einer Koppe-

---

130 Hesse, BauR 1985, 30 ff., 38
131 Pauly, BauR 2006, 769 ff., 771
132 Lass, DNotZ 1996, 742 ff., 755

lung zwischen Grundstücksvermittlung und Architektenleistungen einerseits und Leistungen anderer Berufsträger wie Bauträger, Bauunternehmer etc. andererseits möglich sein. Dieser Aspekt biete also keinerlei Grundlage für eine unterschiedliche Behandlung.[133]

Hoffmüller[134] weist anhand eines konkreten Falles darauf hin, dass Architekten ungerechtfertigt durch das Koppelungsverbot benachteiligt würden. Allerdings geht er davon aus, dass lediglich aufgrund der Auslegung durch die Gerichte eine ursprünglich als durchaus sinnvolle und wirtschaftlich anerkannte Gesetzeslage zu wirtschaftlich nicht mehr akzeptablen und vertretbaren Ergebnissen geführt habe. Eine Auseinandersetzung mit Art. 3 GG im Einzelnen nimmt er nicht vor.

4.2.2. Stellungnahme

Bei der Beurteilung der Frage, ob Art. 10 § 3 MRVG gegen den Gleichheitsgrundsatz verstößt muss differenziert werden. Zum einen geht es darum, ob freiberufliche Architekten und Ingenieure, die wie Generalübernehmer, Bauträger, Generalunternehmer etc. Architektenleistungen neben Bauleistungen anbieten, anders behandelt werden dürfen als gewerbliche Wohnungsbauunternehmen, Generalübernehmer, Generalunternehmer etc. Zum anderen stellt sich die Frage, inwieweit eine Ungleichbehandlung von freiberuflichen Architekten/Ingenieuren und gewerblichen Wohnungsbauunternehmen, Generalübernehmern etc. im Bereich der Bindung an Preisträger von Wettbewerben gerechtfertigt ist.

Sinn und Zweck des Art. 10 § 3 MRVG besteht darin, den Wettbewerb der Architekten/Ingenieure zu erhalten und gleichzeitig dem bauwilligen Erwerber die Möglichkeit zu geben, einen Architekten nach eigener Wahl auszusuchen. Ferner soll mittelbar der Mietanstieg verhindert werden. Das Oberlandesgericht Düsseldorf[135] hat zu Recht darauf hingewiesen, dass einer Umgehung des Koppelungsverbots Tor und Tür geöffnet wird, wenn freiberufliche Architekten/Ingenieure die Möglichkeit hätten, neben ihrer Planungs- und Bauaufsichtstätigkeit weitere Leistungen anzubieten und so dem Koppelungsverbot zu entgehen. Es wäre auch außerordentlich schwierig, eine Grenzziehung durchzuführen zwischen zulässiger und unzulässiger Tätigkeit. Die Abgrenzung, wann die zusätzlich angebotenen Leistungen so umfangreich sind, dass der Vertrag mit dem freiberuflichen Architekten/Ingenieure nicht mehr unter das Koppelungsverbot fällt, ist kaum zu ziehen. Hesse weist zwar darauf hin, dass Umgehungsversuche auch

---

133 Lass, DNotZ 1996, 742, 755
134 Hoffmüller, DAB 1989 NW 79
135 Ibr-online: OLG Düsseldorf Urteil vom 21.08.2007 – 21 U 239/06 –

dann möglich sind, wenn eine Abgrenzung nach gewerblicher und nicht gewerblicher Tätigkeit vorgenommen wird. Richtig ist daran, dass sich freiberufliche Architekten/Ingenieure „hinter Unternehmen verstecken" können, um auf diese Art und Weise ihre Leistungen zu vermarkten. Grundsätzlich besteht freilich kein Anlass, nicht freiberuflich, sondern gewerblich tätige Architekten/Ingenieure anders zu behandeln als jedes andere gewerbliche Wohnungsbauunternehmen etc. Insoweit kann von einer Umgehung des Art. 10 § 3 MRVG nicht gesprochen werden.

Eine Unterscheidung zwischen gewerblichen Wohnungsbauunternehmen einerseits und freiberuflichen Architekten/Ingenieuren andererseits ist auch deshalb gerechtfertigt, weil es sich um unterschiedliche Berufsbilder handelt. Zu dem Berufsbild des freiberuflich tätigen Architekten/Ingenieurs gehören weder die Maklertätigkeit noch eine eigene Bauträgertätigkeit. Der Gesetzgeber hat zu Recht die gewerblichen Wohnungsbauunternehmen aus dem Koppelungsverbot ausgenommen, weil sie ihre Leistungen als Gesamtpaket, d. h. Planungs- und Bauaufsichtsleistungen in Kombination mit Bauleistungen anbieten. Nicht so entscheidend ist das Argument des Gesetzgebers, dass es zum Leistungsbild solcher Unternehmen gehöre, Grundstücke zu erschließen. Die Einbeziehung von gewerblichen Wohnungsbauunternehmen, Generalübernehmer etc. unter das Koppelungsverbot würde dazu führen, dass deren Berufsausübung ganz erheblich eingeschränkt würde. Die Differenzierung, die der Gesetzgeber vorgenommen hat, ist daher gerechtfertigt.

Eine Ausnahme gilt jedoch für den Fall der Ungleichbehandlung zwischen freiberuflichen Architekten/Ingenieuren und gewerblichen Wohnungsbauunternehmen, Bauträgern etc. bei ordnungsgemäß durchgeführten Wettbewerben, insbesondere von Gebietskörperschaften wie Gemeinden. Hier ist zu berücksichtigen, dass der Eingriff in die Berufsausübungsfreiheit der Architekten/Ingenieure weitaus größer ist als in den übrigen Fällen. Es gibt außerdem keinen Grund die Bauunternehmen, Bauträger etc. in Bezug auf Wettbewerbe besser zu stellen als Architekten/Ingenieure. Das Ziel, den Mietanstieg zu dämpfen rechtfertigt keine Ungleichbehandlung, weil eine Koppelung des Grundstückserwerbs an Architekten/Ingenieure auf die Preissteigerung keine andere Auswirkung hat als die an Bauträger, Bauunternehmer etc.. Bei Durchführung von Wettbewerben besteht auch keine Gefahr, dass die Koppelung dazu führt, dass der Architekt/Ingenieur allein wegen des Grundstücks und nicht wegen der Qualität seiner Leistung ausgesucht und beauftragt wird. Der Architekt befindet sich vielmehr in keiner anderen Situation als der Bauträger, Bauunternehmer, etc.. Beide stellen die Qualität ihrer Leistung im Rahmen eines Wettbewerbs unter Beweis. Warum daher die Bindung an einen Architekten/Ingenieur als Preisträger verboten werden kann, nicht dagegen die an einen Bauträger, Bauunternehmer ist nicht begründbar. Es liegt somit eine willkürliche Ungleichbehandlung zwischen Architekten/Ingenieuren einerseits und Bauträgern, Bauunternehmen andererseits vor und damit ein Verstoß gegen Art. 3 Abs. 1 GG, soweit es um die Bindung an Preisträger von Wettbewerben geht.

4.3. Rechtsfolgen

Wie schon bei einem Verstoß gegen Art. 12 Abs. 1 GG ist auch hier zu prüfen, ob die Regelung nichtig ist oder noch verfassungskonform ausgelegt werden kann. Letzteres ist – wie bereits im Rahmen der Prüfung von Art. 12 GG ausgeführt – nicht möglich. Gleichwohl kann bei Verstößen gegen Art. 3 GG dann, wenn die Nichtigkeitserklärung dem Gesetzgeber vorgreifen würde und die Nichtigkeit eine erhebliche Rechtsunsicherheit zur Folge hätte, das Gesetz lediglich als mit dem Grundgesetz nicht vereinbar erklärt werden.[136] Der Gesetzgeber ist dann verpflichtet, eine verfassungskonforme Regelung zu erlassen.[137]

Die Nichtigkeit der Vorschrift würde vorliegend jedoch nicht für eine erhebliche Rechtsunsicherheit sorgen. Die Norm steht nicht in einem größeren Gesetzeszusammenhang. Ihr ersatzloser Wegfall würde daher zu keinen Problemen bei der Rechtsanwendung führen.

5. Zusammenfassung

Art. 10 § 3 MRVG ist mit dem Verfassungsrecht vereinbar bis auf die Fälle, in denen die Erwerber nicht an Preisträger ordnungsgemäß durchgeführter Architektenwettbewerbe, insbesondere von Gemeinden, gebunden werden können. Insoweit verstößt Art. 10 § 3 MRVG gegen Art. 12 Abs. 1 GG, Art. 2 Abs. 1 GG und Art. 3 Abs. 1 GG.

---

136 Jarass in Jarass/Pieroth, Art. 3 GG, Rn. 41, BVerfGE 112, 50 ff., 73
137 Jarass in Jarass/Pieroth, Art. 3 GG, Rn. 41

V. Art. 10 § 3 MRVG und Verträge mit Auslandsbezug

Es stellt sich die Frage, welche Reichweite Art. 10 § 3 MRVG hat. Gilt er nur für Verträge zwischen Deutschen in Deutschland betreffend ein deutsches Grundstück oder auch für internationale bzw. grenzüberschreitende Verträge zwischen Bauherr und Architekt oder Grundstücksveräußerer und Grundstückserwerber?

Grundsätzlich sind verschiedene Fallkonstellationen denkbar, in denen die Frage der Anwendbarkeit des Art. 10 § 3 MRVG geprüft werden muss. Folgende Möglichkeiten kommen dabei in Betracht:

- Das Grundstück liegt im Inland und alle an dem Grundstücks- und Architektenvertrag Beteiligten haben ihren Sitz oder ihre Niederlassung in Deutschland. Ein Auslandsbezug liegt auch sonst nicht vor.
- Das Grundstück liegt im Inland und einzelne Beteiligte an dem Grundstücks- und Architektenvertrag haben ihren Sitz im Ausland, oder es liegt ein sonstiger Bezug zum Ausland vor.
- Das Grundstück liegt im Ausland; alle am Geschäft Beteiligten haben ihren Geschäftssitz/Wohnsitz in Deutschland.
- Das Grundstück liegt im Ausland; die Beteiligten an dem Grundstücks- oder Architektenvertrag haben teilweise ihren Sitz in Deutschland und teilweise im Ausland, oder es liegt ein sonstiger ausländischer Bezug vor.

Eine differenzierende Untersuchung lässt sich am einfachsten anhand der Lage der Grundstücke durchführen:

1. Grenzüberschreitende Verträge bei im Inland gelegenen Grundstücken

Bei der Frage, ob bei grenzüberschreitenden Verträgen, die inländische Grundstücke betreffen, Art. 10 § 3 MRVG Anwendung findet, muss nach den einzelnen möglichen Verträgen differenziert werden.

Es sind insoweit unterschiedliche Vertragskonstellationen denkbar. So kann der Erwerber/Bauherr oder aber der Veräußerer eines in Deutschland gelegenen Grundstücks Ausländer sein bzw. seinen Sitz im Ausland haben. Auch der Architekt, der Planungen für ein in Deutschland gelegenes Grundstück erbringen soll, kann aus dem Ausland kommen. Es stellt sich dann die Frage, welcher Rechtsordnung die zwischen den Parteien geschlossenen Vereinbarungen unterliegen und inwieweit Art. 10 § 3 MRVG auf diese Rechtsbeziehungen Anwendung findet.

Fraglich ist, ob bei allen auf das Grundstück bezogenen Geschäften, d.h. Grundstückserwerbsgeschäft sowie Architekten-/Ingenieurvertrag, dann, wenn das Grundstück in Deutschland liegt, deutsches Recht anzuwenden ist oder nicht. Weiterhin fragt es sich, wie sich Art. 10 § 3 MRVG bei der Anwendung ausländischen Rechts auswirkt.

1.1. Architekten-/Ingenieurverträge

Das internationale Architektenvertragsrecht ist nicht durch materielles Einheitsrecht geregelt. Das UN-Kaufrecht (UN-Übereinkommen über Verträge über den internationalen Warenkauf) gilt nicht für das Werksvertragsrecht. Der Deutsche Gesetzgeber hat allerdings aufgrund des EG-Übereinkommens über die vertraglichen Schuldverhältnisse[138] Art. 27 – 37 EGBGB als Umsetzungsnormen in das nationale Recht eingeführt. Diese Vorschriften regeln das Vertragsstatut, d.h. das anwendbare Recht bei Schuldverträgen, zu denen auch der Architektenvertrag gehört.[139] Dabei handelt es sich um staatliches Kollisionsrecht.

Für vertragliche Schuldverhältnisse mit Auslandsberührung gelten daher die Art. 27 ff EGBGB.

Gemäß Art. 27 EGBGB ist im Grundsatz die Rechtswahl frei. Für jeden Fall mit Auslandsberührung ist somit das anzuwendende Recht zu ermitteln.[140] Auslandsberührung liegt vor, wenn Verträge Verbindungen zu mehreren Rechtsordnungen aufweisen.[141] Allerdings will Art. 27 Abs. 3 EGBGB eine „künstliche" Internationalisierung verhindern.[142] Geschützt wird ein vereinbarungsfester Normenbestand des kraft Gesetzes maßgeblichen Staates.[143] Die Vereinbarung über die Rechtswahl ist ein selbstständiger Vertrag. Die Wirksamkeit und das Zustandekommen dieser Rechtswahlvereinbarung unterliegen aber dem gleichen Recht wie der Hauptvertrag – Art. 27 Abs. 4 EGBGB.[144]

---

138 Bundesgesetzblatt II 1986, 810
139 Fischer in Festschrift für Werner, S. 24; Thode/Wenner, Rn. 36 ff.; Wirth/Theis, Kap. 9.1; Thode/Wirth/Kuffer, § 8 Rn. 4, Wenner, BauR 1993, 257 ff., 258
140 Martiny in Münchener Kommentar, vor Art. 27 EGBGB Rn. 5; Heldrich in Palandt Art. 27 EGBGB Rn.1,3
141 Martiny in Münchener Kommentar, Art. 27 EGBGB Rn. 2
142 Martiny in Münchener Kommentar, Art. 27 EGBGB Rn. 4, 71 ff.
143 Martiny in Münchener Kommentar, Art. 27 EGBGB Rn. 4
144 Martiny in Münchener Kommentar, Art. 27 EGBGB Rn. 5

Fraglich ist, was als „Auslandsberührung" i.S. des Art. 27 EGBGB anzusehen ist. Mit dem Begriff geht ein Teil der Literatur großzügig um. Auslandsberührung wird danach durch räumliche Nähe (gewöhnlicher Aufenthalt, Niederlassung der Parteien, Abschlussort) oder persönliche Kriterien (Staatsangehörigkeit) vermittelt. Oder sie kann im Gegenstand des Geschäfts (grenzüberschreitende Leistungen, Belegenheit des Vermögens, Anlehnung an einen anderen Vertrag) oder in anderen Bezügen des internationalen Geschäftsverkehrs liegen.[145]

Allerdings gibt es auch eine restriktivere Auslegung. So soll die Staatsangehörigkeit als Auslandsberührung nur dann ausreichen, wenn sie auch der anderen Partei bekannt war und den Vertrag beeinflusst hat.[146] Thode/Wenner[147] lehnen die Staatsangehörigkeit als Kriterium für die Auslandsberührung ganz ab.

Falls keine Rechtswahl getroffen wird oder Verbraucher betroffen sind, regeln Artt. 28, 29, 29a EGBGB, welches Recht anzuwenden ist.

Nach Art. 28 EGBGB unterliegt bei fehlender Rechtswahl der Vertrag dem Recht des Staates, mit dem er die engsten Verbindungen aufweist. Art. 28 Abs. 2 EGBGB spricht insoweit die Vermutung einer bestimmten Rechtswahl aus. Bei der Herstellung eines Werkes im Rahmen eines Werkvertrags geht die Vermutung dahin, dass die engste Verbindung eines Vertrages mit dem Staat besteht, dem der gewerbliche Schuldner dieser charakteristischen Leistungen zum Zeitpunkt des Vertragsschlusses unterworfen ist. Bei natürlichen Personen ist dies das Recht des gewöhnlichen Aufenthaltsorts; bei Gesellschaften das Recht ihrer Hauptverwaltung ggf. der Niederlassung, falls die Leistung dort zu erbringen ist. Für die Rechtswahl entscheidend ist die Leistung des Unternehmers, weil sie den Vertrag charakterisiert.[148]

Für die Rechtswahl des Architektenvertrags ist daher in der Regel der Ort des Büros des Architekten maßgeblich[149], nicht aber der Ort des Bauvorhabens.[150] Für den Architektenvertrag ist aus den obigen Darlegungen Folgendes abzuleiten:

Hat eine der Vertragsparteien des Architekten-/Ingenieurvertrags seinen gewöhnlichen Aufenthalt oder eine Niederlassung im Ausland oder liegt der Ort des Vertragsschlusses im Ausland oder gibt es einen sonstigen Auslandsbezug, be-

---

145 Martiny in Münchener Kommentar, Art. 27 EGBGB Rn. 19 m.w.N.
146 Martiny in Münchener Kommentar, Art. 27 EGBGB Rn. 19
147 Thode/Wenner, Rn. 167 ff
148 Heldrich in Palandt, Art. 28 EGBGB Rn. 15; Wenner, RIW 1998, 173 ff., 176; OLG Brandenburg, OLGR 2002, 12 ff., 13; BGH, NJW 1999, 2442 ff., 2443
149 Heldrich in Palandt, Art. 28 EGBGB Rn. 15; LG Kaiserslautern, NJW 1988, 652 ff.; Wenner, RIW 1998, 173 ff., 176
150 Wenner, RIW 1998, 173 ff., 176; BGH, NJW 1999, 2442 ff., 2443; OLG Brandenburg, OLGR 2002, 12 ff., 13; Heldrich in Palandt, Art. 28 EGBGB Rn. 15; Wenner in Festschrift für Mantscheff, S. 205 ff., 210

steht grundsätzlich die freie Rechtswahl.[151] Gerade bei international tätigen Ingenieurbüros kann daher für den Architektenvertrag ausländisches Recht als Vertragsstatut in Betracht kommen. Wird keine Rechtswahl getroffen, so gilt dann, wenn der Architekt/Ingenieur seinen Sitz in Deutschland hat, deutsches Recht; hat er ihn im Ausland, gilt das Recht des jeweiligen ausländischen Staates.[152]

1.2. Grundstücksverträge

Für die Grundstücksverträge gelten ebenfalls Artt. 27 ff. EGBGB. Bei Vertragsbeziehungen mit Auslandsberührungen ist bei Grundstücksverträgen jedoch, wenn keine andere Rechtswahl getroffen wurde im Zweifel das Recht des belegenden Ortes maßgeblich (Art. 28 Abs. 3 EGBGB). Grundsätzlich ist jedoch auch bei Grundstücksgeschäften betreffend inländische Grundstücke die freie Rechtswahl möglich.

1.3. Auswirkungen der Rechtswahl auf die Anwendung des Art. 10 § 3 MRVG

Wenn für das Grundstücksgeschäft und den Architekten-/Ingenieurvertrag deutsches Recht vereinbart wird, gilt Art. 10 § 3 MRVG.

Probleme könnte es bei einem Auseinanderklaffen der Vertragsstatuten in Bezug auf Grundstückserwerbsvertrag einerseits und Architekten-/Ingenieurvertrag andererseits geben. Fraglich ist, was gilt, wenn der Grundstückserwerbsvertrag sich nach deutschem Recht richtet, der Architektenvertrag jedoch nicht, weil bei ihm wegen der Auslandsberührung (z.B. ausländische Architekten) nicht deutsches Recht gewählt wurde. Grundsätzlich besteht zwar bei akzessorischen Verträgen die Möglichkeit, dass der „anhängende" Vertrag dem Hauptvertrag bei der Rechtswahl folgt.[153] Problematisch wird dies allerdings z.B. schon dann, wenn ein Drei-Personen-Verhältnis besteht[154], weil der Veräußerer nicht mit dem Architekten/Ingenieur identisch ist. Außerdem handelt es sich in der Regel bei dem Grundstückserwerbsvertrag nicht um einen akzessorischen Vertrag im Verhältnis zum Architektenvertrag und umgekehrt. Sind Verträge bloß äußerlich miteinander verbunden, so wird das Vertragsstatut nämlich grundsätzlich für jeden Vertrag gesondert bestimmt. Ist kein Parteiwille feststellbar, die Verträge

---

151 Thode/Wenner, Rn. 40 ff.
152 Wenner, RIW 1998, 173 ff., 176
153 Martiny in Münchener Kommentar, Art. 28 EGBGB Rn. 115 ff.
154 Martiny in Münchener Kommentar, Art. 28 EGBGB Rn. 96b/100

einer einzigen Rechtsordnung zu unterwerfen, ist ihr äußeres Zusammentreffen alleine kein Grund, sie rechtlich einheitlich zu behandeln.[155] Anders kann es lediglich sein, wenn mehrere zwar rechtlich selbstständige Verträge vorliegen, die aber so miteinander verknüpft sind, dass sie einen einheitlichen Zweck verfolgen.[156] In solchen Fällen soll dann eine Aufspaltung der einzelnen Leistungen möglichst vermieden werden. Bei Architekten- und Grundstückserwerbsvertrag geht es aber um grundsätzlich verschiedene Verträge mit verschiedenen Leistungsinhalten. Sie sind vom Zweck her auch nicht so eng miteinander verbunden, dass sie nicht verschiedenen Vertragsstatuten unterliegen könnten.

Dementsprechend ist grundsätzlich ein Auseinanderfallen der Vertragsstatute möglich. Das könnte dazu führen, dass beispielsweise bei der Wahl ausländischen Rechts für den Architektenvertrag Art. 10 § 3 MRVG nicht zum Zuge kommt, weil im ausländischen Recht eine entsprechende Regelung nicht vorgesehen ist. Dagegen könnte bei einer gleichzeitig eingegangenen Architektenbindungsvereinbarung im Grundstückserwerbsvertrag Art. 10 § 3 MRVG Anwendung finden, wenn dieser dem deutschen Recht unterliegt.

1.4. Anwendung des Art. 34 EGBGB

Auf die Rechtswahl käme es dann nicht an, wenn Art. 34 EGBGB einschlägig wäre. Art 34 EGBGB besagt, dass zwingende Regeln des deutschen Rechts durch die Wahl eines anderen Vertragsstatuts nicht abgewählt werden können (international zwingende Normen).[157]

Von einer international zwingenden Norm i.S. des Art. 34 EGBGB kann man dann ausgehen, wenn sie ihre Geltung für grenzüberschreitende Fälle unabhängig von dem Vertragsstatut ausdrücklich anordnet. Anders ist es, wenn die Norm unter dem Vorbehalt steht, dass die Rechtsordnung des rechtsetzenden Staates Vertragsstatut wird.[158]

---

155 Martiny in Münchener Kommentar, Art. 28 EGBGB Rn. 119
156 Martiny in Münchener Kommentar, Art. 28 EGBGB Rn. 120
157 Martiny in Münchener Kommentar, Art. 34 EGBGB Rn. 7 m.w.N.; BGH Urteil vom 13.12.2005 – XI ZR 82/05 –, S. 6 ff.; Thode/Wenner, Rn. 198 ff.; Thode/Wirth/Kuffer, § 8 Rn. 19
158 Martiny in Münchener Kommentar, Art. 34 GG Rn. 8, Heldrich in Palandt, Art. 34 EGBGB Rn. 3; Thode/Wirth/Kuffer, S. 318; Wenner, BauR 1993, 257 ff., 264 ff.

Zunächst ist zu prüfen, ob in der jeweiligen gesetzlichen Regelung selbst etwas zur Gültigkeit für Verträge mit Auslandsberührung bzw. zu der Anwendung ausländischen Vertragsstatuts geregelt ist.[159]

Das Artikelgesetz enthält keine ausdrückliche Regelung, was im Kollisionsfalle gelten soll. Fehlt eine ausdrückliche gesetzliche Regelung des allumfassenden Geltungsanspruchs einer Norm, so ist im Wege der Auslegung zu ermitteln, ob sie nach Sinn und Zweck ohne Rücksicht auf das nach den sonstigen Kollisionsnormen anzuwendende Recht eines anderen Staates international gelten soll.[160] Es ist somit eine Kollisionsregelung aus der Norm selbst zu entwickeln.[161]

Grundsätzlich ist von einer international zwingenden Norm auszugehen, wenn das Gesetz hauptsächlich oder zumindest auch öffentlichen (staats- und wirtschaftspolitischen) Interessen bzw. dem Gemeinwohl, Kollektivbelangen oder dem Staatswohl dient.[162] Anderes gilt, wenn die Norm sich nur auf den privaten Rechtsverkehr bezieht.[163]

Wie bereits erwähnt soll Art. 10 § 3 MRVG Wettbewerbsverzerrungen auf dem Architekten-/Ingenieurmarkt bekämpfen und der Gefahr des Mietanstiegs vorbeugen. Die Frage ist, ob es sich dabei um übergeordnete Interessen wirtschaftspolitischer Art bzw. des Gemeinwohls im Sinne des Art. 34 EGBGB handelt.

Die Anwendbarkeit des Art. 10 § 3 MRVG auf grenzüberschreitende Verträge bzw. Verträge mit Auslandsberührung wird bisher in Rechtsprechung und Literatur nicht diskutiert. Anhaltspunkte für die Behandlung der Problematik lassen sich aber aus der derzeitigen Diskussion darüber ableiten, ob die HOAI bzw. die Mindestsatzregelung des § 4 Abs. 4 HOAI zwingendes Recht im Sinne des Art. 34 EGBGB darstellen.[164]

---

159 Martiny in Münchener Kommentar, Art. 34 EGBGB Rn. 8; BGH Urteil vom 13.12.2005 – XI ZR 82/05 – S.6 ff.; Thode/Wenner, Rn. 226
160 BGH Urteil vom 13.12.2005 – XI ZR 82/05 –; Martiny in Münchener Kommentar, Art. 34 EGBGB Rn. 9, 129
161 Thode/Wenner, Rn. 227; Wenner, ZfBR 2003, 421 f., 422; Wenner, RIW 1998, 173 ff., 177; BGH BauR 2003, 748 ff., 750
162 BGH Urteil vom 13.12.2005 – XI ZR 82/05 –; Martiny Münchener Kommentar, Art. 34 EGBGB Rn. 12; Thode/Wenner, Rn. 206; Wenner, RIW 1998, 171 ff., 177
163 Martiny in Münchener Kommentar, Art. 34 EGBGB Rn. 12; Heldrich in Palandt, Art. 34 EGBGB Rn. 3; BGH, BauR 2003, 748 ff., 750; Wenner, ZfBR 2003, 421 f., 422
164 S. dazu BGH, BauR 2003, 748 ff.; Wenner, BauR 1993, 257 ff.; Wenner, ZfBR 2003, 421 ff.; Wenner, RIW 1996, 173 ff.; Rädler, BauR 2001, 1032 ff.; Wirth/Theis, Kap. 9; Thode/Wirth/Kuffer, § 8 Rn. 18 ff., Werner in Werner/Pastor, Rn. 609 ff.; Fischer in Festschrift für Werner, S. 33 ff.; Vygen in Korbion/Mantscheff/Vygen, Einführung Rn. 316 ff.

Für die HOAI Mindestsätze hat der Bundesgerichtshof angenommen, dass bei vereinbarten Leistungen aufgrund grenzüberschreitender Architekten- und Ingenieurverträge für ein im Inland gelegenes Bauwerk die mit der Mindestsatzregelung verfolgten Ziele erreichbar und durchsetzbar sind.[165] Der Mindestsatz soll – so der Bundesgerichtshof – zur Begrenzung des Mietanstiegs beitragen und einen ruinösen Wettbewerb zwischen Architekten und Ingenieuren verhindern. Er dient damit nicht dem Interessenausgleich zwischen den Vertragsparteien, sondern ist eine Regelung des Mieterschutzes und der Erwerbs- und Berufstätigkeit sowie des Wettbewerbs. Damit ist § 4 Abs. 4 HOAI eine Regelung des öffentlichen Interesses und damit eine typisch zwingende Regelung im Sinne des Art. 34 EGBGB.[166]

Auch in der Literatur wird diese Auffassung überwiegend vertreten.[167] Wenner[168] hatte sich bereits 1993 grundlegend zu der Frage geäußert, inwieweit die HOAI als zwingendes Recht im Sinne des Art. 34 EGBGB anzusehen sei. Ausschlaggebend ist nach seiner Auffassung der Schutzzweck der Norm. Will die HOAI lediglich den Preiswettbewerb unter den Planern verhindern, dann könnten Zweifel daran bestehen, ob Art. 34 EGBGB anzuwenden ist. Anders stehe es, wenn Ziel der Regelung die Bekämpfung des Mietanstiegs sei. Dann diene die HOAI Interessen des Gemeinwohls und sei als zwingendes Recht anzusehen. Da der Gesetzgeber bei Erlass des Ermächtigungsgesetzes das Ziel verfolgt habe, dem Mietanstieg entgegenzuwirken, müsse er – so Wenner – „beim Wort genommen werden". Die Richtigkeit der Begründung sei dabei nicht maßgeblich.[169] Der Mietanstieg im Ausland sei für den deutschen Gesetzgeber allerdings unerheblich, so dass die HOAI nur zwingend für Leistungen in Bezug auf ein im Inland liegendes Bauvorhaben anzuwenden sei. Die HOAI gelte dann unabhängig davon, ob der Planer im Inland oder Ausland ansässig sei oder welches materielle Schuldrecht zur Anwendung käme.[170]

Diese Argumente lassen sich entsprechend auf Art. 10 § 3 MRVG übertragen. Zumindest im Hinblick auf das Ziel, den Mietanstieg zu bekämpfen, handelt es sich um ein Interesse des Gemeinwohls. Man kann aber auch den Aspekt der Erhaltung des Wettbewerbs unter Architekten als übergeordnetes wirtschaftspolitisches Interesse bezeichnen. Art. 10 § 3 MRVG ist somit eine zwingende Norm

---

165 BGH, BauR 2003, 748 ff., 751
166 BGH BauR 2003, 748 ff.; BGH, BauR 2000, 979 ff., 981
167 Wenner, BauR 1993, 257 ff.; Thode/Wirth/Kuffer, § 8 Rn. 22, S. 318; Werner in Werner/Pastor, Rn. 609; Vygen in Korbion/Mantscheff/Vygen, Einführung Rn. 316 ff.
168 Wenner, BauR 1993, 257 ff.
169 Wenner, BauR 1993, 257 ff.
170 Wenner, BauR 1993, 257 ff.

i. S. des Art. 34 EGBGB. Es kommt demnach nicht darauf an, welches Vertragsstatut bei dem Grundstückserwerbsvertrag oder bei dem Architekten-/Ingenieurvertrag gewählt wird. Entscheidend ist, dass auch bei grenzüberschreitenden Verträgen, wenn ein im Inland liegendes Grundstück betroffen ist, Art. 34 EGBGB dazu führt, dass Art. 10 § 3 MRVG anwendbar ist. Das bedeutet, dass bei Vorliegen der Voraussetzungen des Art. 10 § 3 MRVG der Architekten-/Ingenieurvertrag unwirksam ist unabhängig davon, ob als Vertragsstatut für diesen Vertrag deutsches oder ausländisches Recht gewählt wurde. Enthält der Grundstückserwerbsvertrag eine Bindungsklausel, ist diese ebenfalls unwirksam unabhängig davon, welches Recht im Übrigen auf den Erwerbsvertrag anzuwenden ist.

2. Im Ausland gelegene Grundstücke

Es stellt sich die Frage, ob Art. 10 § 3 MRVG überhaupt – unabhängig von den gewählten Vertragsstatuten – auf Verträge anwendbar ist, die im Ausland gelegene Grundstücke betreffen. Die Beantwortung hängt davon ab, ob man unter einem „Grundstück" im Sinne des Art. 10 § 3 MRVG auch im Ausland gelegene Grundstücke versteht. Das wäre der Fall, wenn der Gesetzgeber die Kompetenz und die Absicht gehabt hätte, mit Art. 10 § 3 MRVG eine Vorschrift zu erlassen, die sich auch auf ausländische Grundstücke bezieht.

Wie bereits oben ausgeführt soll Art. 10 § 3 MRVG den Wettbewerb unter den Architekten schützen und den Mietanstieg bekämpfen. Der deutsche Gesetzgeber hat jedoch lediglich ein Interesse an der Bekämpfung steigender Mietpreise im Inland. Er kann weder im Ausland auf den Preisanstieg von Mieten Einfluss nehmen, noch gehört das zu seinen Aufgaben. Die Dämpfung des Mietanstiegs außerhalb Deutschlands war weder Grund für den Erlass des Gesetzes noch überhaupt Diskussionsthema innerhalb des Gesetzgebungsverfahrens.

Gleiches gilt für die Bekämpfung der Wettbewerbsverzerrungen auf dem Architektenmarkt. Es sollte durch Art. 10 § 3 MRVG verhindert werden, dass sich bei dem knappen Bauland in der Bundesrepublik Deutschland Architekten eine Monopolstellung verschaffen und ihre Beauftragung nicht mehr von Qualitätsgesichtspunkten, sondern von sachfremden Erwägungen abhängig gemacht wird. Der deutsche Gesetzgeber hat vor Erlass des Gesetzes keine Feststellungen dazu getroffen, wie es auf dem Grundstücksmarkt im Ausland aussieht. Die Situation auf ausländischen Grundstücksmärkten war demgemäß auch nicht Gegenstand der Diskussion bei Erlass des Art. 10 § 3 MRVG. Vielmehr war die spezifische Situation auf dem deutschen Grundstücksmarkt ausschlaggebend für die Schaffung der Verbotsnorm. Der Gesetzgeber hat somit mit Art. 10 § 3 MRVG keine Regelung im Zusammenhang mit ausländischen Grundstücken treffen wollen.

Unter „Grundstück" im Sinne des Art. 10 § 3 MRVG ist daher kein im Ausland gelegenes Grundstück zu verstehen. Bei ausländischen Grundstücken gilt dementsprechend Folgendes:

Selbst wenn beide Vertragsbeziehungen (Veräußerer/Erwerber und Erwerber/Architekt) dem deutschen Recht unterliegen, findet Art. 10 § 3 MRVG keine Anwendung, wenn es um ein im Ausland gelegenes Grundstück geht. Gleiches gilt auch, wenn einer der Verträge oder beide Verträge ausländischem Recht unterliegen.

3. Zusammenfassung

Bei Verträgen mit Auslandsberührung ist zunächst zu differenzieren, ob das Grundstück im Ausland liegt oder in der Bundesrepublik Deutschland. Liegt es im Ausland, kommt Art. 10 § 3 MRVG nicht zur Anwendung. Befindet sich das Grundstück im Inland, dann ist es unerheblich, welchem Vertragsstatut die einzelnen Verträge (Veräußerer/Erwerber und Architekt/Erwerber) unterliegen. Über Art. 34 EGBGB gilt Art. 10 § 3 MRVG auch bei der Vereinbarung ausländischen Rechts für den Grundstücksvertrag und/oder Architektenvertrag.

VI. Art. 10 § 3 MRVG und EG-Recht

1. Beschränkung der Dienstleistungsfreiheit

Es stellt sich die Frage, ob Art. 10 § 3 MRVG mit dem Europarecht im Einklang steht. Die Norm könnte geeignet sein, die Dienstleistungsfreiheit (Artt. 49 ff. EG-V) zu beeinträchtigen. Art. 10 § 3 MRVG als nationale Norm wäre dann allerdings nicht nichtig. Das EG-Recht beanspruchte dann nur einen Anwendungsvorrang.[171]

Die Artt. 49 ff. EG-V kommen nur im grenzüberschreitenden Verkehr zur Anwendung. Im innerstaatlichen Verkehr gelten sie dagegen nicht.[172]

Die nationalen Rechtsnormen bleiben somit auch dann, wenn sie gegen EG-Recht verstoßen, weiterhin auf die Sachverhalte anwendbar, die das Gemeinschaftsrecht nicht erfasst.[173]

Der Begriff der Dienstleistungsfreiheit ist in Art. 50 EG-V definiert. Dienstleistungen sind danach solche Leistungen, die in der Regel gegen Entgelt erbracht werden, soweit sie nicht den Vorschriften über den freien Waren- und Kapitalverkehr sowie über die Freizügigkeit der Personen unterliegen. Als Dienstleistungen gelten gemäß Art. 50 Abs. 2d EG-V insbesondere freiberufliche Tätigkeiten. Die Tätigkeit des Architekten fällt also unter diese Bestimmung.[174]

Fraglich ist, wann eine Grenzüberschreitung vorliegt. Sie ist anzunehmen, wenn der Dienstleistungserbringer sich vorübergehend zum Leistungsempfänger in einen anderen Mitgliedstaat begibt (Art. 50 Abs. 3 EG-V).[175] Es kann sich aber auch der Leistungsempfänger zum Leistungserbringer in einen anderen Mitgliedstaat begeben (sog. passive Dienstleistungsfreiheit).[176] Als weitere Möglichkeit besteht die sog. Korrespondenzdienstleistung.[177] In diesem Falle überschrei-

---

171 Vogel, BauR 2006, 744 ff., 745; Pott/Dahlhoff/Kniffka/Rath, § 1 Rn. 25
172 So auch BGH Beschluss vom 27.09.2006 – VII ZR 11/06; ibr-online: OLG Köln Urteil vom 16.12.2005 – 20 U 204/03, 4 ff.
173 Vogel, BauR 2006, 744 ff., 745; Pott/Dahlhoff/Kniffka/Rath, § 1 Rn. 25
174 Siehe auch Wenner, ZfBR 2003, 421 ff., 423
175 Kluth in Calliess/Ruffert, Art 49, 50 EG-V Rn. 24; Müller-Graff in Streinz, Art. 49 EG-V Rn. 33 ff.
176 Kluth in Calliess/Ruffert, Art. 49, 50 EG-V Rn.27; Müller-Graff in Streinz, Art. 49 EG-V Rn.33 ff., 37 ff.
177 Kluth in Calliess/Ruffert, Art 49,50 EG-V Rn. 29; Müller-Graff in Streinz, Art. 49 EG-V Rn. 33 ff., 40 ff.

tet alleine die Leistung die Grenze, wobei der Leistungserbringer und der Leistungsempfänger in den jeweiligen Mitgliedstaaten verbleiben.[178]

Bei den Architektenverträgen handelt es sich in der Regel um eine aktive Dienstleistung im Sinne des Art. 50 Abs. 3 EG-V.[179] Der Art. 49 EG-V ist somit dann einschlägig, wenn ein Architekt aus dem EU-Ausland Leistungen in der Bundesrepublik für ein Bauprojekt erbringt.[180]

Wenn der Tatbestand der Dienstleistungsfreiheit vorliegt, dann gilt für die Tätigkeit des Dienstleisters zunächst einmal das Diskriminierungsverbot (Art. 54 EG-V). Staatliche Maßnahmen dürfen die Erbringer von Dienstleistungen nicht aufgrund ihrer Staatsangehörigkeit oder ihres Aufenthaltsortes unterschiedlich behandeln.[181] Art. 10 § 3 MRVG richtet sich an alle Architekten/Ingenieure unabhängig von ihrem Herkunftsland. Damit ist dem Diskriminierungsverbot Rechnung getragen.

Der Europäische Gerichtshof legt die Dienstleistungsfreiheit jedoch sehr weit aus. Er erkennt ihr auch die Regelungswirkung eines allgemeinen Beschränkungsverbots zu.[182] Das allgemeine Beschränkungsverbot verlangt nicht nur eine Gleichbehandlung von Ausländern mit Inländern, sondern die Beseitigung sonstiger Beschränkungen im grenzüberschreitenden Dienstleistungsverkehr.[183]

Beschränkungen im Sinne dieser Vorschrift, die geeignet sind, die Tätigkeit der Dienstleistenden, die in einem anderen Mitgliedstaat ansässig sind und dort ähnliche Dienstleistungen erbringen, zu behindern, sind danach nur gerechtfertigt, wenn zwingende Gründe des Allgemeininteresses vorliegen und das Interesse nicht bereits durch die Vorschriften geschützt wird, denen der Dienstleistende in seinem Heimatstaat unterliegt. Die Beschränkung muss ferner geeignet sein, die Verwirklichung des verfolgten Zieles zu gewährleisten. Wichtig ist, dass die Regelung nicht über das hinausgehen darf, was zur Erreichung des Ziels erforderlich ist.[184]

---

178 Fockert, BauR 2006, 586 ff., 589
179 Fockert, BauR 2006, 586 ff., 589
180 Fockert, BauR 2006, 586 ff., 589
181 Pott/Dahlhoff/Kniffka/Rath, § 1 Rn. 27; Kluth in Calliess/Ruffert Art. 49, 50 EG-V Rn. 7 ff.
182 Pott/Dahlhoff/Kniffka/Rath, § 1 Rn. 28; EUGH, BauR 2007, 368 ff., 371; EUGH Urteil vom 11.12.2003 – RS C–289/02 „AMOK" Rn. 27; EUGH Urteil vom 17.02.2005 – RS C–134/03 „VIACOM" Rn. 35; Kluth in CalliessRuffert Art. 49, 50 EG-V Rn. 54 ff.; Fischer, § 17 Rn. 10; Müller-Graff in Streinz Art. 49 EG-V Rn. 84 ff.;
183 Kluth in Calliess/Ruffert Art. 49,50 EG-V Rn. 54
184 Wenner, ZfBR 2003, 421 ff., 423; Pott/Dahlhoff/Kniffka/Rath, § 1 Rn. 28; Fischer § 17 Rn. 14 ff.; Müller-Graff in Streinz, Art. 49 EG-V Rn. 85 ff.; EUGH, BauR 2007, 368 ff., 372

Art. 49 EG-V verbietet somit jegliche Beschränkung des freien Dienstleistungsverkehrs.[185] Das bedeutet, dass er auch der Anwendung nationaler Vorschriften entgegensteht, die ohne offen oder versteckt zu diskriminieren geeignet sind, die Ausübung der Dienstleistungsfreiheit zu unterbinden, zu verhindern oder weniger attraktiv zu machen.[186] Die Vorschrift gilt also auch dann, wenn keine Diskriminierung nach staatlicher Zugehörigkeit stattfindet, sondern wenn generell einheimische und ausländische Dienstleistungserbringer nachteilig betroffen werden.[187]

Die Regelung des Art. 10 § 3 MRVG könnte zumindest die Ausübung der Architektentätigkeit weniger attraktiv gestalten. Der rigorose Eingriff in die Vertragsfreiheit (Abschlussfreiheit) beeinträchtigt den Dienstleistungsverkehr zumindest insoweit, als eine grenzüberschreitende Tätigkeit bezüglich eines in Deutschland gelegenen Bauvorhabens an Attraktivität einbüßt. Muss mit der Nichtigkeit des Architektenvertrags gerechnet werden, wenn eine Koppelung zum Grundstücksvertrag gegeben ist, dann besteht die Möglichkeit, dass Architekten oder Ingenieure aus den übrigen EU-Ländern davon abgehalten werden, in Deutschland tätig zu werden. Kritisch kann dies insbesondere für die Bereitschaft zur Teilnahme an internationalen Architektenwettbewerben werden.

2. Rechtfertigung der Beschränkung

Ausnahmsweise ist die Beschränkung des Dienstleistungsverkehrs jedoch gerechtfertigt, wenn das mit der Vorschrift verfolgte Ziel ein schützenswertes Allgemeininteresse nach Maßgabe des Europarechts ist, d.h. ein EG-rechtlich legitimer Zweck vorliegt, die Vorschrift nicht diskriminierend und zur Erreichung des Zieles geeignet und erforderlich ist.[188]

Ziel des Art. 10 § 3 MRVG ist es zum einen, einen funktionierenden Wettbewerb zwischen freiberuflichen Architekten und Ingenieuren zu gewährleisten, und zum anderen, mittelbar den Mietanstieg zu verhindern.

---

185 Fockert, BauR 2006, 586 ff., 589
186 Fockert, BauR 2006, 586 ff., 589; Pott/Dahlhoff/Kniffka/Rath, § 1 Rn. 28, Fischer § 17 Rn. 10; Müller-Graff in Streinz, Art. 49 EG-V ‚Rn. 87 ff.; Kluth in Calliess/ Ruffert, Art. 49, 50 EG-V Rn. 5; EUGH, BauR 2007, 368 ff., 371
187 EUGH, BauR 2007, 368 ff., 371
188 EUGH, Urteil vom 30.11.1995 – RS C–55/94 „Gebhardt" Rn. 37; Pott/Dahlhoff/ Kniffka/Rath, § 1 Rn. 29; Vogel, BauR 2006, 744 ff., 749; EUGH, BauR 2007, 368 ff., 372, Fischer in Thode/Wirth/Kuffer, § 8 Rn. 22; Quack, Privates Baurecht 2003, 419 ff., 420; Vogelheim/Najork, NZBau 2007, 265 ff., 267; Fischer §17 Rn. 14 ff., 20 ff.

Die Verhinderung oder Dämpfung des Mietanstiegs stellt als Ziel grundsätzlich ein zwingendes Interesse des Gemeinwohls dar. Fraglich ist allerdings, ob die Regelung, die hier zur Erreichung des Zieles gewählt wurde, verhältnismäßig ist, d.h. den hohen Ansprüchen des Europäischen Gerichtshofs insoweit genügt. Schon die Frage der Geeignetheit ist problematisch. Ob nämlich mit dem Koppelungsverbot der Mietanstieg wesentlich gedämpft werden kann, ist zu bezweifeln. Weshalb durch einen nichtigen Architektenvertrag die Baukosten gering gehalten werden können, ist schwer erklärbar. Spätestens an der Erforderlichkeit scheitert hier die Verhältnismäßigkeitsprüfung. Es gibt keinen Grund, die Architekten und Ingenieure anders zu behandeln als die gewerblichen Bauunternehmen, Bauträger etc. Der Mietanstieg kann durch Bauträger Wohnungsbauunternehmen etc., die gekoppelte Verträge abschließen dürfen, in gleicher Weise bewirkt werden wie von Architekten.

Anders kann das bei dem weiteren Ziel der Vorschrift sein, nämlich der Erhaltung des Wettbewerbs unter Architekten und Ingenieuren sowie der Qualitätssicherung der Architekten-/Ingenieurleistungen durch Wahlfreiheit der Bauherren. Insoweit liegt ebenfalls ein zwingendes Interesse der Allgemeinheit vor.[189] Das Gesetz ist auch geeignet, den Wettbewerb der Architekten untereinander zu gewährleisten.

Art. 10 § 3 MRVG ist sogar gerade im Sinne des EG-Rechts eine Vorschrift, die im besonders starken Maße dem internationalen, d.h. überstaatlichen Aspekt Rechnung trägt und insofern eine Gleichbehandlung im Dienstleistungsbereich fördert. In der Regel werden nämlich deutsche weit eher als ausländische Architekten und Ingenieure die Möglichkeit besitzen, sich Grundstücke „an die Hand" geben zu lassen. Allein schon wegen der örtlichen Nähe und der Kenntnis des eigenen Marktumfelds hätten sie daher ohne das Koppelungsverbot einen Wettbewerbsvorteil gegenüber ihren ausländischen Kollegen. Art. 10 § 3 MRVG kann deshalb unter diesem Gesichtspunkt als geeignet angesehen werden, um auch im internationalen Bereich die Wettbewerbsfreiheit zu fördern.

Die Frage ist, ob Art. 10 § 3 MRVG in der vorliegenden Fassung zur Erreichung des gesetzgeberischen Ziels erforderlich ist. Ein weniger einschneidendes Mittel als Art. 10 § 3 MRVG kommt nicht in Betracht, wenn man den Architektenmarkt unter Einschluss des internationalen Marktes betrachtet. Allerdings gilt das nicht, soweit Architektenwettbewerbe von dem Gesetz miterfasst werden. Es ist auf die Ausführungen zu Art. 12 GG zu verweisen (s. Seite 50 ff.), die hier entsprechend gelten. Zwar spielt der Eingriff in die Planungshoheit der Gemeinden unter europarechtlichen Gesichtspunkten keine Rolle. Die Einbeziehung der Architektenwettbewerbe unter das Koppelungsverbot stellt jedoch einen beson-

---

189 Müller-Graff in Streinz, Art. 49 EG-V Rn. 107

ders schwerwiegenden Eingriff in die Berufsausübung der Architekten und Ingenieure dar. Dieser Eingriff ist unverhältnismäßig und deshalb nicht gerechtfertigt.

Das Gesetz ist zur Durchsetzung des gewünschten Zieles im europarechtlichen Sinn somit zwar geeignet, aber nicht erforderlich, soweit Architekten/Ingenieure als Preisträger von ordnungsgemäß durchgeführten Planungswettbewerben einbezogen werden.

VII. Voraussetzungen des Art. 10 § 3 MRVG

1. Geschützter Personenkreis

Geschützt wird der Erwerber eines Grundstückes unabhängig davon, ob er Privatmann, Kaufmann oder die öffentliche Hand ist.[190]

1.1. Wohnungsbauunternehmen Projektentwicklungsgesellschaften, Bauträger etc.

Umstritten ist, ob auch der Bauträger, Baubetreuer oder die Projektentwicklungsgesellschaft geschützt ist und sich damit gegenüber dem Architekten oder Ingenieur auf die Nichtigkeit des Architekten-/Ingenieurvertrags berufen kann.[191]

1.1.1. Herrschende Meinung

Die herrschende Meinung in Rechtsprechung und Literatur bejaht das, ohne dass hierfür eine ausführliche Begründung gegeben wird.[192]

1.1.2. Mindermeinung

Eine andere Auffassung vertritt das Kammergericht.[193] Zur Begründung führt es in seiner Entscheidung vom 03.07.1985[194] aus, dass Baubetreuungsunternehmen und Bauträger nach der gefestigten Rechtsprechung des Bundesgerichtshofs nicht vom Koppelungsverbot betroffen seien. Das Koppelungsverbot gelte nur für denjenigen, der als freiberuflicher Architekt/Ingenieur einer berufsfremden Tätigkeit

---

190 Locher/Koeble/Frik, Art. 10 § 3 Rn. 4
191 Siehe Wirth/Theis, Kap, 33.4
192 OLG Karlsruhe, IBR 1995. 217; OLG Hamm, IBR 1992, 54 = BauR 1993, 494 ff.; Locher/Koeble/Frik, Art. 10 § 3 Rn. 4; Korbion in Ingenstau/Korbion, Anhang 3 Rn. 269; Werner in Werner/Pastor, Rn. 685; Schulze-Hagen, IBR 1992, 94; LG Oldenburg, IBR 2004, 323
193 KG BauR 1986, 598 ff., KG BauR 2004, 395 ff. = ibr-online: KG Urteil vom 09.12.2002 – 24 U 1050/00 –
194 KG, BauR 1986, 598 f., 599

als Makler nachgehe. Es wende sich allerdings nicht gegen Unternehmen der Baubetreuung im engeren und weiteren Sinne, d.h. Baubetreuer oder Bauträger mit einem dem Architekten nicht vergleichbaren Berufsfeld. Wenn jedoch Baubetreuer und Bauträger gestattet sei, Grundstücke zusammen mit Architektenleistungen zu veräußern, dann widerspreche es dem Gesetzeszweck des Art. 10 § 3 MRVG, wenn solche Gesellschaften nicht auch als Grundstückserwerber von dem Koppelungsverbot und der damit verbundenen Einschränkung der Privatautonomie ausgenommen seien.[195] Jedenfalls müsse das dann gelten, wenn es dem Baubetreuer/Bauträger gerade auf den Eintritt in eine vorhandene und schnell zu verwirklichende Planung gehe, ihm also nicht Inhalt und Preis der Architektenplanung aufgedrängt würden (die Bauträgerin habe die Planung gebraucht). Eine andere Auslegung der Vorschrift würde dem Gesetzeszweck gerade zuwiderlaufen und eine Einschränkung der Betätigung der Baubetreuer und Bauträger bedeuten. Diese wären dann nämlich durch das Gesetz geradezu gehindert, rechtswirksame Architektenverträge im Zusammenhang mit dem Grundstückserwerb zu schließen.[196] Auch in der Entscheidung vom 09.12.2002 bekräftigt das Kammergericht[197] nochmals diese Rechtsauffassung.

1.1.3. Stellungnahme

Die herrschende Meinung ist zutreffend. Auch wenn Bauträger, Baubetreuer, Projektentwicklungsgesellschaften etc. auf Erwerberseite auftreten, gilt das Koppelungsverbot, und zwar selbst dann, wenn sie den Vertrag in Kenntnis des Koppelungsverbots schließen. Grundsätzlich kommt es nicht darauf an, ob es dem Bauträger, Baubetreuer, Projektentwickler gerade um die Planung beim Erwerb des Grundstücks ging. Dies ist kein Kriterium, das eine andere Behandlung als bei Privatpersonen oder sonstigen Erwerbern rechtfertigt. Auch ein anderer Erwerber kann ein besonderes Interesse gerade an der Planung haben. Das führt grundsätzlich nicht dazu, dass der Architekten-/Ingenieurvertrag dann von dem Koppelungsverbot ausgenommen wird. Aus der Entscheidung des Kammergerichts kann auch nicht nachvollziehbar entnommen werden, wieso gerade eine andere Behandlung von Bauträgern, Projektentwicklern oder Baubetreuern gerechtfertigt sein sollte. Allein die Tatsache, dass sie anders als Architekten und Ingenieure nicht unter das Koppelungsverbot fallen, kann nicht dazu führen, dass sie zwangsläufig auf Erwerberseite ebenfalls von dem Koppelungsverbot aus-

---

195 So auch Jasper in der Kommentierung zur Entscheidung des LG Oldenburg vom 10.01.2003, IBR 2004, 323
196 KG, Bau 1986, 598 f., 599; so auch Jasper, IBR 2004, 323
197 ibr-online: KG Urteil vom 9.12.2002 – 24 U 1050/00 –

genommen sind. Die gesetzgeberische Begründung, warum Bauträger und Baubetreuer in das Koppelungsverbot nicht miteinbezogen wurden, kann nicht auf Projektentwickler, Baubetreuer, Bauträger etc. übertragen werden, die auf Erwerberseite auftreten. So ist die Tätigkeit von Bauträgern, Baubetreuern etc. ohne Einschränkung möglich, wenn sie Erwerber i.S. des Art. 10 § 3 MRVG sind. Sie werden bei der Entwicklung von Grundstücken und deren Verwertung nicht dadurch behindert, dass sie als Baubetreuer, Bauträger, Projektentwickler wegen Vorliegens des Art. 10 § 3 MRVG keine rechtswirksamen Architektenverträge gekoppelt mit dem Grundstückserwerb schließen können. Sie sind nicht gehindert, das erworbene Grundstück durch andere Architekten beplanen zu lassen oder nach Erwerb des Grundstücks mit dem vorgegebenen Architekten einen wirksamen Vertrag zu schließen (s. Seite 159 ff).

Die Auffassung des Kammergerichts widerspricht auch der Absicht des Gesetzgebers. Die Vorschrift des Art. 10 § 3 MRVG wurde geschaffen, um die Wettbewerbsmöglichkeiten unter Architekten zu erhalten. Diesem Willen des Gesetzgebers würde es gerade zuwiderlaufen, wenn der Erwerb von Grundstücken durch Baubetreuer, Bauträger etc. in Koppelung mit Architekten-/Ingenieurverträgen zulässig wäre. Ein Architekt/Ingenieur bräuchte sich dann nur große Grundstücksflächen, die für Bauträger interessant sind, „an die Hand" geben zu lassen, um wirksam seine Architektenleistungen mit zu vermarkten. Damit wäre der Umgehung des Art. 10 § 3 MRVG Tür und Tor geöffnet. Ein Architekt, der für Bauträger, Baubetreuer etc. interessante große Grundstücksflächen an der Hand hat wäre sogar noch privilegiert. Dies würde aber erst recht zu einer Wettbewerbsverzerrung unter Architekten/Ingenieuren führen, was Art. 10 § 3 MRVG gerade verhindern soll.

1.2. Architekten und Ingenieure als geschützter Personenkreis

Es ist fraglich, ob Architekten/Ingenieure als Erwerber zu dem geschützten Personenkreis zählen. Dazu findet sich in Literatur und Rechtsprechung keinerlei Stellungnahme. Man könnte die Auffassung vertreten, dass dann, wenn Architekten zu den Erwerbern gehören, Art. 10 § 3 MRVG nicht anzuwenden sei. Das kann jedoch nicht richtig sein. Architekten/Ingenieure, die ihrerseits Grundstücke kaufen wollen, um sie für sich selbst zu bebauen oder später bebaut zu verkaufen, könnten dann gezwungen werden, fremde Architektenleistungen in Anspruch zu nehmen, wenn sie an einem bestimmten Grundstück interessiert sind. Dies entspricht aber nicht dem Sinn und Zweck des Art. 10 § 3 MRVG. Es gibt keinen Grund, Architekten/Ingenieure anders zu behandeln als jeden anderen Grundstückserwerber.

2. Grundstückserwerb

Dem Wortlaut des Art. 10 § 3 MRVG folgend muss die unwirksame Architektenbindung im Zusammenhang mit dem Erwerb eines Grundstücks stehen. Sie bezieht sich somit auf das Verpflichtungsgeschäft, das zum Erwerb eines Grundstücks führt[198], ebenso wie auf das dingliche Geschäft, das zur Übertragung des Eigentums an dem Grundstück führt.[199]

Im Weiteren werden folgende Erwerbsgeschäfte näher untersucht:

- Kaufverträge, Tauschverträge
- Schenkungen
- Vorverträge
- Übertragungen von Gesellschaftsanteilen
- Grundstückserwerb im Rahmen von Erbauseinandersetzungen
- Erwerb von Wohnungseigentum
- Erwerb von Bruchteils- bzw. Miteigentum
- Einräumung und Veräußerung von Erbaurechten
- Nießbrauch, Grunddienstbarkeiten etc.

2.1. Kaufverträge, Tauschverträge

Verpflichtungsgeschäfte im Sinne der Vorschrift des Art. 10 § 3 MRVG sind zunächst einmal alle Kaufverträge. Einen Sonderfall, der näher beleuchtet werden soll, bilden hierbei die Kaufverträge im Rahmen von ÖPP-Modellen (Öffentlich private Partnerschaft).

In der Regel werden bei ÖPP-Verträgen die zu bebauenden Grundstücke von der öffentlichen Hand an den Investor verkauft. Nach 25 oder 30 Jahren besteht ein Rückkaufanspruch bzw. eine Rückkaufpflicht. Die öffentlich-rechtlichen Körperschaften mieten direkt oder indirekt (z.B. durch städtische/gemeindliche Gesellschaften) das auf dem Grundstück vom Investor erstellte Gebäude in dem Zwischenzeitraum an. Meistens geben sie genau vor, wie das zu erstellende Gebäude auf dem Grundstück aussehen soll. Dies kann z.B. dadurch geschehen, dass sie einen Architekten durch einen Architektenwettbewerb ermitteln und den Siegerentwurf von dem Investor bauen lassen. Sie können den Architekten aber

---

[198] Locher/Koeble/Frik, Art. 10 § 3 MRVG Rn. 5; Vygen in Korbion/Mantscheff/Vygen, Art. 10 § 3 MRVG Rn. 8
[199] Vygen in Korbion/Mantscheff/Vygen, Art. 10 § 3 MRVG Rn. 8; Kniffka/Koeble, 12. Teil, Rn. 48

auch auf andere Weise dem Investor vorgeben. Die Bindung an den Architekten stellt dann einen klassischen Fall des Koppelungsverbots dar. Die Kommunen haben allerdings ein berechtigtes Interesse daran, auf die Architektur Einfluss zu nehmen, da sie das Objekt zunächst anpachten und später zurückkaufen. Bei ÖPP-Projekten wird lediglich das Risiko der Erstellung und zum Teil des Betriebs des Gebäudes auf den Investor verlagert. Art. 10 § 3 MRVG widerspricht daher der Interessenlage der Parteien bei ÖPP-Modellen. Dennoch ist er nach dem Wortlaut auch auf Architekten-/Ingenieurverträge im Zusammenhang mit solchen Geschäften anzuwenden.

Zu den Verpflichtungsgeschäften im Sinne des Art. 10 § 3 MRVG, die zum Erwerb eines Grundstückes führen können, gehören nach einhelliger Meinung in Literatur und Rechtsprechung nicht nur Kaufverträge, sondern auch Tauschverträge.[200]

2.2. Schenkung

Inwieweit auch Schenkungen unter Art. 10 § 3 MRVG fallen, wird in der Literatur nicht ganz einheitlich beurteilt.[201] Teilweise wird es uneingeschränkt bejaht.[202]
Einige Autoren machen dagegen Einschränkungen.

Vygen[203] erkennt zwar an, dass sich dem Wortlaut nach die Vorschrift auf Schenkungen als Verpflichtungsgeschäfte erstrecken muss. Er vertritt allerdings die Auffassung, dass dies nicht schlechthin für alle rechtsgeschäftlichen Bindungen dieser Art gelten dürfe. So soll z.B. die Schenkung unter der Auflage zulässig sein, einen bestimmten Architekten/Ingenieur mit der Planung und Bauaufsicht zur Errichtung des Bauwerks zu beauftragen (§ 525 BGB). Groscurth[204] will Art. 10 § 3 MRVG nur anwenden, wenn das Grunderwerbsgeschäft zumindest teilweise entgeltlich ist.

Man wird richtigerweise eine Schenkung ebenso wie eine Schenkung unter Auflagen als Erwerbsgeschäft im Sinne des Art. 10 § 3 MRVG ansehen. Die

---

200 Kniffka/Koeble, 12. Teil, Rn. 48; Vygen in Korbion/Mantscheff/Vygen, Art. 10 § 3 MRVG Rn. 9; Locher/Koeble/Frik, Art. 10 § 3 MRVG Rn. 5; Thode/Wirth/Kuffer, § 4 Rn. 131; Groscurth in Neuenfeld/Dohna/Baden/Groscurth, Band 1 Teil II Rn. 40
201 Locher/Koeble/Frik, Art. 10 § 3 MRVG Rn. 5; Kniffka/Koeble, 12. Teil Rn. 48
202 Locher/Koeble/Frik Art. 10 § 3 MRVG Rn. 5; Thode//Wirth/Kuffer § 4 Rn 131; Kniffka/Koeble, 12. Teil Rn. 48
203 Korbion/Mantscheff/Vygen, Art. 10 § 3 MRVG Rn. 9
204 Groscurth in Neuenfeld/Dohna/Baden/Groscurth, Band 1 Teil II Rn. 40

Vorschrift unterscheidet nicht zwischen entgeltlichen und unentgeltlichen Kausalgeschäften. Allerdings wird eine derartige Schenkung nur selten vorkommen.

2.3. Vorverträge

Auch Vorverträge können Grundstückserwerbsverträge i.S. des Art. 10 § 3 MRVG sein, so beispielsweise, wenn sich ein Architekt im Zusammenhang mit dem späteren Abschluss des Architektenvertrags verpflichtet, ein Grundstück nachzuweisen, auf dem das Haus errichtet werden kann.[205]

2.4. Übertragung von Gesellschaftsanteilen

Umstritten ist, ob der Erwerb eines Anteils an einer Gesellschaft, die ihrerseits einen Architekten- oder Ingenieurvertrag abgeschlossen hat bzw. abschließen will, unter das Koppelungsverbot fällt.

2.4.1. Kein Fall der Koppelung

Kniffka/Koeble[206] sowie Locher/Koeble/Frik[207] führen dazu aus, dass in solchen Fällen das Koppelungsverbot nicht eingreift. Daran ändert sich nach ihrer Auffassung auch nichts, wenn der Erwerber eines Gesellschaftsanteils als Alleingesellschafter oder Mitgesellschafter gleichzeitig einen Architekten- oder Ingenieurvertrag abschließt bzw. übernehmen muss. Begründet wird dies damit, dass die Beteiligung an einer Gesellschaft nicht unmittelbar als Grundstückserwerb anzusehen sei. Die Autoren berufen sich insoweit auf die Rechtsprechung zu § 313 a.F. BGB[208], wonach der Erwerb eines Gesellschaftsanteils sogar dann nicht der notariellen Form bedarf, wenn das Grundstück einziges Gesellschaftsvermögen ist.

2.4.2. Gegenmeinung

Die Gegenmeinung ist der Auffassung, dass das Koppelungsverbot zumindest auch dann eingreift, wenn ein Erwerber sämtliche Anteile einer KG übernimmt,

---

205 Vygen in Korbion/Mantscheff/Vygen, Art. 10 § 3 Rn. 8; BGH, BauR 1975, 288 ff, Glaser 3. Auflage ,S. 228
206 Kniffka/Koeble ,12. Teil Rn. 50
207 Locher/Koeble/Frik, Art. 10 § 3 MRVG Rn. 6
208 BGH, NJW 1996, 1279 f.; BGH, NJW 1983, 1110 ff.

deren einziges Vermögen ein Grundstück ist. Die Vereinbarung, mit der der Erwerber bzw. die Gesellschaft in diesem Zusammenhang verpflichtet wird, die durch den bis dahin beherrschenden Kommanditisten erbrachten Architektenleistungen zu vergüten, sei gemäß Art. 10 § 3 MRVG unwirksam.[209] Richter[210] ist generell der Auffassung, dass der Erwerb von Gesellschaftsanteilen nicht anders zu beurteilen sei als der Erwerb eines Grundstücks.

Das Kammergericht vertritt in seiner Entscheidung vom 24.10.2002[211] die Auffassung, dass durch den Erwerb der Anteile an einer Grundstücksgesellschaft kein Wechsel des Vertragspartners stattfindet. Bei dem bereits bestehenden Architektenvertrag verbleibe auf der einen Seite der Architekt und auf der anderen Seite die Grundstücksgesellschaft als Vertragspartner. Art. 10 § 3 MRVG sei deshalb nicht anwendbar. Dies gelte zumindest dann, wenn bei Erwerb der Grundstücksgesellschaftsanteile nur die bis dahin aufgewendeten Kosten für die Architektenleistungen vergütet werden sollen und kein Zwang zur Verwirklichung des Bauvorhabens auf Basis der Pläne ausgeübt werde.[212]

2.4.3. Stellungnahme

Ob das Argument eine Rolle spielen kann, dass bei Erwerb von Gesellschaftsanteilen kein Wechsel in der „Person" des Vertragspartners des Architekten stattfindet, falls vor Veräußerung der Gesellschaftsanteile bereits ein Vertrag mit dem Architekten geschlossen war, ist fraglich. Es liegt auch kein Wechsel des Vertragspartners des Architekten vor, wenn erstmals im Zusammenhang mit dem Grundstückserwerb ein Architektenvertrag geschlossen wird. Für die Frage, ob ein „Erwerb" i.S. des Art. 10 § 3 MRVG vorliegt, kommt es somit auf den Wechsel des Vertragspartners des Architekten/Ingenieurs nicht an. Entscheidend ist vielmehr, ob der Grundstückserwerb mit dem Erwerb von Gesellschaftsanteilen an einer Grundstücksgesellschaft gleichgesetzt werden kann.

Für die Auffassung von Kniffka/Koeble und Locher/Koeble/Frik spricht, dass nur von dem „Erwerb eines Grundstücks" die Rede ist, nicht aber von dem Erwerb eines „Gesellschaftsanteils an einer Grundstücksgesellschaft". Grundstückserwerb und Gesellschaftsanteilserwerb unterscheiden sich grundsätzlich. Allerdings könnte es im Einzelfall nach Sinn und Zweck des Art. 10 § 3 MRVG erforderlich sein, Art. 10 § 3 MRVG analog auch auf den Erwerb eines Gesellschaftsanteils anzuwenden. So ist nach diesseitiger Auffassung z.B. auch die

---

209 KG Urteil vom 16.09.1993, Leitsatz in juris; Wirth/Theis, Kap. 33.3; Pott/Dahlhoff/Kniffka, 7. Auflage, § 4 Rn. 61
210 Richter IBR 2004, 147
211 KG, Urteil vom 24.10.2002 – 10 U 2166/99, IBR 2004, 147
212 KG, Urteil vom 24.10.2002 – 10 U 2166/99, IBR 2004, 147

Übernahme von Gesellschaftsanteilen an einer Grundstücksgesellschaft einem Erwerb eines Grundstücks im Sinne des Art. 10 § 3 MRVG gleichzusetzen, wenn die Gründung der Gesellschaft dazu dient, den Schutzzweck des Art. 10 § 3 MRVG zu umgehen. Das wäre beispielsweise dann der Fall, wenn eine Gesellschaft gegründet wird, deren einziger Vermögensgegenstand das Grundstück ist, das dann entsprechend einer vertraglicher Vereinbarung mit dem Architekten von diesem beplant wird. Wenn die Gesellschaftsanteile anschließend veräußert werden, liegt eine Umgehung des Art. 10 § 3 MRVG vor. Gleiches gilt, wenn mit der Übertragung des Gesellschaftsanteils gleichzeitig auch ein Architekten-/Ingenieurvertrag geschlossen wird. Es wäre mit den gesetzgeberischen Zielen nicht vereinbar, in diesen Fällen Art. 10 § 3 MRVG nicht anzuwenden. Andernfalls müssten sich Veräußerer lediglich der Form einer Gesellschaft bedienen, um das Koppelungsverbot zu umgehen. Es besteht daher eine Regelungslücke, so dass Art. 10 § 3 MRVG analog anzuwenden ist.

2.4. Grundstückserwerb bei Erbauseinandersetzung

Problematisiert wird in der Literatur die Frage, ob dem „Erwerb" eines Grundstücks auch die Übertragung im Rahmen einer Erbauseinandersetzung gleich zu setzen ist. Fraglich ist z.B., ob es zulässig ist, dass ein Mitglied einer Erbengemeinschaft, bei deren Auseinandersetzung ein Grundstück erhält, das den Wert seines Erbanteils übersteigt und sich dafür im Ausgleich gegenüber einem anderen Mitglied der Erbengemeinschaft (welches Architekt ist) verpflichtet, ein Bauwerk auf dem Grundstück durch den Miterben errichten zu lassen.[213] Der Fall wird von Vygen[214] nicht als Verstoß gegen Art. 10 § 3 MRVG gewertet. Das ist zutreffend. Die Erbauseinandersetzung ist kein typischer Fall eines Grundstückserwerbs. Der Gesetzgeber hat nicht daran gedacht, auch diesen Fall einer Architektenbindung mitzuerfassen. Der Schutzzweck des Art. 10 § 3 MRVG geht in eine andere Richtung. Er dient dazu, eine Wettbewerbsverzerrung zwischen Architekten zu verhindern. Regelungen bei einer Erbauseinandersetzung stellen in diesem Sinne keine Gefahr für den Wettbewerb unter Architekten dar. Auch ein Anstieg der Mieten ist nicht zu befürchten. Art. 10 § 3 MRVG ist daher in diesen Fällen nicht anzuwenden.

---

213 Vygen in Korbion/Mantscheff/Vygen, Art. 10 § 3 MRVG Rn. 9
214 Vygen in Korbion/Mantscheff/Vygen, Art. 10 § 3 MRVG Rn. 9

2.5. Erwerb von Wohnungseigentum

Ob ein Verstoß gegen das Koppelungsverbot auch dann vorliegt, wenn ein Eigentümer im Wege der Vorratsteilung gemäß § 8 WEG Wohnungseigentum begründet und sich die Käufer im Zusammenhang mit dem Erwerb des Sonder-/Gemeinschaftseigentums verpflichten, den bisherigen Architekten/Ingenieur zu beauftragen, steht zur Diskussion.

2.5.1. Überwiegende Auffassung

Überwiegend wird in Literatur und Rechtsprechung die Auffassung vertreten, dass eine solche Verpflichtung des Erwerbers nicht gegen Art. 10 § 3 MRVG verstößt und deshalb wirksam ist.[215] Der Bundesgerichtshof[216] führt für seine Auffassung an, dass zur Begründung von Wohnungseigentum die Inanspruchnahme eines Architekten unerlässlich sei. Die nach §§ 7 Abs. 4, 8 Abs. 2 WEG zur Anlegung der Wohnungsgrundbücher und damit zur Bildung des Wohnungseigentums erforderlichen Unterlagen wie Teilungserklärung, Aufteilungsplan, insbesondere auch Abgeschlossenheitsbescheinigung könnten zumindest in der Regel nur erbracht werden, wenn zuvor ein Architekt das neu zu errichtende Gebäude geplant, d.h. zumindest die in den Leistungsphasen 1 – 4 des § 15 Abs. 2 HOAI aufgeführten Leistungen erbracht habe. Die Leistungen seien mithin regelmäßig erforderlich, damit das zu erwerbende Wohnungseigentum überhaupt gebildet werden könne. Dadurch sei der Erwerber praktisch unvermeidbar an einen bestimmten Architekten gebunden. Aber auch die weitergehende Beauftragung des Architekten verstößt nach Meinung des Bundesgerichtshofes nicht gegen Art. 10 § 3 MRVG. Wer noch zu errichtendes Wohnungseigentum erwerbe und sich damit in eine Bauherren- und Wohnungseigentümergemeinschaft begebe, müsse zwangsläufig die Beschränkungen hinnehmen, die sich aus einer gemeinsamen Errichtung der Wohnungseigentumsanlage ergeben. Dazu gehöre auch die Einigung auf einen gemeinsamen Architekten. Werde dann der Architekt beauftragt, der bereits die zur Begründung des Wohnungseigentums erforderliche Planung gefertigt habe, so übe er keine der Maklertätigkeit vergleichbare Tätigkeit aus. Von einer Manipulation des Wettbewerbs könne nicht die Rede sein. Art. 10 § 3 MRVG sei daher nicht anzuwenden.

---

215 BGH BauR 1986, 464 ff.; Groscurth in Neuenfeld/Baden/Dohna/Groscurth Band 1 Teil II Rn.40; Werner in Werner/Pastor Rn. 686; Pott/Dahlhoff/Kniffka, 7. Auflage, § 4 Rn. 61; Doerry in Festschrift für Baumgärtel S. 50
216 BGH BauR 1986, 464 ff, 465, 466

In der Literatur wird die Auffassung des Bundesgerichtshofs überwiegend geteilt. Locher/Koeble/Frik[217] und Kniffka/Koeble[218] halten die Entscheidung des Bundesgerichtshofs für zutreffend. Bildet ein Privatmann im Wege einer Vorratsteilung nach § 8 WEG Wohnungseigentum und veräußert es mit einer konkreten Gestaltung nach Planung, so falle dies nicht unter das Koppelungsverbot. In diesem Fall seien die zur Begründung des Wohnungseigentums notwendigen Architektenleistungen aus der Leistungsphase 1 – 4 des § 15 Abs. 2 HOAI unbedenklich im Wege der Bindung dem Erwerber aufzuerlegen. Entsprechendes soll auch für das Bauherrenmodell gelten, wenn der Baubetreuer eine Bauherrengemeinschaft zusammenführt und für diese einen Architektenvertrag mit einem bestimmten Architekten abschließt. Anders ist es nach Meinung der Autoren allerdings zu beurteilen, wenn der Eigentümer Architekt ist, der das Eigentum in Wohnungseigentum aufteilt und die Erwerber sodann zum Abschluss eines Architektenvertrags mit ihm selbst hinsichtlich der Bauausführung verpflichtet.[219]

Vygen[220] zählt allgemein den Erwerb von Miteigentumsanteilen zum Zwecke der Begründung von Wohnungseigentum, sofern damit die Verpflichtung des Erwerbers verbunden wird, bei der Planung und Ausführung auf dem Grundstück die Leistungen eines bestimmten Architekten/Ingenieurs in Anspruch zu nehmen, zu den Erwerbsgeschäften i.S. des Art. 10 § 3 MRVG. Allerdings führt er weiter aus, dass der Fall kaum relevant werde, da in der Regel vor dem Erwerb des Miteigentumsanteils – jedenfalls beim Erwerb von Eigentumswohnungen im Bauherrenmodell – der Architektenvertrag schon abgeschlossen oder aber der für den Erwerber handelnde Baubetreuer und Treuhänder in der Auswahl des Architekten nicht eingeschränkt sei.

2.5.2. Gegenmeinung

Bindhardt/Jagenburg[221] macht darauf aufmerksam, dass die Auffassung des Bundesgerichtshofs nicht konsequent sei. Er hält die Differenzierung zwischen Wohnungseigentum und Bungalow- bzw. Reihenhausbebauung für ungerechtfertigt, soweit der Bundesgerichtshof den Vertrag mit dem als Unternehmer handelnden Architekten einmal für wirksam (Wohnungseigentum) und ein anderes Mal für unwirksam (Bungalow- und Reihenhausbebauung) hält.

---

217 Locher/Koeble/Frik, Art. 10 § 3 MRVG Rn. 6
218 Kniffka/Koeble, 12. Teil Rn. 49
219 Locher/Koeble/Frik, Art. 10 § 3 MRVG Rn. 6; Kniffka/Koeble, 12. Teil Rn. 49
220 Vygen in Korbion/Mantscheff/Vygen, Art. 10 § 3 MRVG Rn. 10
221 Jagenburg in Bindhardt/Jagenburg, § 2 Rn. 161

2.5.3. Stellungnahme

Die Entscheidung des Bundesgerichtshofs zu der Bindung an einen bestimmten Architekten im Rahmen des Erwerbs von zu errichtendem Wohnungseigentum ist zutreffend. Schon aus praktischen Gründen ist es nicht möglich, Architektenverträge durch die einzelnen Bauherren bzw. Miteigentümer mit verschiedenen Architekten schließen zu lassen. Ob man dies mit der fehlenden Monopolstellung begründen kann, ist allerdings zweifelhaft. Schließt sich ein Architekt mit einem Grundstückseigentümer zusammen und plant der Architekt das zukünftige Wohnungseigentumsobjekt, dann verfügt er ebenso über eine „Monopolstellung" wie bei Grundstücken, auf denen lediglich Reihenhäuser oder Bungalows errichtet werden. Auch das Argument der angeblich fehlenden „Maklertätigkeit" ist nicht richtig. Im Gegenteil treffen beide Argumente bei einer Wohnanlage sogar noch verstärkt zu, weil es sich in der Regel um größere Objekte handelt, die dem Architekten in einem besonderen Maße Wettbewerbsvorteile verschaffen. Nach Sinn und Zweck der Regelung des Art. 10 § 3 MRVG müssten daher gerade diese Objekte auch unter das Koppelungsverbot fallen. Alleine die Tatsache, dass zur Aufteilung in Wohnungseigentum schon im Vorfeld ein Architekt eingeschaltet werden muss, spricht nicht dagegen, dass nach dem gesetzgeberischen Willen solche Fallkonstellationen von dem Koppelungsverbot mit umfasst werden sollten.[222] Aus demselben Grund ist auch nicht nachvollziehbar, warum die Beauftragung desselben Architekten für die weiteren Architektenleistungen (Leistungsphasen 5 ff. des § 15 Abs. 2 HOAI) nicht unter das Koppelungsverbot fallen sollten.

Gerade die vorliegende Fallvariante zeigt allerdings die Schwäche der gesetzgeberischen Argumentation. Denn es ist in der Tat vollkommen unsinnig und praktisch auch nicht durchführbar, wenn jeder Erwerber sein Wohnungseigentum in einer gemeinsamen Wohnanlage mit einem eigenen Architekten errichten wollte. Das gilt nicht nur für die Leistungsphasen 1 – 5 des § 15 Abs.2 HOAI, sondern auch für die weiteren Architektenleistungen. Es ist weder möglich und sinnvoll, pro Wohneinheit die Leistungen getrennt auszuschreiben und zu vergeben, noch eine gesonderte Bauüberwachung zu vereinbaren. Ganz besonders gilt dies für das Gemeinschaftseigentum. Allerdings ist eine Aufteilung auf verschiedene Architekten auch für viele Reihenhausprojekte, die zunehmend wegen des geringen Platzes Mehrfamilienwohnungsanlagen optisch gleichen (so genannte Stadthäuser), kaum möglich. Sie bilden nach außen eine einheitliche Front und müssen auch in der Bauweise und mit Materialien aufeinander abgestimmt errichtet werden (z.B. bei Dacheindeckung, Regenrinnen, Außenfassaden etc.). Sie sind häu-

---

222 Kritisch insofern auch Pott/Dahlhoff/Kniffka, 7. Auflage, § 4 Rn. 61

fig praktisch und auch faktisch ebenso wie Wohnanlagen kaum durch verschiedene Architekten zu planen. Es ist daher sehr zweifelhaft, ob gerade bei den modernen Bau- und Wohnformen Art. 10 § 3 MRVG den Verhältnissen noch gerecht wird.[223]

Festzuhalten ist demnach, dass die Ausführungen des Bundesgerichtshofs zur Anwendung des Art. 10 § 3 MRVG bei Erwerb von Wohnungseigentum im Ergebnis zutreffend sind. Die Differenzierungen, die in der Literatur vorgenommen werden, sind zwar nachvollziehbar, aber nicht richtig. Auch wenn der Architekt selbst Eigentümer eines Gebäudes ist und es in Wohnungseigentum aufteilt, kann sinnvollerweise die Planung und Bauüberwachung nur durch einen Architekten erfolgen. Die vom Bundesgerichtshof entwickelten Grundsätze gelten auch hier. Zudem ist die Differenzierung anhand der Eigentümerstellung des Architekten auch kein zulässiges Kriterium im Sinne des Art. 10 § 3 MRVG. Es ist nicht begründbar, warum ein Architekt, der gleichzeitig Eigentümer ist, gegenüber dem Architekten, der nicht Eigentümer des Grundstückes ist, benachteiligt sein soll.

Die Entscheidung des Bundesgerichtshofs zum Erwerb von Wohnungseigentum macht deutlich, dass insgesamt die Anwendung des Art. 10 § 3 MRVG bei bestimmten Bauformen problematisch ist. Das zeigen auch die nachfolgenden Ausführungen zum Erwerb von Bruchteils- bzw. Miteigentum und Gesamthandseigentum.

2.6. Erwerb von Bruchsteils- bzw. Miteigentum und Gesamthandseigentum

Es gibt Fälle, in denen der Eigentümer dem Erwerber nicht das volle Eigentum überträgt, sondern nur Bruchteilseigentum. Inwieweit die vorerwähnte Rechtsprechung des Bundesgerichtshofs auf diese Konstellation übertragbar ist, muss geprüft werden.

Wird Bruchteilseigentum gebildet und gibt der Veräußerer seine Eigentümerstellung nicht vollständig auf, sondern bleibt Miteigentümer an dem Grundstück, dann ist nicht begründbar, warum er auf die Wahl des Architekten/Ingenieurs durch eine Architektenbindung nicht Einfluss nehmen sollte. Er würde ansonsten in seiner Verfügungsmacht als Miteigentümer beeinträchtigt und es läge ein Verstoß gegen Art. 14 Abs. 1 GG vor.[224] Auch dann, wenn Bruchteilseigentum geschaffen wird und der Veräußerer keinen Anteil behält, sondern sämtliche Anteile veräußert werden, kann u.U. eine Architektenbindung zulässig sein. Wie der

---

223 Siehe auch Lass, DNotZ 1996, 742 ff, 749 zu der Anwendung des Art. 10 § 3 MRVG auf Bruchteilseigentum
224 So auch Lass, DNotZ 1996, 742 ff., 749

Bundesgerichtshof zutreffend ausgeführt hat, folgt aus dem Erwerb derartigen Eigentums, dass die Erwerber zwangsläufig als Bauherren die Beschränkung auf sich nehmen, die aus der eingeschränkten Eigentümerstellung folgt. Bruchteilseigentümer können nicht mit unterschiedlichen Architekten dasselbe Bauvorhaben durchführen. Das alleine bedeutet jedoch nicht, dass der Veräußerer ihnen den Architekten/Ingenieur notwendigerweise vorgeben kann. Häufig werden Grundstücke z.B. von Eheleuten oder anderen Personen gemeinsam erworben. Derartige Bruchteilsgemeinschaften geben keinen Anlass, eine Ausnahme von dem Koppelungsverbot zuzulassen.

Etwas anderes kann sich bei einer Siedlungsbebauung ergeben. Neben der Übertragung von Alleineigentum an die jeweiligen Erwerber werden häufig Miteigentumsanteile an bestimmten Gemeinschaftsflächen, z.B. für Garagenplätze, Grünflächen, Zuwege und Zufahrten übertragen. Ähnlich wie bei dem Erwerb von Wohnungseigentum erfolgt dann in der Regel die Planung (zumindest der Leistungsphasen 1 – 4 des § 15 Abs. 2 HOAI) im Vorfeld vor Veräußerung der Grundstücksflächen. Das ist häufig schon wegen der Erstellung des planerischen Gesamtkonzepts erforderlich. Werden Miteigentumsanteile an Grundstücken dann einzeln veräußert, fragt es sich, ob es jedem Erwerber freigestellt werden kann, diese gemeinschaftlichen Flächen jeweils von einem selbst gewählten Architekten beplanen und bebauen zu lassen. Dies wäre weder tatsächlich noch rechtlich möglich. Allerdings bedeutet das nicht notwendigerweise, dass der Erwerb von Miteigentumsflächen in solchen Fällen zulässigerweise an die Beauftragung eines bestimmten Architekten gekoppelt werden kann. Grundsätzlich wäre auch der Fall möglich, dass die Erwerber sich gemeinschaftlich entscheiden können, einen von ihnen selbst gewählten Architekten mit der Planung und der Bebauung zu beauftragen. Dagegen spricht aber, dass – wie oben ausgeführt – die Siedlungsplanung auch die Planung von Gemeinschaftsflächen umfasst. Der vom Veräußerer zugezogene Architekt hat in der Regel schon die Leistungsphasen 1 – 4 des § 15 Abs. 2 HOAI erbracht. In einigen Fällen kann diese Planung sogar urheberrechtlich geschützt sein. Die Situation ist deshalb ähnlich zu beurteilen wie bei dem Erwerb von Wohnungseigentum, sodass die Rechtsprechung des Bundesgerichtshofs insoweit auch auf die obigen Fälle übertragen werden kann. Die Überlegungen gelten entsprechend auch für das Gesamthandseigentum.

Festzuhalten ist demnach, dass bei dem Erwerb von Bruchteils- bzw. Miteigentum und Gesamthandseigentum Art. 10 § 3 MRVG dann nicht anwendbar ist, wenn vergleichbare Fallkonstellationen wie beim Erwerb von Wohnungseigentum vorliegen oder aber der Veräußerer selbst noch Miteigentümer bleibt.

2.7. Einräumung eines Erbbaurechts

Diskutiert wird weiterhin über die Frage, ob als Erwerb im Sinne der Vorschrift auch die Bestellung und Veräußerung eines Erbbaurechts angesehen werden kann (zur Frage der Verfassungsmäßigkeit s. Seite 43 ff.). Der Bundesgerichtshof hat sich zu dieser Frage bisher noch nicht geäußert. Die Auffassungen in Literatur und Rechtsprechung hierzu gehen auseinander.

2.7.1. Herrschende Meinung

Nach Auffassung des Kammergerichts[225] gilt das Koppelungsverbot auch für den Erwerb eines Erbbaurechts. Es begründet die Entscheidung damit, dass das Erbbaurecht einem Grundstückserwerb gleichstehe. Art. 10 § 3 MRVG wolle der Gefahr begegnen, dass ein Architekt, dem ein Grundstück „an die Hand" gegeben werde bei knapp gewordenen Angeboten an Grundstücken eine monopolartige Stellung erwerbe und der Wettbewerb dadurch manipuliert werde. Dieser Zweck würde verfehlt, wenn der Erwerb des Erbbaurechts nicht als „Erwerb eines Grundstücks" i.S. des Art. 10 § 3 MRVG anzusehen wäre.

Überwiegend hat sich die Literatur der Meinung des Kammergerichts angeschlossen.[226] Kniffka/Koeble[227] und Locher/Koeble/Frik[228] begründen ihre Auffassung damit, dass der Erwerber eines Erbbaurechts eine dingliche Stellung erhalte, die im Hinblick auf den Schutzzweck der Vorschrift derjenigen eines Grundstückserwerbers gleichzustellen sei. Auch Werner[229] und Groscurth[230] meinen, dass Art.10 § 3 MRVG die Begründung des Erbbaurechts bzw. der Erwerb des Erbbaurechts von Art. 10 § 3 MRVG mit umfassen sei. Beide geben dafür aber keine detaillierte Begründung.

Ausführlicher, aber mit demselben Ergebnis vertreten auch Hesse[231] und Vygen[232] diese Meinung. Sie führen aus, dass zwar die Entstehungsgeschichte auf den ersten Blick dagegen spreche, auch das Erbbaurecht unter Art. 10 § 3 MRVG

---

225 KG, NJW-RR 1992, 916 ff.
226 Thode/Wirth/Kuffer, § 4 Rn. 131; Kniffka/Koeble, 12. Teil Rn. 49; Locher/Koeble/ Frik, Art. 10 § 3 MRVG Rn. 6, Werner in Werner/Pastor, Rn. 676; Groscurth in Neuenfeld/Baden/Dohna/Groscurth, Band 1 Teil II Rn. 40; Hesse, BauR 1977, 73 ff., 75; Vygen in Korbion/Mantscheff/Vygen, Art. 10 § 3 MRVG Rn. 11; Custodis, DNotZ 1973, 526 ff., Motzke/Wolff, S. 23
227 Kniffka/Koeble, 12. Teil Rn. 49
228 Locher/Koeble/Frik, Art. 10 § 3 MRVG Rn. 6
229 Werner in Werner/Pastor, Rn. 676
230 Groscurth in Neuenfeld/Baden/Dohna/Groscurth, Band 1 Teil II Rn. 40
231 Hesse, BauR 1977, 73 ff., 75
232 Vygen in Korbion/Mantscheff/Vygen, Art. 10 § 3 MRVG Rn. 11

zu fassen, da der Bundesrat zunächst verlangt habe, dass ein neuer Absatz 2 in Artikel 10 § 3 aufgenommen wird. Dieser habe das Erbbaurecht miterfassen sollen. Er wurde aber in dem Gesetzestext später gestrichen. Aus dem Verlauf des Gesetzgebungsverfahrens selbst ergibt sich nach Meinung der Autoren allerdings nicht zwingend der Rückschluss, dass der Gesetzgeber das Erbbaurecht bewusst nicht unter Art. 10 § 3 MRVG fassen wollte. Die Bundesregierung habe nämlich zum Vorschlag des Bundesrats nicht ausdrücklich Stellung genommen.[233] Hesse[234] und Vygen[235] meinen daher, dass man aus der weiteren Formulierung „im übrigen habe man gegen die Vorschläge des Bundesrates keine Einwendungen", wie sie die Bundesregierung in der Bundestagsdrucksache festgehalten habe, folgern könne, auch die Bundesregierung habe das Erbbaurecht mit einbeziehen wollen. Allerdings fehle der Absatz 2 in der von der Bundesregierung im Bundestag eingebrachten Fassung und auch der Rechtsausschuss sei auf die Frage nicht eingegangen.[236] Hesse geht davon aus, dass dann, wenn man nicht annehmen wolle, der Gesetzgeber habe das Problem schlichtweg vergessen – was aufgrund der Materialien nicht ohne weiteres von der Hand zu weisen sei – der Schluss nahe liege, dass der Gesetzgeber die Eingehung von Architektenbindungen im Zusammenhang mit dem Erwerb von Erbbaurechten habe tolerieren wollen. Er vertritt allerdings der Auffassung, dass die Folgerung keineswegs zwingend sei und aus sachlichen Erwägungen heraus auch nicht gezogen werden könne. Der Erwerb von Erbbaurechten durch Bauwillige sei nämlich weit verbreitet. Die unerwünschten Folgen der Architektenbindung unterschieden sich in diesen Fällen von denen beim Erwerb des Eigentums an Grundstücken in keiner Weise. Es sei deshalb unabweisbar, die Vorschrift so auszulegen, dass auch die Eingehung einer Architektenbindung im Zusammenhang mit dem Erwerb eines Erbbaurechtes unter Art. 10 § 3 MRVG falle.[237] Hesse kommt deshalb im Wege der Auslegung des Art. 10 § 3 MRVG, zumindest aber über eine analoge Anwendung der Vorschrift, zu einer Einbeziehung des Erbbaurechts unter das Koppelungsverbot.[238]

---

233 Bundestagsdrucksache 6/1549 S. 4
234 Hesse, BauR 1977, 73 ff, 75
235 Vygen in Korbion/Mantscheff/Vygen, Art. 10 § 3 MRVG Rn. 11
236 Bundestagsdrucksache 6/2421 S. 6
237 Hesse, BauR 1977, 73 ff., 75
238 So auch Vygen in Korbion/Mantscheff/Vygen, Art. 10 § 3 MRVG Rn. 11; Custodis, DNotZ 1973, 527 ff., 534

2.7.2. Mindermeinung

Anders beurteilt dies allerdings Lass[239], die die Frage auch unter verfassungsrechtlichen Gesichtspunkten (s. Seite 43 ff.) prüft. Im Unterschied zu Hesse sieht sie keinen Grund, Art. 10 § 3 MRVG über seinen ausdrücklichen Wortlaut hinaus auch auf das Erbbaurecht zu auszudehnen.

2.7.3. Stellungnahme

Betrachtet man die unterschiedlichen Auffassungen zur Frage der Anwendung des Art. 10 § 3 MRVG auf das Erbbaurecht, so fällt auf, dass bei der Argumentation in erster Linie eine subjektive Einschätzung der Bedeutung des Erbbaurechts für den Immobilienmarkt eine Rolle spielt. Lass[240] schätzt die Anzahl der Bestellungsakte als gering ein, während Hesse[241] und Vygen[242] die Bestellung von Erbbaurechten für weit verbreitet halten. Ohne eine genaue statistische Erfassung kann insoweit keine zuverlässige Aussage gemacht werden. Allerdings ist die Bestellung von Erbbaurechten im Verhältnis zu Grundstücksveräußerungsgeschäften immer noch relativ gering. Für die Auslegung des Art. 10 § 3 MRVG im Zusammenhang mit der Frage der Erbaurechtsbestellung kann es jedoch nicht in erster Linie auf die Frage der Verbreitung dieses Rechtsinstituts ankommen. Sonst käme man zu dem Ergebnis, dass je nach Verbreitungsgrad Art. 10 § 3 MRVG auf die Bestellung des Erbbaurechts anwendbar ist oder nicht.

Entscheidend ist der Wortlaut des Art. 10 § 3 MRVG. Dieser spricht vom „Erwerb" eines „Grundstückes". Die Bestellung eines Erbbaurechts ist danach zumindest dem Wortlaut nach nicht von Art. 10 § 3 MRVG erfasst.

Auch die Entstehung der Vorschrift im Rahmen des Gesetzgebungsverfahrens spricht dafür, dass die Bestellung des Erbbaurechts nicht unter Art. 10 § 3 MRVG fallen sollte, weil ansonsten dem Vorschlag des Bundesrats gefolgt worden wäre. Es mag zwar sein, dass der vorgeschlagene Absatz 2 im Rahmen des weiteren Gesetzgebungsverfahrens einfach vergessen wurde. Das ist aber reine Spekulation. In jedem Fall ist aus dem Wortlaut des vom Bundesrat vorgeschlagenen Absatzes 2 zu ersehen, dass der Gesetzgeber durchaus zwischen Erwerb des Grundstücks einerseits und der Bestellung eines Erbbaurechts andererseits unterschieden hat. Man kann daher nicht ohne weiteres die Vorschrift über den Wortlaut hinaus auslegen.

---

239 Lass, DNotZ 1996, 742 ff., 749 ff.
240 Lass, DNotZ 1996, 742 ff. 749 ff.
241 Hesse, BauR 1977, 73 ff., 75
242 Vygen in Korbion/Mantscheff/Vygen, Art. 10 § 3 MRVG Rn. 11

Auch für eine Analogie bietet sich keinerlei Raum, da im Gesetzgebungsverfahren die Einbeziehung des Erbbaurechts thematisiert wurde. Der Gesetzgeber hat den vorgeschlagenen Absatz 2 gerade nicht in die Vorschrift übernommen. Hinzu kommt, dass die Bestellung eines Erbbaurechts sich auch in den rechtlichen Auswirkungen von der Veräußerung eines Grundstücks unterscheidet. Grundsätzlich bleibt der Besteller Eigentümer des Grundstücks. Der Grundstückseigentümer kann zur Sicherung seiner Rechte sogar bestimmte Einschränkungen des Erbbaurechts vereinbaren. Zwar sind die sich auf das Grundstück beziehenden Vorschriften mit Ausnahme der §§ 925, 927, 928 BGB anwendbar. Doch ist gerade im Hinblick auf die verbliebene Eigentümerstellung eine andere Beurteilung im Bezug auf die Architektenbindung durchaus nachvollziehbar und richtig. Die neuerdings beliebten ÖPP-Modelle machen deutlich, dass in relativ kurzen Zeiträumen (30 Jahre) das Erbbaurecht auslaufen kann. Die Bauwerke können und müssen dann von dem Eigentümer übernommen werden. Es ist für diesen daher entscheidend, auf die Gestaltung des Bauwerks bereits im Vorfeld Einfluss nehmen zu können. Bei einem Heimfallanspruch (§§ 2 Nr. 4, 3, 4 Erbbauverordnung) ist z.B. auch zu berücksichtigen, dass der Grundstückseigentümer eine angemessene Vergütung für das Erbbaurecht zu gewähren hat. Die Vergütung umfasst u.a. auch den realen Wert des Bauwerks.[243]

Wegen des Wortlauts des Art. 10 § 3 MRVG und den durchaus unterschiedlichen Stellungen von Erbbauberechtigten und Eigentümern ist daher eine Einbeziehung des Erbbaurechts in Art. 10 § 3 MRVG abzulehnen.

2.8. Nießbrauch, Grunddienstbarkeit, persönlich beschränkte Dienstbarkeit und Grundstückserwerb

Hesse[244] vertritt die Auffassung, dass dieselben Grundsätze wie zum Erbbaurecht auch auf andere Rechte an einem Grundstück, z.B. Nießbrauch, Grunddienstbarkeiten nach § 1018 BGB und beschränkt persönliche Dienstbarkeiten (§ 1090 BGB), anwendbar sind. Auch Vygen[245] und Locher/Koeble/Frik[246] gehen davon aus, dass die Ausführungen zum Erbbaurecht entsprechend auch für andere dingliche Rechte gelten müssen, die den Erwerber in die Lage versetzen, auf dem Grundstück ein Gebäude zu errichten.

---

243 Bassenge in Palandt, Erbbauverordnung § 32 Rn. 2
244 Hesse, BauR 1977, 73 ff., 75
245 Vygen in Korbion/Mantscheff/Vygen, Art. 10 § 3 MRVG Rn. 12
246 Locher/Koeble/Frik, Art. 10 § 3 MRVG Rn. 6

Grundsätzlich spricht gegen die Einbeziehung dieser Rechte unter dem Begriff „Erwerb" der Wortlaut der Vorschrift des Art. 10 § 3 MRVG. Es handelt sich nicht um Grundstückserwerbvorgänge, sondern lediglich um Grundstücksbelastungen bzw. den Erwerb von Rechten an einem Grundstück. Hätte der Gesetzgeber im Übrigen die Einbeziehung dieser Rechte in Art. 10 § 3 MRVG gewollt, dann hätte es nahe gelegen, dies in der Vorschrift explizit zum Ausdruck zu bringen. Ferner ist nicht davon auszugehen, dass für den Baubereich diese „Vorgänge" überhaupt von großer wirtschaftlicher Relevanz sind. Es handelt sich um Einzelfälle, die gerade keine ausreichende Grundlage dafür bieten, eine „Monopolstellung" und die damit verbundene Wettbewerbsverzerrung oder die Gefahr eines Mietanstiegs zu begründen. Außerdem gilt auch hier, dass das Eigentum nicht wechselt und der Eigentümer daher eine nach Art. 14 Abs. 1 GG geschützte Rechtsstellung behält. Es gibt dementsprechend keine Veranlassung, dessen Grundrechte über Art. 10 § 3 MRVG einzuschränken. Eine Ausdehnung des Koppelungsverbots über den Wortlaut hinaus auf Nießbrauch, Grunddienstbarkeiten nach 1018 BGB oder persönlich beschränkte Dienstbarkeiten ist daher abzulehnen.

3. Grundstück im Sinne des Art. 10 § 3 MRVG

Art. 10 § 3 MRVG bezieht sich, wie oben bereits ausgeführt, auf den Erwerb von „Grundstücken" im Inland. Laut Hesse[247] ist unter „Grundstück" auch die Fläche auf der Erdoberfläche zu verstehen, die nicht gesondert im Verzeichnis des Grundbuchs ausgewiesen ist, da sich gerade bei Erschließung von Wohngebieten die Erwerbsverträge auch auf noch nicht im Kataster und im Grundbuch als selbständig eingetragene Grundstücke beziehen können.

Der Grad der Bebaubarkeit ist belanglos. Es kommt somit – wie Hesse[248] zu Recht festhält – nicht darauf an, ob ein Bebauungsplan existiert, die Voraussetzungen der §§ 34, 35 Baugesetzbuch vorliegen oder es sich um Bauerwartungsland handelt. Auch Grundstücke mit zu geringer Größe für eine Bebauung fallen unter den Begriff des Grundstücks i.S. des Art. 10 § 3 MRVG. Grundsätzlich kann der Mangel der Bebaubarkeit sich immer ändern, beispielsweise durch Planungsänderung, Hinzuerwerb von Grundstücken etc.[249] Unerheblich ist auch, ob

---

247 Hesse, BauR 1977, 73 ff., 75
248 Hesse, BauR 1977, 73 ff., 75
249 Hesse, BauR 1977, 73 ff., 75 ff., Vygen in Korbion/Mantscheff/Vygen, Art. 10 § 3 MRVG Rn. 13, 14

derzeit rechtliche Hindernisse in Bezug auf eine Bebauung bestehen oder z. B. die Grundstücke einer Veränderungssperre unterliegen.

4. Bindung an einen Architekten/Ingenieur

4.1. Person des Begünstigten

Folgende Fragestellungen haben sich insoweit in der Praxis ergeben:

- Wie ist Art. 10 § 3 MRVG auszulegen – berufsstands- oder leistungsbezogen?
- Wie sind Baubetreuer, Bauträger, Wohnungsbauunternehmen etc. zu beurteilen, die im Einzelfall nur Planungsleistungen erbringen?
- Wie sind Architekten/Ingenieure zu beurteilen, die neben Planungsleistungen auch weitergehende Leistungen anbieten?
- Wie ist die Abgrenzung zwischen Architekt/Ingenieur und gewerblichen Baubetreuungsunternehmen, Bauträgern etc. vorzunehmen?
- Fallen auch Projektmanager, Projektentwickler, Projektsteuerer, Projektcontroller und Baucontroller unter Art. 10 § 3 MRVG?

4.1.1. Berufstands- oder leistungsbezogen

Bei der Frage, wer Begünstigter i.S. des Art. 10 § 3 MRVG ist, hat sich die Diskussion auf die Frage zugespitzt, ob die Regelung berufsstands- oder leistungsbezogen auszulegen ist, d.h. ob neben den freiberuflichen Architekten und Ingenieuren auch Baubetreuer im engeren Sinne, Baubetreuer im weiteren Sinne, Bauträger, Wohnungsbauunternehmen, Handwerker, Bauunternehmer etc., die architekten- und ingenieurtypische Leistungen erbringen, in den Kreis derer fallen, die unter die Verbotsnorm zu fassen sind.

4.1.1.1. Leistungsbezogene Interpretation

Hesse[250] hat die Vorschrift leistungsbezogen ausgelegt. Es sei ohne Bedeutung, ob der durch die Bindung Begünstigte zu Recht oder zu Unrecht die Berufsbezeichnung „Architekt oder Ingenieur" trage, sofern die zu erbringende Leistung

---

250 Hesse, BauR 1977, 73 ff., 76

eine solche sei, die dem Berufsbild des Architekten oder Ingenieurs zuzuordnen sei.[251]

Differenziert sieht Koeble[252] die Reichweite des Art. 10 § 3 MRVG in seinem Aufsatz aus dem Jahre 1973. Er unterscheidet zwischen Baubetreuung im engeren und weiteren Sinne. Erstere sei dadurch gekennzeichnet, dass der Baubetreuer auf einem dem Betreuten gehörigen Grundstück baue und die für den Betreuten abzuschließenden Verträge als dessen Stellvertreter tätige. Bei der Baubetreuung im weiteren Sinne werde auf einem Grundstück gebaut, das noch nicht im Eigentum des Betreuten steht. Der Baubetreuer handele insoweit regelmäßig im eigenen Namen.[253] Koeble geht dabei davon aus, dass Baubetreuung im weiteren Sinne fast ausschließlich von Wohnungsbauunternehmen geleistet wird. Die Verknüpfung von Grundstückserwerb und Baubetreuung sei für Wohnungsunternehmen gerade berufsspezifisch.

Der Autor verweist auf den ausdrücklichen Willen des Gesetzgebers, der Wohnungsunternehmen gerade nicht unter Art. 10 § 3 MRVG fassen wollte. Nach seiner Ansicht wäre eine Ausdehnung auf Wohnungsunternehmen sogar verfassungswidrig, weil dann eine Berufswahlregelung vorläge und nicht nur eine Berufsausübungsbeschränkung. Eine Rechtfertigung für die Einschränkung der Berufswahl könne aber nur bei Gefährdung eines überragenden Gemeinschaftsguts erfolgen. Laut Koeble kann zwar die Aufrechterhaltung des Leistungswettbewerbs zwischen den Architekten eine solche Einschränkung rechtfertigen. Im Baubetreuungsgewerbe sei jedoch ein ausreichender Wettbewerb auch in Bezug auf Grundstücksangebote vorhanden, so dass ein hinreichendes marktwirtschaftliches Korrektiv bestehe. Anders sei es aber bei der Baubetreuung im engeren Sinne. Wenn ein Architekt/Ingenieur als Baubetreuer tätig werde, falle das schon unmittelbar unter den Wortlaut des Art. 10 § 3 MRVG. Seine Tätigkeit sei selbst dann inhaltlich von Art. 10 § 3 MRVG erfasst, wenn sie über die Verpflichtung zur Erbringung von Planung und Ausführungsleisten hinausgehe. Das Koppelungsverbot müsse jedoch auch die Baubetreuung im engeren Sinne erfassen, wenn sie nicht durch Architekten und Ingenieure erbracht werde. Ausschlaggebend sei, dass sowohl für die Baubetreuung im engeren Sinne als auch für den Architekten/Ingenieur die maklerähnliche Tätigkeit der Grundstücksbeschaffung untypisch sei. Deshalb müsse eine analoge Anwendung des § 10 § 3 MRVG auch auf alle Baubetreuungsunternehmungen im engeren Sinne erfolgen. Ebenso wie bei Architekten/Ingenieuren solle bei der Baubetreuung im engeren Sinne ein ausschließlicher Leistungswettbewerb stattfinden, der dem Bauenden eine echte

---

251 Hesse, BauR 1977, 73 ff., 76
252 Koeble, BauR 1973, 25 ff.
253 Koeble, BauR 1973, 26

Wahlmöglichkeit verschafft. Würde man eine Bindung zwischen Baubetreuung im engeren Sinne und Grundstückserwerb zulassen, wäre dadurch der Leistungswettbewerb eingeschränkt, wenn nicht sogar aufgehoben. Nach Auffassung Koebles hat der Gesetzgeber die Vergleichbarkeit von Baubetreuung im engeren Sinne und Architekten-/Ingenieurverträgen nicht gesehen. Es bestehe daher eine Regelungslücke, die durch analoge Anwendung des Art. 10 § 3 MRVG zu schließen sei.

4.1.1.2. Berufsstandsbezogene Interpretation

4.1.1.2.1. Rechtsprechung des Bundesgerichtshofs

Der Bundesgerichtshof[254] sah dies jedoch anders. In mehreren Entscheidungen[255] vertrat er die Auffassung, dass die Regelung berufsstands- und nicht leistungsbezogen zu verstehen sei.

1974 beschäftigte er[256] sich zunächst mit dem Fall, dass ein Baubetreuungsunternehmen sich verpflichtet hatte, ein Bauvorhaben für den Kläger auf einem von ihm zu erwerbenden Grundstück wirtschaftlich und technisch zu betreuen. Die Leistungen des Unternehmens sollten nach der 2. Berechnungsverordnung und der Gebührenordnung für Architekten vergütet werden. Im Anschluss an den Vertrag verkaufte und übereignete das Baubetreuungsunternehmen dem Kläger das Grundstück. Der Baubetreuungsvertrag war bis zum Zeitpunkt der Entscheidung des Bundesgerichtshofs nicht vollständig erfüllt und der Kläger verlangte im Wege der Klage Feststellung, dass der Vertrag mit dem Baubetreuungsunternehmen gegen Art. 10 § 3 MRVG verstoße und damit nichtig sei. Dem Begehren hat der Bundesgerichtshof (anders als die Vorinstanzen) nicht stattgegeben. Er hat vielmehr die Klage mit folgender Begründung abgewiesen:

„Die hier allein in Betracht zu ziehende entsprechende Anwendung des Art. 10 § 3 MRVG verbietet sich wegen des besonderen Zwecks, den der Gesetzgeber mit dieser Vorschrift verfolgt hat. Er hat zwar – wie der Senat bereits hervorgehoben hat – der Gefahr begegnen wollen, dass bei dem knapp gewordenen Angebot an Baugrundstücken ein Ingenieur oder Architekt dem Grundstück „an Hand gegeben sind", eine monopolartige Stellung erwirkt und dass der Wettbewerb dadurch manipuliert wird. Die Entstehungsgeschichte des Gesetzes zeigt aber, dass hiervon nur derjenige betroffen sein soll, der sich als Ingenieur oder Architekt einer berufsfremden, der des Maklers ähnlichen Tätigkeit widmet."

---

254 BGH, BauR 1984, 192 ff.; BGH, BauR 1978, 147 ff.; BGH, BauR 1975, 128 ff; BauR 1975, 288 ff.
255 Siehe kritische Auseinandersetzung damit Hesse BauR 1985, 30 ff.
256 BGH, BauR 1975, 128 ff.

a)

In der Begründung des Gesetzesentwurfs ist dieser Zweck ausdrücklich erwähnt. Dem Vorschlag des Bundesrates, auch die Bindung an einen bestimmten Unternehmer zu verbieten, weil sonst eine Umgehung des Koppelungsverbotes zu befürchten sei, die wiederum die Bindung an einen bestimmten Architekten ermöglichen könnte, ist die Bundesregierung nicht gefolgt. In ihrer Äußerung vom 12.01.1971 hat sie vielmehr entgegnet, dass dann die Tätigkeit solcher Wohnungsbauunternehmen behindert werden könnte, die Grundstücke erschließen und die erschlossenen Grundstücke für Rechnung des Erwerbers im sog. „Betreuungsbau" bebauen lassen.

Dieser Auffassung hat sich die Mehrheit des Rechtsausschusses angeschlossen. In dem Bericht der Abgeordneten Dr. Hause und Gnädiger heißt es hierzu, dass der Antrag des Abgeordneten Vogel abgelehnt worden sei, in das Koppelungsverbot „den Unternehmer" einzubeziehen; es solle den Wohnungsbauunternehmen möglich bleiben, ihre Planung mit Hilfe von Koppelungsverträgen durchzusetzen. Der Vorschlag des Rechtsausschusses ist dann unverändert Gesetz geworden.

b)

Bereits hieraus folgt, dass es nicht angängig ist, zwischen Wohnungsbau- und Wohnungsbaubetreuungsunternehmen zu unterscheiden. Für ein Wohnungsbauunternehmen, das eine Baubetreuung nicht betreibt, kommen Koppelungsverträge ohnehin nicht in Betracht, auch dann nicht, wenn es als Bauträgerunternehmen fertig gestellte Wohnungen als Wohnungseigentum verkauft. Für die vom Gesetzgeber gewollte Regelung ist es vielmehr kennzeichnend, dass durch die erwähnte Bestimmung gerade solchen Unternehmen die Baubetreuung nicht erschwert werden sollte, die sich auch mit der Erschließung von Bauland befassen. Grundstücksverkauf und Baubetreuung sind dabei nicht zu trennen. Beide Merkmale formen ein einheitliches Berufsbild der Baubetreuungsunternehmen, das sich damit grundlegend von dem der Ingenieure und Architekten unterscheidet."

Auch in späteren Entscheidungen bestätigte der Bundesgerichtshof[257] seine Auffassung.

In dem Urteil vom 22.12.1983[258] unterstrich er nochmals, dass dann, wenn der Erwerber einen Vertrag, der auch Architektenleistungen beinhaltet, mit einem Baubetreuungsunternehmen im engeren oder weiteren Sinne oder mit einem Bauträger schließt, der Vertrag generell nicht unter Art. 10 § 3 MRVG fällt. Dabei käme es auch nicht darauf an, ob das begünstigte Unternehmen konkret im Einzelfall Erschließungsleistungen erbringe. Wenn die Regierung in ihrer Äußerung vom 12.01.1971 erklärt habe, dass Unternehmer nicht unter das Koppelungsverbot fallen, weil die Tätigkeiten solcher Wohnungsbauunternehmen nicht behindert werden sollten, die Grundstücke erschließen und die erschlossenen Grund-

---

257 BGH, BauR 1978, 147 ff.; BGH, BauR 1978, 220 ff.
258 BGH, BauR 1984, 192 ff.

stücke für Rechnung der Erwerber im sog. Betreuungsbau bebauen lassen[259], so könne daraus nicht gefolgert werden, dass jeweils im Einzelfall das Unternehmen das übertragene Grundstück auch erschlossen haben müsse. Vielmehr habe die Mehrheit des Rechtsausschusses, der sich die Äußerung der Bundesregierung angeschlossen habe, die Einbeziehung des Unternehmers in das Koppelungsverbot ganz allgemein abgelehnt, weil es den Bauunternehmen möglich bleiben sollte, ihre Planung mit Hilfe von Koppelungsverträgen durchzusetzen.[260]

Für Baubetreuer und Bauträger gehörten Grundstücksbeschaffung und Planung zu dem sie prägenden Berufsbild, wobei die Planung gegenüber der Erstellung noch eine verhältnismäßig untergeordnete Rolle spiele. Auch wenn das Unternehmen als Generalunternehmer oder Generalübernehmer Planungsverpflichtungen mit übernommen habe, gälten die obigen Grundsätze. Für die Frage, ob das Koppelungsverbot eingreife, mache es sachlich keinen Unterschied, ob ein Bauträger sich verpflichte, ein Bauwerk auf einem Grundstück zu errichten, das er oder ein Dritter anschließend dem Erwerber zu übereignen habe oder ob der Erwerber unter maßgeblichem Einfluss des Unternehmers schon vor Errichtung des Bauwerks Eigentümer des Grundstücks geworden sei.[261]

Die obigen Grundsätze sollen selbst dann gelten, wenn der Baubetreuer mit dem Erwerber einen gesonderten Planungsvertrag für die Leistungsphasen 1 und 2 des § 15 HOAI, vorgeschaltet vor einer Übernahme der vollen Baubetreuung geschlossen hat.[262] Das Koppelungsverbot greife danach zumindest dann nicht ein, wenn durch die sog. Vorschaltung des Architektenvertrags die berufsstandsbezogene Tätigkeit des Baubetreuers/Bauträgers nicht wesentlich berührt wird.[263]

Festzuhalten ist demnach, dass die Entwicklung der Rechtsprechung des Bundesgerichtshofs dahin geht, Wohnungsunternehmen, ob Baubetreuer im engeren oder weiteren Sinne oder Bauträger etc., generell aus dem Koppelungsverbot auszunehmen, unabhängig von der Frage, ob sie konkret mit der Erschließung von Grundstücken befasst sind oder dies überhaupt zu ihrem Unternehmenszweck gehört. Selbst dann, wenn sie reine Planungsleistungen erbringen, sind sie nicht unter Art. 10 § 3 MRVG zu fassen, soweit die Planungsleistungen nicht die berufsbezogene Tätigkeit als Baubetreuer oder Bauträger wesentlich berühren. Der Bundesgerichtshof legt daher Art. 10 § 3 MRVG rein berufsstandsbezogen und nicht leistungsbezogen aus.

---

259 Bundestagsdrucksache 6/1549 S. 4
260 Bundestagsdrucksache 6/2421 S. 6
261 BGH, BauR 1984, 192 ff., 193
262 BGH, BauR 1993, 490 ff.
263 BGH, BauR 1993, 490 ff.

4.1.1.2.2. Rechtsprechung der Obergerichte

Die Obergerichte folgen im Wesentlichen der Rechtsprechung des Bundesgerichtshofs.[264]

Die Entscheidungen des Oberlandesgerichts Köln vom 10.06.1975[265] und vom 07.07.1992[266] sowie des Oberlandesgerichts Hamm vom 18.12.1981[267] und des Verwaltungsgerichtshofs Hessen vom 01.07.1983[268] enthalten allerdings gewisse Einschränkungen gegenüber der Rechtsprechung des Bundesgerichtshofs.

Noch vor den oben erwähnten letzten beiden Entscheidungen des Bundesgerichtshofs sind die zwei im Grundsatz zustimmenden Entscheidungen der Oberlandesgerichte Köln von 1975[269] und Hamm von 1981[270] ergangen. Beide haben Art. 10 § 3 MRVG jedoch nicht so weit ausgelegt, wie der Bundesgerichtshof in seinen Entscheidungen von 1983 und 1993.

Das Oberlandesgericht Köln[271] führt in seinem Urteil vom 10.06.1975 vielmehr aus, dass der Gesetzgeber bei der Schaffung des Art. 10 § 3 MRVG allem Anschein nach die verschiedenen Formen der Vertragsgestaltung im Bauwesen nicht voll berücksichtigt habe. Von den Architekten wolle er nur die „Wohnungsbauunternehmen" abgrenzen. Der Gesetzgeber habe es bewusst abgelehnt, diese in Art. 10 § 3 MRVG mit einzubeziehen. Wie der Bundesgerichtshof klargestellt habe, zählten dazu auch Wohnungsbaubetreuungsunternehmen, die Grundstücke aufschließen, sie für den Erwerber bebauen und ihm dann veräußern oder sie erst veräußern und im Zusammenhang damit bebauen. Davon sei grundlegend eine Vereinbarung zu unterscheiden, in der der Begünstigte als Generalübernehmer auftrete und einen Dienstbetreuungsvertrag abschließe. Es fehle in diesem konkreten Fall gerade die Leistung, deretwegen der Gesetzgeber die Wohnungsbauunternehmen aus dem Koppelungsverbot herausgenommen hätten. Die Grundstücke seien nicht aufgeschlossen und dem Wohnungsmarkt zur Verfügung gestellt worden. Das Oberlandesgericht Köln fasst deshalb auch den Ge-

---

264 So OLG Düsseldorf, BauR 1984, 418 ff.; OLG Düsseldorf, NJW RR 1993, 667 ff., OLG Köln, BauR 1976, 288 ff.; OLG Köln Urteil vom 30.10.1981 – 20 U 60/84 S. 8 –; OLG Köln, OLGR 1992, 313 ff.; OLG Hamm, BB 1982, 765 ff.; OLG Hamm, BauR 1993, 494 ff.; OLG Frankfurt, NJW 1975, 1706 ff.; KG, BauR 1986, 598 ff.; VGH Hessen, BauR 1985, 224 ff.
265 OLG Köln, BauR 1976, 288 ff.
266 OLG Köln, OLGR 1992, 313 ff.
267 OLG Hamm, BB 1982, 765
268 VGH Hessen, BauR 1985, 224 ff.
269 OLG Köln, BauR 1976, 288 ff.
270 OLG Hamm, BB 1982, 765
271 OLG Köln, BauR 1976, 288 ff.

neralübernehmer unter Art. 10 § 3 MRVG, der keine Erschließung von Grundstücken vornimmt.

Entsprechend hat das Oberlandesgericht Hamm[272] in dem Urteil vom 18.12.1981 entschieden. Danach sind auch Verträge mit Generalunternehmern, die sich nicht gewerbsmäßig mit der Beschaffung und Erschließung von Grundstücken beschäftigen und u. a. Architektenleistungen erbringen, gemäß Art. 10 § 3 MRVG unwirksam. Es mache keinen Unterschied, ob der Grundstückskaufvertrag mit der Bindung an die Inanspruchnahme eines Architekten oder eines Generalunternehmers, der Architektenleistungen verspreche, gekoppelt werde.

Auch nach Meinung des Verwaltungsgerichtshofs Hessen[273] gilt das Koppelungsverbot dann, wenn ein Wohnungsbauunternehmen im Einzelfall nicht entsprechend seinem typischen Berufsbild gemeinsam Grundstücksverkauf und Baubetreuung am Markt anbietet, sondern vielmehr ohne selbst über ein Grundstück zu verfügen, isoliert Planungs- und Betreuungsleistungen erbringt. Es tritt dann mit Architekten und Ingenieuren in Wettbewerb. So sieht es auch das Oberlandesgericht Köln[274], wenn eine Bauträgergesellschaft mit dem Erwerber eine Reservierungsvereinbarung für ein Grundstück und einen Planungsvertrag schließt. Kauft der Interessent nicht, muss er auch die Planung nicht bezahlen, weil die Bauträgergesellschaft insoweit nicht als erschließende und betreuende Bauträgergesellschaft tätig geworden ist.

4.1.1.2.3. Meinungen in der Literatur

In der Literatur ist die Reichweite des Art. 10 § 3 MRVG unterschiedlich beurteilt worden. Die Rechtsprechung des Bundesgerichtshofs fand jedoch überwiegend Zustimmung.[275]

So schließt sich Locher/Koeble/Frik[276] der Rechtsprechung des Bundesgerichtshofs weitgehend an. Personen, die weder Architekten noch Ingenieure sind, seien nicht unter Art. 10 § 3 MRVG zu fassen. Eine entsprechende Anwendung scheide aus. Kritisch sieht Locher/Koeble/Frik allerdings die Entscheidung des

---

272 OLG Hamm, BB 1982, 765 ff.
273 VGH Hessen, BauR 1985, 224 ff.
274 OLG Köln, OLGR 92, 313 ff. = IBR 1992, 499
275 Motzke/Wolff, Einführung S. 24; Doerry, ZfBR 1991, 48 ff.; Custodis, DNotZ 1983, 527 ff., 536 ff; Korbion in Ingenstau/Korbion, Anhang 3 Rn. 268; Kniffka/Koeble, 12. Teil Rn. 54; Maser, NJW 1980, 961 ff, 965; Morlock, IBR 1993, 386; Bilda, MDR 1977, 540 ff. 541; Werner in Werner/Pastor, Rn. 683
276 Locher/Koeble/Frik, Art. 10 § 3 MRVG Rn. 10

Bundesgerichtshofs aus dem Jahre 1993.[277] Sie sei vom Grundsatz her zwar richtig. Da aber auch den baugewerblich tätigen Architekten und Ingenieuren die Erbringung von Architekten- und Ingenieurleistungen erlaubt sei, könnte es in solchen Fällen zu erheblichen Abgrenzungsproblemen kommen. Wenn der Architekt/Ingenieur gleichzeitig Inhaber eines Wohnungsunternehmens ist, so müsse das MRVG anwendbar sein, wenn er wie ein freischaffender Architekt/Ingenieur im Vorfeld zunächst Planungsleistungen erbringe und für diese ein gesondertes Honorar entweder in einem gesonderten Vertrag oder als Rate des später abzuschließenden Wohnungsbauvertrages erhalte.[278] Etwas anderes könne nur dann gelten, wenn der baugewerblich Tätige nicht speziell Architekten-/Ingenieurleistungen erbringe, sondern diese gleichsam im Paket mit den Bauleistungen anbiete.[279]

Brandt[280] vertritt die Auffassung, bei der Frage, ob Art. 10 § 3 MRVG auf Baubetreuungsunternehmen anzuwenden sei, komme es auf den Einzelfall an. Von einer generellen unmittelbaren Anwendung könne nicht ausgegangen werden; sie wird von ihm aber auch nicht gänzlich ausgeschlossen. Allerdings müsse die ratio des Gesetzes berücksichtigt werden, die darin liege, den freien Entschluss des Kunden zur Beplanung des von ihm erworbenen Grundstückes zu schützen. Trete ein Baubetreuer mit einem bereits beplanten Grundstück an den Kunden heran und biete das Grundstück zum Verkauf, so existiere meist eine fix und fertige Planung mit Baubeschreibung, Kostenkalkulation und Festpreisangebot. Dieses Angebot sei für den Käufer transparent und prüfbar. Wenn er sich für das Angebot entscheide, bestehe kein weitergehendes Rechtsschutzbedürfnis, dem das Architektenkoppelungsverbot Rechnung tragen müsse. Wann allerdings im Einzelfall Art. 10 § 3 MRVG auf ein Baubetreuungsunternehmen anwendbar sein soll, ergibt sich aus seiner Stellungnahme nicht.

Vygen[281] ist ebenfalls der Auffassung, dass sich Art. 10 § 3 MRVG nicht auf Baubetreuungsunternehmen, Bauträger, Generalunternehmer und Generalübernehmer bezieht, wenn diese zugleich Planungsverpflichtungen übernehmen. Er stimmt daher der Rechtsprechung des Bundesgerichtshofes vollumfänglich zu. Das Gesetz sei so gefasst, dass es lediglich Architekten und Ingenieure betreffe und deshalb im Grundsatz berufsstandsbezogen. Allerdings will Vygen nicht generell alle Wohnungsbauunternehmen von Art. 10 § 3 MRVG ausnehmen. Vielmehr müssten, um Umgehungsversuchen Einhalt zu gebieten, auch solche Wohnungsbauunternehmen von Art. 10 § 3 MRVG erfasst werden, in denen sich

---

277 BGH, BauR 1993, 490 ff.
278 So auch Koeble, BauR 1973, 26 ff.
279 Locher/Koeble/Frik, Art. 10 § 3 MRVG Rn. 10
280 Brandt, BauR 1976, 21 ff., 27
281 Vygen in Korbion/Mantscheff/Vygen, Art. 10 § 3 Rn. 17/18

Architekten und Ingenieure hinter kleinen, zur Durchführung von Erschließungsmaßnahmen unfähigen Wohnungsbau- oder Baubetreuungsunternehmen oder handwerklichen Betrieben verbergen. Da der Architekt/Ingenieur von seinem Unternehmen mit den Planungsleistungen beauftragt werde, komme es sonst mittelbar zu einer Umgehung des Art. 10 § 3 MRVG.
Eine Entscheidung, wie Art. 10 § 3 MRVG auszulegen ist, kann nur unter Berücksichtigung der nachfolgenden Überlegungen erfolgen:

4.1.1.3. Der Architekt als Generalübernehmer, Baubetreuer, Generalunternehmer oder Bauträger

Schon frühzeitig stellte sich die Frage, ob der Vertrag mit einem freiberuflichen Architekten/Ingenieur auch dann unter das Koppelungsverbot fällt, wenn dieser über die reinen Planungs- und Ausführungsleistungen i.S. der HOAI weitere Leistungen erbringt, z.B. als Baubetreuer im engeren Sinne. Bereits Mitte der Siebziger Jahre haben das Landgericht Köln[282] sowie das Oberlandesgericht Köln[283] entschieden, dass auch dann, wenn der Architekt zugleich als Baubetreuer im engeren Sinne auftritt, das Koppelungsverbot eingreift.

4.1.1.3.1. Rechtsprechung des Bundesgerichtshofs

Auch der Bundesgerichtshof[284] sah dies so. Ihm zufolge soll Art 10 § 3 MRVG auch da gelten, wo ein freiberuflicher Architekt/Ingenieur über die sein Berufsbild prägenden Aufgaben hinaus zusätzliche Leistungen verspricht und damit wie ein Generalübernehmer, Baubetreuer oder Bauträger auftritt. Die Sonderstellung habe der Gesetzgeber nur solchen Unternehmen zugedacht, die gewerbsmäßig mit der Beschaffung und Erschließung von Bauland befasst und für die sich aus der Verbindung von Grundstückskaufvertrag und Baubetreuung ein entsprechend einheitliches Berufsbild entwickelt habe. Wenn ein Ingenieur oder Architekt dagegen entsprechende Leistungen erbringt, so prägen sie nicht sein Berufsbild. Art. 10 § 3 MRVG stelle dem Wortlaut nach nicht auf die das Berufsbild des Ingenieurs und Architekten prägenden Leistungen ab, sondern alleine darauf, ob der Erwerber sich an einen bestimmten Architekten oder Ingenieur binden soll. Wollte man dies anders sehen, so müssten freiberufliche Architekten und Ingenieure lediglich das Angebot ihrer Leistungen erweitern, um auf diese Weise dem Koppelungsverbot zu entgehen. Das gelte selbst dort, wo die Errichtung von Rei-

---

282 LG Köln, BauR 1974, 422 ff.
283 OLG Köln, BauR 1976, 288 ff.; OLG Köln, Schäfer/Finnern, 7.10. Bl. 8
284 BGH, BauR 1978, 147 ff. = NJW 1978, 639 ff.

henhäusern die Inanspruchnahme eines einzigen und damit bestimmten Architekten oder Ingenieurs zweckmäßig erscheinen lasse. Auch dort müsse der Bauherr frei entscheiden können.[285]

Der Bundesgerichtshof hat seine Auffassung in der Entscheidung vom 27.9.1990[286] nochmals bestätigt. Auch dann, wenn ein freiberuflicher Ingenieur oder Architekt wie ein Bauträger auf einem eigenen, dem Erwerber vorweg übertragenen Grundstück einen schlüsselfertigen Bau auf eigene Rechnung und eigenes Risiko errichte, gelte Art. 10 § 3 MRVG.

Eine Ausnahme von diesem Grundsatz macht er nur dann, wenn der Architekt nicht als Freiberufler, sondern als Gewerbetreibender bzw. gewerbsmäßiges Unternehmen mit Erlaubnis nach § 34 c Gewerbeordnung tätig wird. Verpflichtet sich in diesem Rahmen ein Architekt als Bauträger, Generalunternehmer mit Planungsverpflichtung oder als Generalübernehmer zu der im Werkvertrag vorgesehenen schlüsselfertigen Errichtung des Hauses auf einem vorweg zu erwerbenden Grundstück, dann gilt Art. 10 § 3 MRVG nicht.[287]

Entscheidend ist nach dieser Rechtsprechung des Bundesgerichtshofs somit, dass der Ingenieur/Architekt nicht nur „wie" ein Generalübernehmer, Bauträger oder Baubetreuer auftritt, sondern gewerbsmäßig „als" Bauträger, Generalunternehmer mit Planungsverpflichtung oder Generalübernehmer tätig wird. Dann fällt er nicht unter Art.10 § 3 MRVG.[288]

4.1.1.3.2. Rechtsprechung der Landes- und Oberlandesgerichte

Die Rechtsprechung stimmt weitgehend mit der Auffassung des Bundesgerichtshofs überein.[289] Einige Entscheidungen bereiteten sogar der höchstrichterlichen Rechtsprechung den Weg.[290]

Eine Ausnahme bildet das Urteil des Oberlandesgerichts Düsseldorf[291] vom 09.11.1992. Hier hatte der Architekt/Ingenieur auf einem fremden Grundstück für einen Auftraggeber ein Bauwerk errichtet. Der Architekt sei dann – so das Oberlandesgericht – weder Bauherr noch Bauträger oder Baubetreuer. Er werde unter diesen Voraussetzungen zum Unternehmer, der das wirtschaftliche Risiko

---

285 BGH, BauR 1978, 147 ff. = NJW 1978, 639 ff.
286 BGH, BauR 1991, 114 ff. = ZFBR 1991, 14 = NJW RR 1991, 143
287 BGH, BauR 1993, 490 ff. = NJW 1993, 2240 ff., BGH, BauR 1989, 95 ff. = NRW RR 1989, 147 ff.
288 BGH, BauR 1989, 95 ff., 96
289 OLG Düsseldorf, NJW-RR 1993, 667 ff.; OLG Hamm, BauR 1993, 494 ff., 496 ff.
290 OLG Köln, BauR 1976, 288 ff.; LG Köln, BauR 1974, 422 ff.
291 OLG Düsseldorf, BauR 1984, 418 ff.

der Bauerrichtung trage. Die Architektenleistung sei von untergeordneter Bedeutung und Art. 10 § 3 MRVG deshalb nicht anzuwenden.

4.1.1.3.3. Auffassung in der Literatur

Die Rechtsprechung des Bundesgerichtshofs zur Abgrenzung zwischen freiberuflicher Tätigkeit des Architekten/Ingenieurs und der gewerbsmäßigen Tätigkeit als Generalunternehmer ist auch in der Literatur weitgehend auf Zustimmung gestoßen.[292]

Als eine der wenigen kritischen Stimmen vertritt Wolfsteiner[293] die Meinung, Art. 10 § 3 MRVG sei dahingehend zu verstehen, dass der Architekt/Ingenieur nur dann dem Koppelungsverbot unterliege, wenn er typischerweise im Rahmen seines Berufsbildes Leistungen erbringe. Tätigkeiten als Makler, Bauträger und Bauunternehmer unterfielen danach nicht dem Artikelgesetz, auch wenn der Gewerbetreibende zufällig Architekt sei. Wolfsteiner begründet seine Auffassung damit, dass unter Leistungen eines Architekten/Ingenieurs nach dem allgemeinen Sprachgebrauch nur solche zu verstehen seien, die Architekten/Ingenieure typischerweise erbringen.

Jagenburg[294] differenziert ebenfalls: Ein Verstoß gegen das Koppelungsverbot liege dann nicht vor, wenn ein Ingenieur oder Architekt derart tätig werde, dass er im eigenen Namen und für eigene Rechnung auf eigenem Grundstück mit eigenen Mitteln oder fremden Grundstück mit eigenen oder fremden Mitteln Bauten errichtet, die als schlüsselfertige Objekte herzustellen sind. In diesen Fällen werde das Bauwerk nicht mehr nur als geistige Leistung geschuldet, sondern als körperliche Sache. Der Ingenieur und Architekt werde zum Unternehmer, der das gesamte wirtschaftliche Risiko der Bauerrichtung trage. Seine Ingenieur- und Architektentätigkeit trete demgegenüber zurück und sei nur noch von untergeordneter Bedeutung. Das zeige sich schon daran, dass in solchen Fällen kein Versicherungsschutz aus der Architektenhaftpflichtversicherung gegeben sei.

---

292 Motzke/Wolff, S. 24; Werner in Werner/Pastor, Rn. 682; Vygen in Korbion/Mantscheff/Vygen, Art. 10 § 3 Rn. 16 ff.; Löffelmann/Fleischmann, Rn. 731 ff.; Korbion in Ingenstau/Korbion, Anh. 3 Rn. 299; Custodis, MitRhNotK 1977, 173 ff.; Kniffka/Koeble, 12. Teil Rn. 54; Groscurth in Neuenfeld/Baden/Dohna/Groscurth, Band 1 Teil II Rdn, 43; Locher/Koeble/Frik, Art. 10 § 3 MRVG Rn. 10; Pott/Dahlhoff/Kniffka, § 4 Rn. 61; Thode/Wirth/Kuffer, § 4 Rn. 133; Wirth/Theis, Kap. 33.1, S. 161
293 Wolfsteiner, MitBayNot 1978, 52, 56
294 Jagenburg, BauR 1979, 91, 107; Jagenburg in Bindhardt/Jagenburg § 2 Rn. 161

Im Gegensatz zu Wolfsteiner und Jagenburg versucht die herrschende Meinung in Literatur und Rechtsprechung, das Koppelungsverbot zu Lasten des Architekten/Ingenieurs immer weiter auszudehnen.

So weisen einige Autoren und Gerichte darauf hin, dass Umgehungsversuchen der freiberuflichen Architekten, die sich hinter Wohnungsunternehmen verstecken, Einhalt geboten werden müsse.[295] Es sollten daher nicht nur freiberufliche Architekten, die über ihre Architektentätigkeit hinaus Leistungen erbringen, unter Art. 10 § 3 MRVG fallen, sondern auch Wohnungsbauunternehmen, die von Architekten/Ingenieuren beherrscht werden. Die Autoren gestehen allerdings zu, dass es nur schwer nachweisbar ist, dass eine gezielte Umgehung des Art. 10 § 3 MRVG mit der Gründung eines Unternehmens beabsichtigt ist.[296]

4.1.1.4. Stellungnahme

Die obigen Ausführungen machen deutlich, dass es erhebliche Probleme gibt, wenn man, wie in der Rechtsprechung und Literatur angenommen, das Koppelungsverbot nicht leistungs-, sondern berufsstandsbezogen sieht.

Schwierig wird die Abgrenzung, wenn einerseits Baubetreuer, Bauträger, Generalübernehmer, Generalunternehmer etc. nur oder überwiegend Architektenleistungen anbieten und andererseits Architekten und Ingenieure ihrerseits über die Leistungen nach der HOAI hinaus weitere Tätigkeiten im Sinne von Baubetreuungs-, Generalunternehmer-, Generalübernehmertätigkeiten etc. erbringen.

Höchstrichterlich noch nicht entschieden ist, ob Art. 10 § 3 MRVG auch auf Wohnungsunternehmen, Baubetreuungsunternehmer, Bauträger etc. anzuwenden ist, wenn diese im Einzelfall oder generell nur Architekten-/Ingenieursleistungen erbringen. Das Oberlandesgericht Köln[297] sowie der Verwaltungsgerichtshof Hessen[298] gehen davon aus, dass das Koppelungsverbot auch dann seine Wirkung entfaltet, wenn ein Baubetreuungsunternehmen alleine Architektenleistungen übernommen hat. Aus der Entscheidung des Bundesgerichtshofs vom 18.3.1993[299] könnte dies indirekt ebenfalls abgeleitet werden, wenn es dort heißt:

---

295 Werner in Werner/Pastor, Rn. 684; Korbion in Ingenstau/Korbion, Anhang 3 Rn. 299; BGH, NJW 1984, 732 ff.; BauR 1993, 684; BauR 1975, 128 ff.; BauR 1984, 192 ff.; BauR 1986, 208 ff.; BauR 1989, 95 ff.; Vygen in Korbion/Mantscheff/Vygen, Art. 10 § 3 MRVG Rn. 18
296 Werner in Werner/Pastor, Rn. 684, Vygen in Korbion/Mantscheff/Vygen, Rn. 18, Groscurth in Neuenfeld/Baden/Dohna/Groscurth, Band 1 Teil II Rn. 43
297 OLG Köln, BauR 1976, 288 ff.
298 VGH Hessen, BauR 1985, 224 ff.
299 BGH, BauR 1993, 490 ff., 491

„Die Auffassung des Berufungsgerichtes, der Planungsauftrag sei völlig losgelöst von der Baubetreuung erteilt worden, berücksichtigt nicht hinreichend den wirtschaftlichen Zusammenhang des Geschehens. ... Die „Vorschaltung" des Planungsvertrages zielt damit gerade nicht auf eine isolierte Architektenleistung ab, sondern stellt nur die erste Stufe auf dem Weg zur Übernahme der vollen Baubetreuung dar."

Die Vereinbarung, dass für das Scheitern des Baubetreuungsvertrags die Planungsleistungen zu bezahlen sind, berühre – so das Gericht – das eigentliche Ziel der Vereinbarung, nämlich die Errichtung des Hauses, nicht entscheidend. Deshalb gelte Art. 10 § 3 MRVG für diesen Fall nicht.

Mit absoluter Klarheit hat sich der Bundesgerichtshof zu der Anwendung des Art. 10 § 3 MRVG auf Bauträger, Wohnungsbau- und Baubetreuungsunternehmen, die im Einzelfall nur Planungsleistungen erbringen, aber noch nicht geäußert. Geht man von seiner streng berufsstandsbezogenen Interpretation aus, dann liegt es allerdings nahe, auch in diesen Fällen Art. 10 § 3 MRVG nicht anzuwenden.

Auf der anderen Seite kann es aber nicht angehen, dass gewerbliche Unternehmen reine Architektenleistungen anbieten und damit Freiberuflern Konkurrenz machen, ohne unter Art. 10 § 3 MRVG zu fallen. Dies wäre von Sinn und Zweck der gesetzlichen Regelung nicht gedeckt. Die Wohnungsunternehmen sind dann nicht mehr im Rahmen ihres eigenen Berufsbilds tätig, sondern üben die Tätigkeit freiberuflicher Ingenieure und Architekten aus. Es besteht deshalb kein Grund mehr zu einer Privilegierung. Vielmehr muss Art. 10 § 3 MRVG auf sie anwendbar sein.

Das Oberlandesgericht Hamm hat konsequenterweise entschieden, dass ein Bauträger, dessen Geschäftsführer nicht Architekt ist, der jedoch von der Sache her nichts anderes als Architektenleistungen verspricht, dem Verbotsgesetz des Art. 10 § 3 MRVG unterfällt.[300]

Problematischer ist die Frage, wann Architekten und Ingenieure, die Leistungen über die reinen Planungs- und Ausführungsleistungen der HOAI anbieten, unter das Koppelungsverbot zu fassen sind und wann nicht. Die Abgrenzung des Bundesgerichtshofs nach Tätigkeit „wie" ein Baubetreuungsunternehmen und Tätigkeit „als" Baubetreuungsunternehmen ist plausibel. Wird ein freiberuflicher Architekt und Ingenieur nicht mehr als Freiberufler tätig, sondern als Unternehmer, dann besteht keinerlei Grund, ihn anders zu behandeln als andere Bauträger, Wohnungsbau- und Baubetreuungsunternehmen auch. Dabei kann es auf die Eintragung des Architekten/Ingenieurs nach § 34 c. Gewerbeordnung (GewO) nicht entscheidend ankommen. Wichtig ist, welche Tätigkeiten er konkret ausübt. Wird der Architekt/Ingenieur als Freiberufler tätig, gehört Erbringung von Makler- und

---

300 OLG Hamm, BB 1982, 764 ff.

Bauträgerleistungen nicht zu seinem Berufsbild. Bietet er daher nur gelegentlich und nicht gewerblich Bauträgertätigkeiten etc. an, dann ist Art.10 § 3 MRVG anwendbar. Wenn darüber hinaus gefordert wird, dass Umgehungsversuchen von Architekten und Ingenieuren Einhalt geboten werden muss, die sich hinter kleinen zur Durchführung von Erschließungsmaßnahmen unfähigen Unternehmen (Wohnungs- und Baubetreuungsunternehmen) oder handwerklichen Betrieben verbergen[301], dann ist dies problematisch. Gleiches gilt, wenn darauf abgestellt wird, ob ein Architekt ein Unternehmen beherrscht oder es nur zu Umgehungszwecken gegründet hat.[302]

Nicht einzusehen ist, warum dann, wenn ein Architekt/Ingenieur das wirtschaftliche Risiko der Erstellung eines Bauwerks im Rahmen unternehmerischer Tätigkeit übernimmt, von einem Umgehungsversuch des Art. 10 § 3 MRVG die Rede ist, unabhängig davon, ob das Unternehmen fähig ist, Erschließungsmaßnahmen durchzuführen oder aber vom Architekten beherrscht wird. Entscheidend kommt es darauf an, ob eine freiberufliche Architekten-/Ingenieurtätigkeit oder eine gewerbsmäßige Tätigkeit des Architekten/Ingenieurs als Bauträger, Wohnungsbauunternehmer etc. vorliegt. Der Bundesgerichtshof stellt bei Baubetreuungsunternehmen auch nicht darauf ab, ob sie wirtschaftlich in der Lage sind, eine Erschließung von Grundstücken vorzunehmen. Es kann deshalb auch nicht entscheidend sein, ob ein gewerblich tätiger Architekt oder Ingenieur dazu in der Lage ist oder nicht. Ebenso wenig kann es darauf ankommen, ob sich ein Architekt/Ingenieur hinter einem Unternehmen „versteckt". Ansonsten wäre es – wie Wirth/Theis[303] zutreffend ausführen – ein reines Glücksspiel, ob der Erwerber in den „Genuss" des Koppelungsverbots kommt oder nicht. Anders sieht es aus, wenn ein Architekt oder Ingenieur, der gleichzeitig Inhaber eines Wohnungsunternehmens ist, im Vorfeld zunächst Planungsleistungen erbringt und für diese als Architekt/Ingenieur ein gesondertes Honorar aufgrund gesonderten Vertrages erhält.[304]

Anhaltspunkte für eine Abgrenzung lassen sich auch aus den Berufsordnungen der Architekten herleiten. Um Kollisionen zu vermeiden, sehen einige Berufsordnungen Enthaltungspflichten oder aber auch Kennzeichnungspflichten, was die gewerbliche Tätigkeit eines Architekten angeht, vor. Eine Kennzeichnungspflicht besteht (z.B. in der Bayerischen Berufsordnung in den 80'er Jahren) dann, wenn geschäftliche Tätigkeiten geeignet sind, die Entscheidungsfreiheit des

---

301 So Vygen in Korbion/Mantscheff/Vygen, § 3 Rn. 18 ff.
302 Dazu Doerry, ZfBR 1991, 48 ff., 50; BGHZ 1989, 240 ff, 242 = BauR 1984, 192 ff, 193; BGHZ 63, 302 ff, 306 ff = BauR 1975, 128 ff, 129;
303 Wirth/Theis, Kapitel 33.1,
304 Locher/Koeble/Frik, Art. 10 § 3 MRVG Rn. 10

Architekten einzuschränken oder die Beratung und Betreuung des Bauherrn in eine durch andere geschäftliche Interessen vorbestimmte Richtung zu lenken.[305] Es gibt ferner Architektenordnungen, die bei baugewerblicher Tätigkeit, d.h. bei jeder auf Gewinnerzielung gerichteten Tätigkeit auf dem Gebiet des Bauwesens, eine Kennzeichnung dahingehend verlangen, dass der Architekt nicht mehr freischaffender Architekt, sondern baugewerblicher Architekt ist.[306] Wenn daher ein Architekt gewerblich tätig wird und werden kann, ist nicht einzusehen, warum er nicht wie jeder andere Gewerbetreibender in der Baubranche behandelt werden sollte. Auch steuerrechtlich wird ein Architekt, der schlüsselfertige Bauten auf eigenes Risiko im Auftrage Dritter errichtet, nicht als Freiberufler, sondern als Gewerbetreibender wie jeder andere Unternehmer beurteilt. Der Bundesfinanzhof begründet dies damit, dass in solchen Fällen gerade keine typische Architektentätigkeit ausgeübt wird.[307]

Festzuhalten ist demnach, dass in den oben genannten Problembereichen eine Grenzziehung sinnvoll ist, zum einen da, wo Unternehmen ausschließlich Architektenleistungen im Sinne der HOAI anbieten, und zwar entweder generell oder konkret. Zum anderen dort, wo Architekten/Ingenieure nicht mehr freiberuflich sondern gewerbsmäßig als Baubetreuer etc. tätig werden. Alle Versuche, im letzteren Fall die Abgrenzung aufzuweichen, sind nicht Erfolg versprechend. Sie führen dazu, dass Einzelfallentscheidungen Tür und Tor geöffnet wird und eine erhebliche Rechtsunsicherheit entsteht.

4.1.2. *Projektmanager, Projektentwickler, Projektsteuerer, Projektcontroller, Baucontroller*

Ob die Verträge über Projektmanagement, Projektentwicklung, Projektsteuerung, Projektcontrolling und Baucontrolling unter Art. 10 § 3 MRVG fallen, hängt zunächst davon ab, wer vertraglich auf Auftragnehmerseite Leistungserbringer ist. Es muss sich um Architekten/Ingenieure handeln, damit Art. 10 § 3 MRVG überhaupt einschlägig sein kann. Ferner hängt seine Anwendbarkeit davon ab, ob die Architekten/Ingenieure im Einzelfall Tätigkeiten erbringen, die als Planungs- und Ausführungsleistungen für ein Bauwerk anzusehen sind (zum Begriff Planungs- und Ausführungsleistung im Sinne des Art. 10 § 3 MRVG s. Seite 130 ff.). Im Nachfolgenden wird daher überprüft inwieweit die Leistungen der Projektmana-

---

305 Knemeyer, NJW 1983, 249 ff., 251
306 So Ziff. 3.1 der Berufsordnung der Architektenkammer Berlin vom 02.12.1998; Ziff. 4 der Berufsordnung der Architekten des Landes Baden-Württemberg vom 08.12.1998; Ziff. 5.3 der Berufsordnung der Architektenkammer Thüringen vom 26.11.2004
307 ibr-online: BFH 18.10.2006 – XI R 10/06 –

ger, Projektentwickler, Projektsteuerer, Projektcontoller und Baucontroller als Planungs- und Ausführungsarbeiten i.S. des Art. 10 § 3 MRVG zu betrachten sind und inwieweit sich eigene Berufsbilder entwickelt haben.

4.1.2.1. Projektmanager

Projektmanagement dient vielfach als Oberbegriff für Projektsteuerung und Projektentwicklung.[308] Teilweise wird das Wort „Projektmanagement" aber auch als Synonym für „Projektsteuerung" verwendet.[309] Nach der DIN 69901 wird Projektmanagement als Oberbegriff aller projektbezogener Managementfunktionen angesehen, umfasst somit die Projektleitung und Projektsteuerung.[310]

Der Projektmanagementvertrag wird daher hier nicht gesondert untersucht, sondern fließt in die Betrachtungen über die Projektsteuerung und Projektentwicklung mit ein.

4.1.2.2. Projektentwickler

Die Projektentwicklung hat zum Ziel, das richtige Produkt zum richtigen Zeitpunkt am richtigen Standort zu schaffen.[311] Sie wird heutzutage vielfach von Projektinitiatoren, Immobilienmaklern, Consultingbüros, Leasinggesellschaften, Stadtplanungs- und Wirtschaftsförderungsämtern, Generalunternehmern etc. durchgeführt.[312] Die Leistungen können aber auch durch Architekten/Ingenieure erbracht werden.

Die Projektentwicklung beginnt mit der Projektidee, umfasst häufig die Erarbeitung von Projektstudien und die Vorbereitung der Projektrealisierung.[313] Als letzte Stufe kann, wenn dies mit dem Projektentwickler vereinbart wurde, auch die Vorbereitung der Projektrealisierung stehen. Dazu können die Sicherung des Grundstücks, die Erwirkung der Baugenehmigung, die Vergabe von Bauleistungen, der Abschluss von Mietverträgen sowie die Vermittlung einer Finanzierung gehören.[314]

---

308 Wagner, BauR 1991, 665 ff.
309 Vygen in Korbion/Mantscheff/Vygen, § 1 HOAI Rn. 22
310 Eschenbruch, Rn. 168
311 Wagner, BauR 1991, 665 ff.
312 Wagner, BauR 1991, 665 ff.; Brößkamp in Darmstädter Baurechtshandbuch, VI Rn. 14
313 Wagner, BauR 1991, 665 ff.
314 Wagner, BauR 1991, 665 ff., 668

Häufig besteht die Absicht, die Baumöglichkeiten an Standorten unter Rentabilitätsgesichtspunkten zu optimieren und die planungsrechtlichen Genehmigungsgrundlagen zu erwirken.[315] Die Projektentwicklungsaufträge können aber auch begrenzteren Umfang haben, z.B. lediglich standortbezogene Nutzungsmöglichkeiten unter bauplanungsrechtlichen und renditemäßigen Besonderheiten zu entwickeln, um dem Grundstückseigentümer in die Lage zu versetzen darauf aufbauend einen Generalübernehmer mit der Durchführung des Projektes zu beauftragen.[316] Grundsätzlich kann die Tätigkeit des Projektentwicklers außerordentlich unterschiedlich ausgestaltet sein. Um festzustellen, ob die Leistungen des Architekten/Ingenieurs im Rahmen der Projektentwicklung als Planungs- und Ausführungsleistungen i.S. des Art. 10 § 3 MRVG anzusehen sind, muss daher im Einzelfall genau analysiert werden, welche Tätigkeiten er zu erbringen hat. Ist seine Tätigkeit die Objektprüfung, -erfassung, Wirtschaftlichkeitsanalyse, Wertermittlung und Kaufpreiskalkulation, die Erstellung von Teilungs- und ähnlichen Plänen, dann handelt es sich nicht um Planungs- und Ausführungsleistungen i.S. des Art. 10 § 3 MRVG, da es sich nicht um Tätigkeiten nach den Leistungsbildern der HOAI handelt.[317] Nur Letztere sind aber als Planungs- und Ausführungsarbeiten i.S. des Art. 10 § 3 MRVG anzusehen (s. Seite 130 ff.). Nicht erfasst sind von den Leistungsbildern der HOAI auch Tätigkeiten der Projektentwicklung im Zusammenhang mit der Akquisition von Grundstücken, Zusammenführung von Bauherrengemeinschaften, Suche nach Investoren oder Erstellung von Machbarkeitsstudien, Suche nach einem Nutzungskonzept und nach Nutzern.[318] Der Bundesgerichtshof hat entschieden, dass die HOAI nicht eingreift, wenn einzelne im Gesamtzusammenhang untergeordnete Teilleistungen aus einem Leistungsbild oder sonstigen Bestimmungen der HOAI vertraglich vereinbart sind.[319] Für die Projektentwicklung gelten somit die Bestimmungen der HOAI auch dann nicht, wenn neben Architekten- und Ingenieurleistungen Projektentwicklungsleistungen erbracht werden, es sei denn, dass das Schwergewicht der Leistungen insgesamt auf den Architekten- und Ingenieurleistungen liegt.[320] Für die Frage, ob die Tätigkeit des Projektentwicklers, wenn er Architekt oder Ingenieur ist, im Einzelfall unter Art. 10 § 3 MRVG fällt, kommt es darauf jeweils darauf an, wie seine vertragliche Leistungspflicht ausgestaltet ist. Tätigkeiten, die nicht unter die Leistungsbilder der HOAI fallen, sind auch nicht als Planungs- und Ausführungstä-

---

315 Brößkamp in Darmstädter Baurechtshandbuch, VI Rn. 14
316 Brößkamp in Darmstädter Baurechtshandbuch, VI Rn. 14
317 BGH, BauR 1998, 193 ff.; Locher/Koeble/Frik, § 1 HOAI Rn. 4
318 Locher/Koeble/Frik, § 1 HOAI Rn. 4
319 BGH, BauR 1998, 193 ff.; Locher/Koeble/Frik, § 1 HOAI Rn. 4
320 Locher/Koeble/Frik, § 1 HOAI, Rn. 4; BGH, BauR 1998, 193 ff.

tigkeiten im Sinne des Art. 10 § 3 MRVG zu qualifizieren. Fraglich ist, wie dies bei gemischten Tätigkeiten (z.T. Planung und Ausführungsleistungen, z.T. Projektentwicklungsleistungen) zu beurteilen ist.

Wie bereits erwähnt hat der Bundesgerichtshof in seiner Rechtsprechung zur Tätigkeit des Architekten/Ingenieurs als Bauträger, Generalunternehmer, Baubetreuer etc. deutlich gemacht, dass dann, wenn der Architekt über Planungs- und Ausführungsleistungen hinaus weitere Arbeiten anbietet, die nicht unter die Bestimmungen der HOAI fallen, dennoch Art. 10 § 3 MRVG anwendbar ist. Die Voraussetzungen des Art. 10 § 3 MRVG liegen nur dann nicht vor, wenn der Architekt/Ingenieur als gewerbsmäßiger Baubetreuer, Wohnungsbauunternehmer etc. tätig wird.

Diese Rechtsprechung muss auch auf die Projektentwicklertätigkeit eines Architekten/Ingenieurs entsprechend angewandt werden. Dabei kann man sich an der Rechtsprechung des Bundesgerichtshofs zur Anwendbarkeit der HOAI auf Projektentwicklertätigkeit orientieren. Erbringt der Architekt/Ingenieur neben der Projektentwicklung nur untergeordnete Tätigkeiten und Teilleistungen aus den Leistungsbildern der HOAI, dann ist er schwerpunktmäßig nicht als freiberuflicher Architekt/Ingenieur sondern „als" Projektentwickler tätig, d.h. das Gesamtpaket „Projektentwicklung" und nicht Architekten- und Ingenieurleistungen stehen im Vordergrund. Art. 10 § 3 MRVG ist dann nicht anwendbar. Anders sieht es aus, wenn die Tätigkeit ganz erheblich geprägt wird durch Architekten- und Ingenieurleistungen. Das kann einmal der Fall sein, wenn der Schwerpunkt beispielsweise in den Leistungsphasen 1 bis 3 des § 15 Abs. 2 HOAI liegt. Aber auch, wenn über die Baugenehmigung hinaus weitere Leistungen aus den Leistungsphasen 4 ff. des § 15 Abs. 2 HOAI den Inhalt des Vertrages prägen, die Projektentwicklungstätigkeit somit nur über die normalen Planungs- und Ausführungsleistungen des § 15 Abs. 2 HOAI hinaus angeboten werden, liegt eine unzulässige Koppelung vor.

Eine derartige Auslegung ist auch mit den Zielen des Art. 10 § 3 MRVG vereinbar. Die Projektentwicklertätigkeit ist gerade geeignet, durch Optimierung der Abläufe die späteren Mieten gering zu halten. Auch der Wettbewerb unter den Architekten wird durch die Tätigkeiten nicht in unzulässiger Weise beschränkt, wenn die Projektentwicklung nicht schwerpunktmäßig Architekten- und Ingenieurleistungen zum Gegenstand hat. Sie dient der Vorbereitung und Herstellung der Grundlagen für die Bebauung eines Grundstücks und steht, wenn nur untergeordnete Leistungen nach den Leistungsbildern der HOAI erbracht werden, neben den Planungs- und Ausführungsleistungen der Architekten/Ingenieure. Der Bauherr hat also die Möglichkeit, neben dem Projektentwickler Architekten und Ingenieure mit Planungs- und Ausführungsleistungen zu beauftragen und diese nach Qualitätsgesichtspunkten auszusuchen. Wird dagegen der projektentwickelnde Architekt/Ingenieur schwerpunktmäßig oder ausschließlich selbst im Rahmen der Planungs- und Ausführungsleistungen tätig, dann unterfällt seine Tätigkeit Art. 10 § 3 MRVG. Dies gilt in jedem Falle dann, wenn ein gesonderter Vertrag geschlossen wird, aber auch, wenn die Architektenleistungen den wesentlichen Inhalt des Projektentwicklungsvertrags bilden. Damit kann verhindert werden, dass der Architekt seine berufsspezifischen Architekten- und Ingenieurleistungen über die Koppelung an einen Grundstücksvertrag dem Erwerber aufzwingt.

Art. 10 § 3 MRVG dient nicht dazu, sämtliche Tätigkeiten von Architekten und Ingenieuren, die im Zusammenhang mit einem Grundstückserwerbsvertrag stehen, auszuschließen. Das zeigt schon die Tatsache, dass Beratungsleistungen, Gutachtertätigkeiten etc. (s. Seite 130 ff.) nicht erfasst sind. Verhindert werden soll nur, dass die berufspezifischen Leistungen wie Planung und Ausführung dem Erwerber ohne Ansehung der Qualität aufgedrängt werden können und insoweit kein Wettbewerb stattfindet.

Dementsprechend ist es entscheidend für die Anwendbarkeit des Art. 10 § 3 MRVG ebenso wie der HOAI auf Projektentwicklungsleistungen, ob Architekten- und Ingenieurleistungen (nach den Leistungsbildern der HOAI) den Charakter des Vertrages prägen und im Vordergrund stehen. Werden bei der Projektentwicklung durch freiberufliche Architekten/Ingenieure daher die kompletten oder überwiegenden Planungs- und Ausführungsleistungen für ein Bauwerk erbracht, dann prägen diese das Leistungsbild. Art. 10 § 3 MRVG ist anwendbar. Wird der Architekt/Ingenieur jedoch als Projektentwickler tätig und erbringt in diesem Zusammenhang nur untergeordnete Teilleistungen aus den Leistungsbildern der HOAI, so ist Art. 10 § 3 MRVG nicht anwendbar.

4.1.2.3. Projektsteuerer

Projektsteuerer wurden und werden zunehmend bei großen Bauvorhaben neben Architekten, Sonderfachleuten und Unternehmern tätig. Das veranlasste 1977 den Verordnungsgeber, den § 31 in die HOAI einzuführen. Er begründete dies damit, dass mit steigendem Bauvolumen die Anforderungen an den Auftraggeber wachsen, seine Vorstellungen von den Bauaufgaben in die Praxis umzusetzen und zwar in technischer, rechtlicher und wirtschaftlicher Hinsicht. Koordinierung, Steuerung und Überwachung sind originäre Auftraggeberaufgaben und von den Leistungen des Architekten und Ingenieurs zu trennen. Infolge der zunehmenden Kompliziertheit der Geschehensabläufe, insbesondere der Einschaltung von anderen an der Planung fachlich Beteiligter, sind die Auftraggeber nach Auffassung des Verordnungsgebers ab einer bestimmten Größenordnung des Projekts nicht mehr in der Lage, sämtliche Steuerungsleistungen selbst zu übernehmen. Es werden dann Aufträge zur Beratung, Koordinierung und Kontrolle an Projektsteuerer erteilt. Dem Verordnungsgeber schien es zweckmäßig, die Leistungen der Projektsteuerung in die Honorarordnung einzubeziehen.[321]

§ 31 HOAI nennt Leistungen, die dem Projektsteuerer übertragen werden können, nur beispielhaft und nicht abschließend. Der Projektsteuerer kann auch weitere Aufgaben übernehmen.[322] In der Berufsordnung des Deutschen Verbandes der Projektsteuerer (DVP) wird unter Projektsteuerung die neutrale und unabhängige Wahrnehmung delegierbarer Auftraggeberfunktionen in technischer, wirtschaftlicher und rechtlicher Hinsicht verstanden.[323] Der Projektsteuerer nimmt also Bauherrenaufgaben wahr, die zur reibungslosen technischen, wirtschaftlichen und organisatorischen Durchführung des Projekts erforderlich sind.[324]

Abzugrenzen sind die Aufgaben des Projektsteuerers von den Leistungen, die Architekten und Ingenieure nach den Leistungsbildern des § 15 HOAI zu erbringen haben.[325] Theoretisch ist eine solche Abgrenzung zwischen Koordinierungs- und Steuerungsaufgaben des Architekten als Objektplaner und den Projektsteuerungsaufgaben möglich.[326]

Trotz der Begründung des Verordnungsgebers ist in der Praxis der Übergang zwischen den Leistungen des Projektsteuerers einerseits und des planenden und ausführenden Architekten andererseits jedoch häufig schwierig und unscharf.[327] Werner[328] weist deshalb darauf hin, dass die amtliche Begründung für die Abgrenzung von Projektsteuerungsleistungen und Leistungen anderer an dem Projekt Beteiligter nicht einleuchtend ist, weil in § 31 Abs. 1 Satz 2 HOAI zahlreiche Leistungen aufgeführt sind, die dem Projektsteuerer übertragen werden können aber originäre Architektenleistungen sind und als Grundleistungen in § 15 HOAI aufgeführt sind. Die Abgrenzung zum Leistungsbild des Architekten sei daher praktisch kaum möglich. Sowohl im Bereich der besonderen Leistungen als auch der Grundleistungen können Überschneidungen vorkommen.[329] So z.B. ist das Aufstellen eines Zeit- und Organisationsplanes auch in der Leistungsphase 2 des § 15 Abs. 2 HOAI aufgeführt. Gleiches gilt für das Aufstellen eines Finanzie-

---

321 Seifert in Korbion/Mantscheff/Vygen § 31 HOAI Rn. 1
322 Siehe auch Eschenbruch, Rn. 29 ff.; Werner in Werner/Pastor, Rn. 1428; Motzke/Wolff, S 478
323 So auch u.a. Wagner, BauR 1991, 665, 666, Heiermann, BauR 1996, 48
324 Heiermann, BauR 1996, 48; Kniffka, ZfBR 1994, 253 ff.; ZfBR 1995, 10 ff.
325 Werner in Werner/Pastor, Rn. 1428
326 Motzke/Wolff, S. 480, 481
327 Locher/Koeble/Frik, § 31 HOAI Rn. 8; Seifert in Korbion/Mantscheff/Vygen, § 31 HOAI Rn. 3; Eschenbruch, Rn. 81; Will, BauR 1984, 333, 338 ff.
328 Werner in Werner/Pastor, Rn. 1428
329 Seifert in Korbion/Mantscheff/Vygen, § 31 HOAI Rn. 3; Eschenbruch, Rn. 81 ff.

rungsplanes. Die Wirtschaftlichkeitsberechnungen sind in der Leistungsphase 3 des § 15 Abs. 2 HOAI angeführt. In der Leistungsphase 8 überschneidet sich das Aufstellung und Fortschreiben eines Zahlungsplanes sowie das Aufstellen, Überwachen und Fortschreiben von differenzierten Zeit-, Kosten- und Kapazitätsplänen mit den Leistungen eines Projektsteuerers. Die Ermittlung und Kostenfeststellung zu Kostenrichtwerten in der Leistungsphase 9 stellt ebenfalls eine Überschneidung mit Projektsteuererleistungen dar.[330] Vergleichbares gibt es auch zu den Aufgaben der Sonderfachleute, wie sie in §§ 15, 55, 64 und 73 HOAI aufgeführt sind.[331]

Teilweise wurde in der Literatur versucht, zum Zwecke der Abgrenzung der Tätigkeitsbereiche darauf abzustellen, ob die Leistungen auf ein Projekt (Projektsteuerung) oder ein Objekt (Planungs- und Ausführungsleistungen) bezogen sind.[332] Für die Beantwortung der Frage, inwieweit die Leistungen des Projektsteuerers unter Art. 10 § 3 MRVG fallen, spielt diese Unterscheidung jedoch keine Rolle. Entscheidend ist vielmehr, was nach dem jeweiligen Vertragsinhalt Gegenstand des Projektsteuerungsvertrags ist. Der Inhalt kann stark variieren.[333] Im Ergebnis bestimmt der Bauherr durch die Festlegung der dem Architekten/Ingenieur übertragenen Aufgaben die Grenzen des Leistungsbilds des Projektsteuerers.[334]

Die Frage der Anwendbarkeit des Art. 10 § 3 MRVG ist dann einfach zu beantworten, wenn man sich – wie Eschenbruch[335] – auf den Standpunkt stellt, dass sämtliche Leistungen des Projektsteuerers wie sie z.B. in § 31 HOAI aufgeführt sind, als Planungs- und Ausführungsleistungen i.S.d. Art. 10 § 3 MRVG anzusehen sind. Nach Eschenbruch fallen folglich sämtliche Projektsteuerungsverträge, die von freiberuflichen Architekten und Ingenieuren abgeschlossen werden, unter Art. 10 § 3 MRVG und sind unwirksam, wenn die übrigen Voraussetzungen dieser Vorschrift vorliegen.

An der Richtigkeit dieser Auffassung bestehen allerdings Zweifel. Es stellt sich schon die Frage, ob § 31 HOAI überhaupt verfassungsgemäß ist. So hat Quack[336] im Einzelnen dargelegt, dass es für § 31 HOAI keine rechtliche Grundlage gebe. Art. 10 §§ 1, 2 MRVG seien keine Ermächtigungsgrundlagen für den

---

330 Siehe auch Eschenbruch, Rn. 81, Locher/Koeble/Frik, § 31 HOAI Rn. 5 ff.; Will, BauR 1984, 333 ff., 346
331 Eschenbruch, Rn. 82; Werner in Werner/Pastor, Rn. 1428
332 Wagner BauR 1991, 665, ff., 668; Eschenbruch Rn. 83 ff.; Will BauR 1984, 333 ff., 339
333 Siehe auch Stemmer/Wierer, BauR 1997, 935 ff.
334 Eschenbruch, Rn. 89
335 Eschenbruch, Rn. 153
336 Quack, BauR 1995, 27 ff., 28

Erlass des § 31 HOAI. Für die Festlegung eines neuen Berufsbildes für die Architekten und Ingenieure fehle es nicht nur an der Ermächtigung, sondern auch an dem dafür erforderlichen formellen Gesetz.[337] Der Bundesgerichtshof[338] hat sich in seiner Entscheidung vom 09.01.1997 der Auffassung insoweit angeschlossen, als er zumindest § 31 Abs. 2 HOAI als nichtig bezeichnet hat, weil Art. 10 §§ 1, 2 MRVG hierfür keine Ermächtigungsgrundlage darstellen. Er lässt es im Weiteren jedoch dahinstehen, ob der Verordnungsgeber überhaupt zu einer Regelung befugt war, die nicht Leistungen von Architekten und Ingenieuren in der Rolle von „Auftragnehmern", sondern definitionsgemäß solche in der von „Auftraggebern" erfasst.[339] Die Formulierung des Bundesgerichtshofs in dem Urteil aus dem Jahre 1997 legt nahe, dass er – wie auch Quack – den Verordnungsgeber nicht für befugt hielt, überhaupt § 31 HOAI in die Verordnung aufzunehmen. Anders sieht dies allerdings Kämmerer.[340] Er hält die Regelung für verfassungsgemäß.

Für die Auffassung von Quack spricht, dass es sich bei § 31 HOAI um die Regelung eines Vertragsbildes handelt. Dazu war der Verordnungsgeber jedoch nicht ermächtigt. Art. 10 §§ 1 und 2 geben ihm lediglich die Befugnis Preisregeln zu erlassen.[341]

Ist § 31 HOAI somit nichtig, dann ergibt sich aus der HOAI keine Regelung der Projektsteuerungsleistungen. Art. 10 § 3 MRVG bezieht sich jedoch nur auf Planungs- und Ausführungsleistungen im Sinne der HOAI (s. Seite 130 ff.).

Selbst wenn man jedoch von der Wirksamkeit der Regelung ausgeht, dann erfasst § 31 HOAI nicht typische Architekten- und Ingenieurleistungen. Der Projektsteuerer soll Funktionen des Auftraggebers und nicht des Auftragnehmers wahrnehmen, also des planenden und für die Ausführung verantwortlichen Architekten/Ingenieurs. Dementsprechend hat sich mit der Projektsteuerung auch ein neues Berufsbild als selbstständiger technisch-wirtschaftlicher Leistungsbereich durchgesetzt.[342] In der Übernahme der Funktionen des Auftraggebers grenzt sich die Projektsteuerung bewusst von den Architektenleistungen ab.[343] Weitgehend Einigkeit besteht daher darin, dass trotz der Unschärfen bei der Abgrenzung zwischen Projektsteuererleistung und Architekten-/Ingenieurleistung beide Leistungsbilder nebeneinander bestehen.

---

337 Quack, BauR 1995, 27 ff., 28
338 BGH, BauR 1997, 497 ff.
339 BGH, BauR 1997, 497 ff., 499
340 Kämmerer, BauR 1996, 162 ff.
341 So auch Neuenfeld in Neuenfeld/Baden/Dohna/Groscurth, Band 2 § 31 HOAI Rn. 2
342 Locher/Koeble/Frik, § 31 HOAI Rn. 1, Eschenbruch, NZBau 2000, 409, Jochem, § 31 HOAI Rn. 1
343 Schill, NZBau 2002, 201 ff., 202

Das bestätigt die neueste Rechtsprechung des Bundesgerichtshofs[344] zur Anwendbarkeit des § 8 HOAI auf Projektsteuerungsleistungen. Danach gilt § 8 HOAI grundsätzlich nicht für Projektsteuerungsverträge, denn die Preisvorschriften der HOAI sind nur auf natürliche und juristische Personen anwendbar, die Architekten- und Ingenieuraufgaben erbringen, die in der HOAI beschrieben sind. Diese Voraussetzungen liegen bei den Projektsteuerungsleistungen nicht vor. Die Entscheidung des Bundesgerichtshofs ist für die Einordnung des Projektsteuerungsvertrags von wesentlicher Bedeutung. Sie unterstreicht, dass die preisrechtlichen Vorschriften der HOAI auf Projektsteuerungsleistungen nicht anwendbar sind.[345] Es handelt sich um grundsätzlich andere Leistungen als die typischen Planungs- und Bauüberwachungsaufgaben, die freiberufliche Architekten/Ingenieure wahrnehmen.

Es besteht auch kein Bedürfnis, eine Koppelung von Grundstückserwerbs- und Projektsteuerungsvertrag unter Art.10 § 3 MRVG zu fassen, weil die Grundstücksbeschaffung nicht im Widerspruch zu dem Berufsbild des Projektsteuers steht. Werden über die Projektsteuererleistungen hinaus allerdings weitere Leistungen aus den Leistungsbildern des § 15 Abs. 2 HOAI dem Projektsteuerer übertragen, dann nimmt dieser insoweit Architektenaufgaben wahr. Beispielsweise können ihm Leistungen aus den Leistungsphasen 6 und 7 oder solchen aus der Objektüberwachung (Rechnungskontrolle) übertragen werden.[346] Umgekehrt kann der Architekt nach herrschender Meinung neben Objektplanungsleistungen aber auch Projektsteuerungsleistungen übernehmen.[347] Motzke[348] hält die Kombination zwar für zulässig, aber nicht für empfehlenswert. Er vertritt die Auffassung, dass Architekten und Ingenieure nicht gleichzeitig Projektsteuerungs- und Architekten-/Ingenieuraufgaben wahrnehmen können. Werden beide allerdings gleichzeitig übernommen, dann haftet der Projektsteuerer für die Erfüllung seiner Projektsteuerungsleistungen unabhängig von seiner Haftung als Architekt in Bezug auf die Architektenleistungen. Nach Locher/Koeble/Frik[349] gibt es auch kein schutzwürdiges Interesse des Auftraggebers dafür, dass durch die Unschärfe der

---

344 BGH, NZBau 2007, 315 ff.
345 Weise, NJW Spezial 2007, S. 213 ff., 214; so auch OLG Hamm, IBR-Online, Urteil vom 15.08.2006 – 24 U 125/05 –
346 Siehe Werner in Werner/Pastor, Rn. 1430
347 ibr-online:OLG Naumburg, Urteil vom 30.6.2006 – 3 U 4/05 –; Locher/Koeble/ Frik, § 31 HOAI Rn. 12; Werner in Werner/Pastor, Rn. 1428; Eschenbruch, Rn. 87; BGH, BauR 1997, 497 ff., 499; Fischer in Thode/Wirth/Kuffer, § 19 Rn. 65/andere Auffassung: Neuenfeld in Neuenfeld/Baden/Dohna/Groscurth, Band 2 § 31 HOAI Rn. 2
348 Motzke/Wolff, S. 482
349 Locher/Koeble/Frik, § 31 HOAI Rn. 13

Abgrenzung und der Überschneidung eine teilweise Doppelhonorierung erfolgt; Anders sieht dies allerdings das OLG Naumburg.[350]

Für die Frage der Anwendbarkeit des Art. 10 § 3 MRVG ist daher grundsätzlich von Folgendem auszugehen:

Übt ein Architekt oder Ingenieur lediglich typische Projektsteuerungsleistungen z.B. entsprechend den Leistungsbildern des § 31 HOAI aus, so fällt seine Tätigkeit nicht unter Planungs- und Ausführungstätigkeiten für ein Bauwerk im Sinne des Art. 10 § 3 MRVG. Er wird vielmehr im Rahmen eines eigenständigen Leistungsbildes tätig. Da bei Planung und Ausführung des Bauvorhabens ein Architekt/Ingenieur zusätzlich eingeschaltet werden muss, der auch wiederum nach Qualitätsgesichtspunkten ausgesucht werden kann, liegt eine Bindung an einen bestimmten Architekten oder Ingenieur für die Planung und Ausführung des Bauvorhabens nicht vor. Eine Wettbewerbsverzerrung ist nicht zu befürchten. Etwas anderes gilt dann, wenn die Planungs- und Ausführungsleistungen ganz oder überwiegend durch den Projektsteuerer selbst erbracht werden. Wird neben ihm kein weiterer Architekt/Ingenieur tätig oder aber wird seine Tätigkeit nicht durch Projektsteuerungsleistungen wesentlich geprägt, sondern durch die Architektenplanungs- und Ausführungsleistungen entsprechend den Leistungsbildern der HOAI, dann ist ein Fall des Koppelungsverbots gegeben. Die Erweiterung auf Projektsteuerungsleistungen über das normale Leistungsbild der Architekten und Ingenieure hinaus rechtfertigt es nicht, den Vertrag von Art. 10 § 3 MRVG auszunehmen. Insoweit ist die Rechtsprechung des Bundesgerichtshofs, die sich zu den Baubetreuungs- und Bauträgerleistungen eines Architekten entwickelt hat, entsprechend anzuwenden. Werden mit einem Architekten/Ingenieur sowohl ein Projektsteuerungsvertrag als auch ein getrennter Vertrag über Erbringung von Planungs- oder Ausführungsleistungen nach Leistungsbildern der HOAI geschlossen, dann ist lediglich der Planungsvertrag gemäß Art. 10 § 3 MRVG unwirksam, nicht aber der Projektsteuerungsvertrag.

4.1.2.4. Projektcontroller

Projektcontrolling beinhaltet die Summe der Prozesse und Regeln zum Zwecke der begleitenden Überwachung eines Projektes, entweder als Teilfunktion der Projektsteuerung/des Projektmanagements oder als selbstständige Einsatzform bei Generalunternehmer- oder Generalübernehmereinsatz (Generalunternehmercontrolling).[351]

---

350 ibr-online: OLG Naumburg Urteil vom 30.06.2006 – 3 U 4/05 –
351 Eschenbruch Rn. 168; Eschenbruch NZBau 2000, 409 ff., 410

Für den Projektcontroller gelten die obigen Ausführungen entsprechend. Es kommt darauf an, wie seine konkrete Tätigkeit ausgestaltet ist. Werden Baumanagement- bzw. Projektsteuerungsaufgaben mit dem Schwerpunkt hin zum Controlling wahrgenommen, dann fällt die Tätigkeit nicht unter Art. 10 § 3 MRVG. Abweichend davon kann es bei anderer schwerpunktmäßiger Verteilung zwischen Planungs- und Ausführungsleistungen und Controllertätigkeit liegen. Insoweit sind die oben entwickelten Grundsätze zur Projektsteuerung entsprechend auch auf das Projektcontrolling anzuwenden.

4.1.2.5. Baucontroller

Ein Baucontroller ist jemand, der über die Hälfte der Grundleistungen des Architekten nach § 15 Abs. 2 HOAI und sämtliche Bauherrenaufgaben nach § 31 HOAI (Projektsteuerungsleistungen) erbringt.[352] Von den Tätigkeiten i.S. des § 15 Abs. 2 HOAI übernimmt er in der Regel die Leistungsphasen 1, 6, 7, 8 und 9.[353] Darüber hinaus verpflichtet er sich meistens auch, eine Reihe der besonderen Leistungen zu erbringen. Dazu gehören die Aufstellung von Bauwerks- und Betriebskosten, Nutzen-Analysen gemäß § 15 Abs. 2 S. 2 HOAI, die Anfertigung von Wirtschaftlichkeitsberechnungen nach § 15 Abs. 2 Satz 3 HOAI, die Vornahme einer elementweisen Baukostenschätzung und Bauberechnung (nach DIN 276, Spalten 3 und 4 der Kostengliederung) sowie die entsprechenden Vorgaben des Standardleistungsbuchs.[354] Bis auf einen Kernbereich der planenden Tätigkeit übernimmt der Baucontroller daher im großen Umfange Aufgaben des Architekten.[355] Seine Arbeit umfasst zwar weniger die planende, dafür aber die objektüberwachende Tätigkeit eines Architekten. Ihr Schwerpunkt liegt im klassischen Bereich der Architekten. Damit findet Art. 10 § 3 MRVG Anwendung.

4.2. „Bestimmter Architekt/Ingenieur"

Diskutiert wird die Frage, was unter „bestimmter Architekt/Ingenieur" i.S. des Art. 10 § 3 MRVG zu verstehen ist.

---

352 Eschenbruch, Rn. 260; Will BauR 1984, 333 ff.
353 Eschenbruch, Rn. 260
354 Eschenbruch, Rn. 260
355 Eschenbruch, Rn. 260

4.2.1. Herrschende Meinung

Nach Auffassung der herrschenden Meinung in Literatur und Rechtsprechung ist der Begriff „bestimmt" nicht wörtlich zu nehmen. Zweck des Art 10 § 3 MRVG ist es vielmehr zu verhindern, dass dem Erwerber/Bauherrn die Auswahl des Planers entzogen wird.[356]

Unzulässig ist nach Auffassung von Vygen[357] deshalb auch die Bindung an einen der Person nach noch unbekannten Architekten, der später von einem Dritten oder von dem Veräußerer noch auszuwählen ist. Nicht erlaubt ist ferner der Ausschluss bestimmter Planer (einzelner oder mehrerer) oder das Abhängigmachen von der Zustimmung des Veräußerers oder eines Dritten bei der Auswahl des Architekten.[358]

Verboten ist jegliche Vereinbarung, die dem Erwerber die Wahl ganz oder teilweise nimmt.[359]

4.2.2. Mindermeinung

Anders sieht dies das Oberlandesgericht Düsseldorf[360] in der Entscheidung vom 30.05.1978 für den Fall, dass dem Erwerber die Wahl zwischen mehreren Architekten eingeräumt wird. Hier stellte eine Stadt Entwürfe von insgesamt 16 Preisträgern auf einer Architektenmesse aus mit dem Ziel, eine Verbindung zwischen Architekt und Bauwilligen herzustellen. Entsprechend dem Interesse, das die angebotenen Haustypen fanden, sollten bestimmte Gruppen zusammengestellt, Gelände entsprechend parzelliert sowie an die Erwerber verkauft werden. Die Verträge zwischen Architekt und Erwerber – so das Oberlandesgericht Düsseldorf – seien wirksam, weil die Bauwilligen nicht von vornherein bei dem Erwerb eines bestimmten Grundstücks an einen bestimmten Architekten gebunden worden seien. Sie hätten zunächst unter insgesamt 30 Entwürfen von 16 Architekten auswählen und dann das Haus ihrer Wahl auf einem Grundstück, dessen Lage sich aus der Zusammenstellung der Häusertypen ergab, bauen können. Der Architekt habe deshalb den Auftrag nicht erhalten, weil er dem Erwerber zu Bauland verhelfen konnte. Vielmehr sei seine in einem vorangegangenen Wettbewerb unter Beweis gestellte planerische Leistung Anlass gewesen, deren Verwirklichung

---

356 BGH, BauR 1982, 512 ff.; OLG Hamm, BauR 1986, 711; Hesse, BauR 1977, 73 ff., 77; Vygen in Korbion/Mantscheff/Vygen, Art. 10 § 3 MRVG Rn. 21
357 Vygen in Korbion/Mantscheff/Vygen, Art. 10 § 3 MRVG Rn. 21
358 Vygen in Korbion/Mantscheff/Vygen, Art. 10 § 3 MRVG Rn. 21
359 Vygen in Korbion/Mantscheff/Vygen, Art. 10 § 3 MRVG Rn. 21; BGH BauR 1982, 512 ff.; OLG Hamm, BauR 1986, 711; Hesse, BauR 1977, 73 ff. 77
360 OLG Düsseldorf, BauR 1979, 171 ff.

durch Grundstückserwerb aus städtischem Eigentum zu ermöglichen. Dem einzelnen Bauwilligen sei daher nicht aufgrund der Verfügungsmacht des Architekten oder eines mit diesem verbundenen Dritten Grundbesitz angetragen worden. Deshalb begegne es auch keinen Bedenken, dass er nur (eingeschränkt) unter 16 Architekten und 30 Entwürfen habe wählen können. Die Erwerber seien nicht gezwungen gewesen, sich an einen bestimmten Architekten zu binden. Sie hätten unter fachlichen und leistungsbezogenen Kriterien auswählen können. Von einer missbilligenden Einschränkung der Entscheidungsfreiheit, die aus sachfremden Beweggründen auf dem Umweg über den Grundstückserwerb erreicht werden könne, sei hier gerade nicht die Rede.

Die Entscheidung des Oberlandesgerichts Düsseldorf ist in der Literatur z.T. auf Bedenken gestoßen.[361]

4.2.3. Stellungnahme

In der Tat fragt es sich, ob der Begriff „bestimmter Architekt" eng oder weit auszulegen ist. Stellt man darauf ab, dass der Wettbewerb unter den Architekten/ Ingenieuren nicht eingeschränkt werden darf, dann ist auch die begrenzte Auswahl unter mehreren Architekten unzulässig wie jede andere Einschränkung der Wahl durch den Veräußerer oder durch Dritte. Der Erwerber hat nur die Wahl zwischen einem oder mehreren im Vorhinein „bestimmten" Architekten. Die Festlegung auf einen „bestimmten" Architekten ist daher auch dann gegeben, wenn 3, 5, 16 oder mehr Architekten zur Auswahl gestellt werden. Die Entscheidung des Oberlandesgerichts Düsseldorf ist deshalb in der Begründung und im Ergebnis unzutreffend.

4.3. Wer ist Architekt/Ingenieur im Sinne der Vorschrift?

Architekt ist, zumindest insoweit besteht Einigkeit, jeder in der Architektenliste eingetragene Planer.[362]

Darüber hinaus fallen auch Innenarchitekten, Landschaftsplaner und Sonderfachleute – soweit sich die Leistungen, die sie erbringen, auf ein Bauwerk beziehen – unter den Begriff.[363]

---

361 So bei Werner in Werner/Pastor, Rn. 688; Vygen in Korbion/Mantscheff/Vygen, Art. 10 § 3 MRVG Rn. 21
362 Groscurth in Neuenfeld/Baden/Dohna/Groscurth, Band 1 Teil II, 43
363 Groscurth in Neuenfeld/Baden/Dohna/Groscurth, Band 1 Teil II, 43

Fraglich ist, ob eine Eintragung in der Architektenrolle erforderlich ist oder auch nicht eingetragene Planer von dem Koppelungsverbot erfasst werden. Laut Vygen[364] kommt es nicht darauf an, ob der durch das Koppelungsverbot Begünstigte zulässigerweise die Berufsbezeichnung Ingenieur oder Architekt führt. Über den Architektenbegriff nach Art. 10 § 2 MRVG bzw. Ingenieurbegriff nach Art. 10 § 1 MRVG hinaus werde man deshalb auch diejenigen Fälle unter Art. 10 § 3 MRVG zu fassen haben, in denen der durch die Bindung begünstigte Auftragnehmer rechtlich nicht befugt ist, Architekten- und Ingenieurleistungen der in Rede stehenden Art zu erbringen, sofern nur die zu erbringende Leistung ihrer Art nach im wesentlichen in das Berufsbild des Ingenieurs oder Architekten einzuordnen ist.

Auch Groscurth[365] vertritt die Auffassung, dass es dem Gesetzeswortlaut zwar nicht zu entnehmen sei, dass das Verbot auch solche Planer treffe, die als Architekten nicht in der Architektenliste eingetragen sind. Allerdings gelte, dass ebenso wie die HOAI auf dort beschriebene Leistungen ohne Rücksicht auf Stand und Status des Leistenden anzuwenden sei auch Entsprechendes für Art. 10 § 3 MRVG gelten müsse. Anderenfalls könnte es zu Gesetzesumgehungen kommen. Möglich wäre dann, dass die Nichtigkeit des Vertrages davon abhängig wäre, ob über den Antrag eines Planers auf Eintragung in der Architektenliste bereits entschieden sei oder nicht.

Dem ist zuzustimmen. Es kann nicht entscheidend darauf ankommen, ob bereits eine Eintragung in die Architektenliste stattgefunden hat oder nicht. Maßgeblich ist die Art der ausgeübten Tätigkeit.

Unerheblich ist auch, ob der Architekt als Einzelperson tätig wird oder als Gesellschafter einer Gesellschaft bürgerlichen Rechts oder anderer gesellschaftsrechtlicher Form.[366] Letzteres hat auch das Oberlandesgericht Köln in der Entscheidung vom 26.02.2003[367] für eine Architektur- und Planungsgesellschaft mbH entschieden. Wesentlich für die Annahme einer unwirksamen Koppelung ist, ob ein Architekt mit der GbR oder der GmbH ausschließlich oder ganz überwiegend Architekten-/Ingenieurleistungen i.S. des Art. 10 § 3 MRVG ausführt. Wenn das der Fall ist, kommt es auf die Rechtsform, unter der er tätig wird, nicht an.

Davon zu unterscheiden ist die Frage, ob der Architekt/Ingenieur als Teil einer BGB-Gesellschaft (Zusammenschluss zwischen Architekt, Wohnungsbauunternehmen und Baubetreuer), die zum Zwecke des Erwerbs eines Grundstücks

---

364 Vygen in Korbion/Mantscheff/Vygen, Art. 10 § 3 MRVG Rn. 15
365 Groscurth in Neuenfeld/Baden/Dohna/Groscurth, Band 1 Teil II Rn. 43
366 Groscurth in Neuenfeld/Baden/Dohna/Groscurth, Band 1 Teil II Rn. 43
367 ibr-online:OLG Köln, Urteil vom 26.02.03 – 12 U 254/99 –

und dessen Bebauung geschlossen wurde, unter Art. 10 § 3 MRVG fallen kann. Einen solchen Fall hatte das Oberlandesgericht Hamm am 24.11.1982[368] zu entscheiden. In dem dortigen Fall war die aus einem Baubetreuer, einem Architekten und einem Statiker bestehende Gesellschaft bürgerlichen Rechts Eigentümerin eines Grundstücks. Dieses wurde weiterveräußert. Im Vertrag wurde vereinbart, dass die Käufer neben dem Kaufpreis für das Grundstück dem Architekten für die Architektenleistung, dem Statiker für die Statikerleistungen und dem Kläger für die Baubetreuung Zahlung leisten sollten. Außerdem sollte der Erwerber eine Vereinbarung mit dem Kläger schließen, in der er von diesem einen Bausatz erwarb. Das Oberlandesgericht Hamm nahm an, dass die Vereinbarung, wonach der Grundstückserwerber nach den Architektenplänen bauen sollte, wegen Verstoßes gegen Art. 10 § 3 MRVG nichtig sei. Die Nichtigkeit greife über § 139 BGB auch auf die Verpflichtung zur Beziehung des Bausatzes über.

Die Entscheidung des Gerichts ist in der Literatur auf Kritik gestoßen.[369] Die Autoren halten es für unbedenklich, wenn ein Architekt oder Ingenieur und ein Baubetreuer oder sonstiger gewerblicher Wohnungsunternehmer sich als BGB-Gesellschaft zusammenschließen, um ein Grundstück zu erwerben und dieses zu bebauen. Der Architekten- und/oder Ingenieurvertrag sei dann wirksam, weil hier im Paket „Wohnungsbau" und nicht in erster Linie die „Architektenleistung" eines freien Architekten oder Ingenieurs angeboten werde.

Die Auffassung in der Literatur ist zutreffend. Das Oberlandesgericht Hamm übersieht, dass dem Erwerber des Grundstücks tatsächlich ein Gesamtpaket an Leistungen angeboten wurde. Es ging letztendlich um „eine" Wohnungsbauleistung, die von den einzelnen Gesellschaftern der BGB-Gesellschaft erbracht werden sollte. Selbst wenn diese getrennt ihre Leistungen gegenüber dem Erwerber abrechnen wollten, ist es nicht interessengerecht, die Leistungen in Einzelleistungen aufzusplitten und diese getrennt auf ihre Wirksamkeit hin zu untersuchen. Nichts anderes hat aber das Oberlandesgericht Hamm getan. Es hat isoliert die Architektenleistung herausgenommen, diese Verpflichtung an Art. 10 § 3 MRVG gemessen und über § 139 BGB sodann die Unwirksamkeit der übrigen vertraglichen Vereinbarungen festgestellt. Durch diese Aufgliederung hat das Gericht allerdings das Gesamtleistungspaket aus dem Auge verloren. Es kann aber keinen Unterschied machen, ob durch Leistung einzelner Gesellschafter ein kompletter Wohnungsbau erstellt wird oder ob eine GmbH, KG oder eine BGB-Gesellschaft dieselben Leistungen zusammen als Gesamtpaket als „alleiniger" Vertragspartner anbietet.

---

368 OLG Hamm, BauR 1983, 482 ff.
369 Locher/Koeble/Frik, Art. 10 § 3 MRVG Rn. 6; Vygen in Korbion/Mantscheff/ Vygen, Art. 10 § 3 MRVG Rn. 9; Kniffka/Koeble, 12. Teil Rn. 50

5. Art der Leistung der Architekten/Ingenieure

5.1. Planung und Ausführung eines Bauwerkes

Nach einhelliger Meinung in Literatur und Rechtsprechung versteht man unter „Planung und Ausführung" die gesamten Architekten- und Ingenieurleistungen der Leistungsbilder der HOAI.[370] Unter das Koppelungsverbot fallen auch Teilleistungen aus den Leistungsbildern der HOAI z.B. Vorentwurf oder nur die Bauüberwachung.[371] Zu den „Planungs- und Ausführungsleistungen" gehören nicht nur solche aus Teil II der HOAI, sondern aus allen Teilen der HOAI, also auch z.B. aus Teil XIII die Bauvermessung.[372]

5.1.1. Herrschende Meinung

Nach herrschender Meinung in der Literatur sollen unter Art. 10 § 3 MRVG nicht die von den Leistungsbildern der HOAI nicht erfassten Arbeiten gehören, so z.B. die isolierten Besonderen Leistungen.[373] Zu diesen gehören nach überwiegender Auffassung[374] z.B. die Wirtschaftlichkeitsberechnung[375], Prüfverfahren, Gestellen von Wartungs- und Pflegeanweisungen.[376] Weiterhin fallen darunter auch Beauftragungen, die vor der Grundleistung verlangt und vergeben werden, wie z.B. Bestandsaufnahme vor der Beauftragung mit dem Umbau[377] oder die Bauvoranfrage vor Planungsauftrag,[378] Planungen in Bezug auf Abbrucharbeiten[379] und Erstellung eines Finanzierungsplans[380] sowie die Erstellung eines Aufteilungsplans zur Schaffung von Eigentumswohnungen in einem Altbau nach § 7 Absatz 4 WEG. Laut Locher/Koeble/Frik[381] und Kniffka/Koeble[382] gehören auch Bera-

---

370 Kniffka/Koeble, 12. Teil Rn. 52; Locher/Koeble/Frik, Art. 10 § 3 MRVG Rn. 8
371 BGH NJW 1982, 2189 ff., 2190; Locher/Koeble/Frik, Art. 10 § 3 MRVG Rn. 8; Vygen in Korbion/Mantscheff/Vygen, Art. 10 § 3 MRVG Rn. 24
372 Locher/Koeble/Frik, Art. 10 § 3 MRVG Rn. 9
373 Locher/Koeble/Frik, Art. 10 § 3 MRVG Rn. 8; Koeble/Kniffka, 12. Teil Rn. 52
374 Locher/Koeble/Frik, § 2 HOAI Rn. 17; OLG Hamm, BauR 1994, 797; OLG Hamm, BauR 1993, 761; Löffelmann/Fleischmann, Rn. 31; Pott/Dahlhoff/Kniffka, § 1 Rn. 3; Werner in Werner/Pastor, Rn. 898
375 Locher/Koeble/Frik, § 2 HOAI Rn. 17; Werner in Werner/Pastor, Rn. 898
376 Locher/Koeble/Frik, § 2 HOAI Rn. 17, § 2 Rn. 6
377 Locher/Koeble/Frik, § 2 HOAI Rn. 17
378 Locher/Koeble/Frik § 2 HOAI Rn. 17; Werner in Werner/Pastor, Rn. 898
379 Werner/Pastor, Rn. 898; Löffelmann/Fleischmann, Rn. 33
380 Werner in Werner/Pastor, Rn. 898
381 Locher/Koeble/Frik, Art. 10 § 3 MRVG Rn. 8
382 Kniffka/Koeble, 12. Teil Rn. 52

tungstätigkeit und Gutachtenerstellung nicht zu den von Art. 10 § 3 MRVG erfassten Planungs- und Ausführungsarbeiten.

5.1.2. Mindermeinung

Anders sehen dies Vygen[383] und Hesse.[384] Sie gehen davon aus, dass nicht anzunehmen sei, dass der Gesetzgeber den Leistungsumfang in Art. 10 § 3 MRVG anders habe beschreiben wollen als in den §§ 1, 2 des Art. 10 MRVG. Die dort aufgeführten Leistungen wie z.b. die Beratung des Bauherrn (Auftraggeber) seien daher ebenfalls zu den Tätigkeiten zu rechnen, auf die sich das Koppelungsverbot beziehe. Nur auf Arbeiten, die fast ausschließlich keine spezifischen Ingenieur- oder Architektenleistungen zum Gegenstand haben, wie z.B. die finanzielle Betreuung des Bauvorhabens, sei Art. 10 § 3 MRVG nicht anzuwenden.[385]

5.1.3. Stellungnahme

Der Auffassung von Vygen und Hesse kann nicht zugestimmt werden. Auffällig ist, dass in Art. 10 § 3 MRVG ausdrücklich nur die Rede davon ist, dass Leistungen bei „Planung und Ausführung" eines Bauwerks auf einem Grundstück von dem Koppelungsverbot erfasst sein sollen. In Art. 10 § 1 und Art. 10 § 2 MRVG wird dieselbe Formulierung für einen Teil der Tätigkeiten, für die eine Ermächtigung zum Erlass einer Honorarordnung erteilt wird, verwendet. Darüber hinaus gilt die Ermächtigung zum Erlass der Honorarordnung aber auch für Leistungen wie Beratung des Auftraggebers, Ausschreibung und Vergabe von Bauleistungen sowie der Vorbereitung, Planung und Durchführung von städtebaulichen und verkehrstechnischen Maßnahmen. Es liegt der Schluss nahe, dass der Gesetzgeber im Artikelgesetz mit denselben Formulierungen in unterschiedlichen Paragraphen jeweils auch dieselben Sachverhalte erfassen wollte. Konsequenterweise müsste man daher davon ausgehen, dass lediglich das, was in § 1 und § 2 unter „Planung und Ausführung von Bauwerken" zu verstehen ist, identisch ist mit dem, was in Art. 10 § 3 MRVG unter derselben Formulierung erfasst sein soll. Dies würde bedeuten, dass weder die Beratung des Auftraggebers, noch die Planung und Ausführung von technischen Anlagen, die Ausschreibung und Vergabe von Bauleistungen sowie bei Vorbereitung, Planung und Durchführung von städ-

---

383 Vygen in Korbion/Mantscheff/Vygen, Art. 10 § 3 MRVG Rn. 24
384 Hesse, BauR 1977, 73 ff., 77
385 Vygen in Korbion/Mantscheff/Vygen, Art. 10 § 3 MRVG Rn. 24; Hesse, BauR 1977, 73 ff., 77

tebaulichen und verkehrstechnischen Maßnahmen unter Art. 10 § 3 MRVG fallen würde. Insofern ist die Interpretation von Locher/Koeble/Frik und Kniffka schon recht weitgehend, wonach alle Leistungen, die von den Leistungsbildern der HOAI erfasst sind, als solche im Zusammenhang mit der Planung und Ausführung von Bauwerken verstanden werden. Setzt man die Begriffe in Art. 10 §§ 1 u. 2 und in Art. 10 § 3 MRVG gleich, dann gehen sämtliche Auslegungen über den reinen Wortlaut der Norm hinaus. Trotzdem ist die Auffassung von Locher/Koeble/Frik und Kniffka/Koeble zutreffend. Ausschreibung und Vergabe gehören zu den Leistungen, die für die Erstellung eines Bauwerks erforderlich sind. Sie fallen daher auch unter die Leistungsbilder der HOAI. Dann ist es aber auch richtig, sie auch unter Art. 10 § 3 MRVG zu fassen. Es besteht jedoch kein Bedürfnis Arbeiten, die nicht zu den Leistungsbildern der HOAI zählen unter Art. 10 § 3 MRVG zu fassen. Das Koppelungsverbot soll verhindern, dass freiberufliche Architekten/Ingenieure im typischen Kernbereich ihrer Tätigkeit, d.h. bei der Planung und Bauausführung im Wettbewerb beeinträchtigt werden. Weder Beratungsleistungen noch Gutachtertätigkeiten oder Wirtschaftlichkeitsberechnungen sowie andere isolierte Besondere Leistungen hindern den Bauherrn/Erwerber an der (späteren) Wahl des planenden und ausführenden Architekten/ Ingenieurs unter Qualitätsgesichtspunkten.

5.2. Bauwerke

„Bauwerk" i.S. des Art. 10 § 3 MRVG ist nicht im öffentlich-rechtlichen (baurechtlichen) Sinn sondern im bürgerlich-rechtlichen Sinne zu verstehen.[386] Im bürgerlichen Recht gibt es zwar keine gesetzliche Definition. Man versteht unter einem Bauwerk allgemein jedoch eine durch Verwendung von Arbeit und Material an der Erdoberfläche hergestellte Sache.[387]

Es fallen unter den Begriff „Bauwerk" nicht nur Hochbauten, sondern alle Objekte i.S. des § 3 HOAI.[388] So gehören zu Bauwerken auch Ingenieurbauwerke, Verkehrsanlagen, Tiefbauten, Brunnen, Gleisanlagen, Kanalisationen, Staudämme, Wehre und Deiche. Auch „Fertigbauteile" können Bauwerke i.S. der Vorschrift sein, wenn durch Ingenieure z.B. statische Berechnungen an den individuellen Verlegeplänen mitgeliefert werden.[389] Es genügt auch die Herstellung

---

386 Hesse, BauR 1977, 73 ff., 77
387 BGH, BauR 1971, 259 ff., 260; BauR 1972, 172 ff.
388 Kniffka/Koeble, 12. Teil Rn. 53; Locher/Koeble/Frik, Art. 10 § 3 MRVG Rn. 9; Vygen in Korbion/Mantscheff/Vygen, Art. 10 § 3 MRVG Rn. 23
389 Locher/Koeble/Frik Art. 10 § 3 MRVG Rn. 9, § 3 HOAI Rn. 3

einzelner Teile von Bauwerken wie z.B. Dächer etc.[390] oder Umbauarbeiten an vorhandenen Bauwerken. Auf die Zweckbestimmung kommt es nicht an. Das Verbot gilt nicht nur für Wohnbauten sondern auch für gewerbliche Bauwerke oder solche, die öffentlichen Zwecken bestimmt sind.[391]

Nicht unter Art. 10 § 3 MRVG fallen allerdings notwendige Erschließungsarbeiten für ein Baugebiet als Ganzes. Es handelt sich insoweit nicht um Planungs- und Ausführungsleistungen eines Architekten/Ingenieurs bezogen auf ein Bauwerk auf einem Grundstück. Der Abwälzung dieser Kosten auf den Käufer steht daher Art. 10 § 3 MRVG nicht entgegen.[392]

Art. 10 § 3 MRVG greift ferner nur dann ein, wenn es sich um die Errichtung eines Bauwerkes auf dem Grundstück handelt, welches veräußert wird.[393] Wird eine Vereinbarung über die Erbringung von Architekten- bzw. Ingenieurleistungen für ein Bauwerk, welches auf einem anderen als dem veräußerten Grundstück errichtet werden soll, geschlossen, dann ist eine solche Abrede grundsätzlich zulässig.[394] Allerdings gilt dies nur dann, wenn das Koppelungsverbot auf diese Art und Weise nicht umgangen werden soll. Unzulässig wäre es deshalb beispielsweise, wenn der Veräußerer mehrere Grundstücke an einen Erwerber veräußert und die Architektenbindung für das eine Grundstück jeweils in dem auf dem Erwerb des anderen Grundstücks gerichteten Vertrag enthalten ist.[395]

6. Koppelung zwischen Architekten-/Ingenieurvertrag und Grundstückserwerbsvertrag

6.1. Voraussetzung für das Vorliegen einer Koppelung

Nach Rechtsprechung und herrschender Meinung in der Literatur ist Art. 10 § 3 MRVG insoweit sehr weit auszulegen.[396] Ein Zusammenhang zwischen Erwerbsvertrag und Architektenvertrag wird dann bejaht, wenn der Grundstückserwerb

---

390 Locher/Koeble/Frik, Art. 10 § 3 MRVG Rn. 9, § 3 HOAI Rn. 3
391 Vygen in Korbion/Mantscheff/Vygen, Art. 10 § 3 MRVG Rn. 23; Hesse, BauR 1977, 73 ff., 77
392 BGH, BauR 1979, 169 ff., 170; Vygen in Korbion/Mantscheff/Vygen, Art. 10 § 3 MRVG Rn. 23
393 Vygen in Korbion/Mantscheff/Vygen, Art. 10 § 3 MRVG Rn. 23
394 Vygen in Korbion/Mantscheff/Vygen, Art. 10 § 3 MRVG Rn. 23
395 Vygen in Korbion/Mantscheff/Vygen, Art. 10 § 3 MRVG Rn. 23
396 BGH, BauR 1978, 495 ff.; BGH, BauR 1981, 295 ff.; BGH, BauR 1975, 288 ff.; BGH, BauR 1979, 530 ff.; Werner in Werner/Pastor Rn 671; Glaser 3. Auflage, 227 ff.; Koeble/Kniffka, 12.Teil Rn. 55, 56; Vygen in Korbion/Mantscheff/Vygen, Art. 10 § 3 MRVG Rn. 30; Jacobs/Ring/Wolf, § 3 Rn. 30

ohne Inanspruchnahme des Architekten/Ingenieurs rechtlich oder tatsächlich nicht möglich gewesen wäre.[397]

Zu der Frage, wann dies im Einzelfall anzunehmen ist, gibt es zwischenzeitlich eine Vielzahl von Entscheidungen und Stellungnahmen in der Literatur:

6.2. Von wem geht die Koppelung aus; wer hat das Grundstück „an der Hand"?

Koeble[398] stellte Anfang der 70'er Jahre noch die Frage, ob Vereinbarungen zwischen dem Erwerber und einem vom Veräußerer verschiedenen Architekt/Ingenieur auch von Art. 10 § 3 MRVG erfasst würden. Insoweit meldete er Zweifel an, ob die Vereinbarung im Zusammenhang mit dem Erwerb eines Grundstücks stehen würde, wenn die Verpflichtung nicht gegenüber dem Veräußerer abgegeben werde. Entscheidend sei – so Koeble –, ob als „Zusammenhang" eine lose wirtschaftliche Verknüpfung von Vereinbarung und Erwerb ausreiche oder eine enge Verbindung dergestalt verlangt werden müsse, dass die Verpflichtung gegenüber dem Veräußerer abgegeben wird. Aus Wortlaut und Sinnzusammenhang ließe sich nichts ableiten. Die amtliche Begründung spreche dagegen für letztere Auslegung. Eine Monopolstellung des Architekten/Ingenieurs könne nur dort auftreten, wo der Architekt/Ingenieur selbst Grundstückseigentümer sei oder er ein Grundstück „an der Hand" habe. Erforderlich sei demnach, dass der Veräußerer eine Bindungsvereinbarung verlange. Dabei sei allerdings nicht entscheidend, ob diese Vereinbarung mit dem Veräußerer zustande komme oder ob der Erwerber vor dem Grundstückserwerbsgeschäft gegenüber dem von dem Veräußerer vorgesehenen Architekten/Ingenieur eine Verbindlichkeit eingehe. Ausschlaggebend sei vielmehr, dass dann, wenn eine Vereinbarung mit dem vom Veräußerer verschiedenen Architekt/Ingenieur getroffen werde, der Veräußerer auf diese Vereinbarung hingewirkt und den Abschluss eines Veräußerungsvertrags von dieser Vereinbarung abhängig gemacht haben müsse.

Die Literatur und Rechtsprechung ist dem nicht gefolgt. Der Begriff „im Zusammenhang mit dem Erwerb" ist vielmehr wesentlich weiter ausgelegt worden. Nicht nur dann, wenn der Veräußerer den Verkauf des Grundstücks von dem Abschluss eines Architekten-/Ingenieurvertrags mit einem bestimmten Architekten/

---

397 Werner in Werner/Pastor, Rn. 671; BGH, BauR 1981, 295 ff.; BGH, BauR 1979, 530 ff.; BGH, BauR 1978, 495 ff; BGH, BauR 1975, 288 ff.; Koeble/Kniffka, 12. Teil Rn. 55, 56; Vygen in Korbion/Mantscheff/Vygen, Art. 10 § 3 MRVG Rn. 30; Glaser 3. Auflage, S. 229
398 Koeble, BauR 1973, 25 ff.

Ingenieur abhängig macht[399], sondern auch, wenn die Vermittlung des Grundstücks durch den Architekten unter der Bedingung erfolgt, dass der Erwerber einen Architektenvertrag mit ihm schließt, ist eine unzulässige Koppelung anzunehmen.[400]

Es ist somit unerheblich, wer der Partner der verbotenen Koppelungsvereinbarung ist, ob der Grundstückseigentümer oder der Architekt.[401] Ein Verstoß wird sogar dann angenommen, wenn kein Zusammenwirken zwischen Veräußerer und Architekt besteht.[402] So braucht der Grundstückseigentümer von der verlangten Koppelung noch nicht einmal Kenntnis zu haben.[403] Umgekehrt muss auch der Architekt nicht wissen, dass der Grundstückseigentümer eine Bindung an ihn verlangt.[404]

Unerheblich ist auch, von wem die Initiative zu der Koppelungsvereinbarung ausgeht.[405] Auch der Erwerber kann die Initiative zu einer unzulässigen Koppelung ergreifen[406], so z.B. wenn er sich gezielt an einen Architekten mit guten Kontakten und örtlichen Beziehungen wendet, um an ein Grundstück zu gelangen. In solchen Fällen muss allerdings genau geprüft werden, ob der Architekt seinerseits den Grundstücksverkauf oder die Grundstücksvermittlung von dem Abschluss eines Architektenvertrags abhängig macht. Nur wenn eine solche Verbindung besteht, liegt ein nach Art. 10 § 3 MRVG unzulässiges Koppelungsge-

---

399 Locher/Koeble/Frik, Art. 10 § 3 MRVG Rn. 11; Locher, Privates Baurecht Rn. 362; Kniffka/Koeble, 12. Teil Rn. 55; Custodis, DNotZ 1973, 526 ff., 532 ff.; Werner in Werner/Pastor, Rn. 671
400 Locher, Privates Baurecht Rn. 362; Werner in Werner/Pastor, Rn. 673; BGH, BauR 1998, 579 ff.
401 Werner in Werner/Pastor, Rn. 673; BGH, BauR 1998, 579 ff.; Vygen in Korbion/Mantscheff/Vygen, Art. 10 § 3 MRVG Rn. 25; Locher/Koeble/Frik, Art. 10 § 3 MRVG Rn. 11
402 Locher/Koeble/Frik, Art. 10 § 3 MRVG Rn. 11; Locher, Privates Baurecht Rn. 363; Werner in Werner/Pastor, Rn. 673; OLG Hamm, MDR 1974, 228 ff., 229; BGH, BauR 1975, 288 ff.; Glaser 3. Auflage, S. 228
403 Locher, Privates Baurecht Rn. 363; OLG Hamm, BauR 1974, 135 ff.; Groscurth in Neuenfeld/Baden/Dohna/Groscurth, Band 1 Teil II Rn. 40; Werner in Werner/Pastor, Rn. 674; BGH, BauR 1998, 579 ff.; Vygen in Korbion/Mantscheff/ Vygen, Art. 10 § 3 MRVG Rn. 25; BGH, BauR 1975, 288 ff.; OLG Hamm, MDR 1974, 228 ff., 229
404 Groscurth in Neuenfeld/Baden/Dohna/Groscurth, Band 1 Teil II Rn. 40; Werner in Werner/Pastor, Rn. 674; Jagenburg in Bindhardt/Jagenburg, § 2 Rn. 129; Vygen in Korbion/Mantscheff/Vygen, Art. 10 § 3 MRVG Rn. 25
405 Locher/Koeble/Frik, Art. 10 § 3 MRVG Rn. 11; Locher, Privates Baurecht Rn. 363; OLG Hamm, MDR 1974, 228 ff., 229; Werner in Werner/Pastor, Rn. 673
406 Jagenburg in Bindhardt/Jagenburg § 2 Rn. 130; Werner in Werner/Pastor, Rn. 673; BGH, BauR 1975, 280 ff.; OLG Hamm, MDR 1974, 228 ff., 229

schäft vor.[407] Die Entscheidung des Oberlandesgerichts Hamm[408], wonach in derartigen Fällen ein Koppelungsverbot nur ausscheidet, wenn der Erwerber arglistig in Kenntnis der Rechtslage seine Zusage gegeben hat, ist zu weit reichend. Entscheidend ist, ob in irgendeiner Weise von dem Architekten eine Konnexität zwischen Grundstücksvermittlung und Architektenvertrag geschaffen wird.

Umstritten ist die Frage, ob ein Fall der unzulässigen Koppelung vorliegt, wenn es dem Bauherrn bei Erwerb des Grundstücks gerade darauf ankommt, die bereits vorhandene Planung des Architekten mit zu erwerben. Das Kammergericht[409] hat in diesem Fall angenommen, dass es dann an einer unzulässigen Architektenbindung fehlt.[410] Die Gegenmeinung betont, dass es auf den Willen der Parteien nicht ankommt, folglich auch in diesen Fällen ein Verstoß gegen Art. 10 § 3 MRVG gegeben sein kann.[411]

Der letzteren Meinung ist zu folgen. Es kommt nicht darauf an, ob der Erwerber alleine aufgrund der Planung an dem Grundstück interessiert war. Dies beseitigt die Ursächlichkeit der im Zusammenhang mit dem Erwerb eingegangenen Architektenbindung für den erteilten Auftrag nicht. Art. 10 § 3 MRVG greift auch dort ein, wo ein Architekt ein ihm an die Hand gegebenes Grundstück erst durch seine Planung interessant macht.[412] Entscheidend für das Fehlen einer Koppelung ist, ob objektiv erkennbar zum Ausdruck gebracht wurde, dass der Erwerb des Grundstücks nicht von der Beauftragung des Architekten abhängt.[413] Es muss daher darauf abgestellt werden, ob das Grundstück auch ohne die Planung verkauft worden wäre. Ist dies der Fall, verstößt die freiwillige Beauftragung des Architekten nicht gegen das Koppelungsverbot[414], ansonsten liegt ein Fall des Art. 10 § 3 MRVG vor, unabhängig davon, ob der Erwerber ein besonderes Interesse an der Planung hatte oder nicht.

Eine unwirksame Koppelung ist nach Auffassung des Oberlandesgerichts Düsseldorf[415] sogar dann anzunehmen, wenn auf der Erwerberseite Käufer und Bauherr nicht personenidentisch sind. Nicht entscheidend ist auch, ob der Architekt das Grundstück selbst an der Hand hat oder beispielsweise seine Ehefrau Ei-

---

407 Werner in Werner/Pastor, Rn. 673; BGH, BauR 1998, 579 ff.; Jagenburg in Bindhardt/Jagenburg, § 2 Rn. 130
408 OLG Hamm, MDR 1974, 228 ff., 229
409 KG, BauR 1986, 598 ff.
410 so auch Groscurth in Neuenfeld/Baden/Dohna/Groscurth, Band 1 Teil II Rn. 41
411 Pott/Dahlhoff/Kniffka 7. Auflage, § 4 Rn. 61; OLG Köln, Urteil vom 30.10.1981 – 20 U 60/81 –; BGH, DB 1979, 935 ff. 936
412 BGH, DB 1979, 935 ff., 936
413 Pott/Dahlhoff/Kniffka 7. Auflage, § 4 Rn. 61
414 Siehe Pott/Dahlhoff/Kniffka 7. Auflage, § 4 Rn. 61
415 OLG Düsseldorf, BauR 1985, 700 ff.

gentümerin des Grundstücks ist.[416] Umgekehrt spielt es auch keine Rolle, ob bei Veräußerung des Grundstücks die Planungsunterlagen nicht vom Architekten selbst erworben werden, sondern von dessen Ehefrau, an welche die Rechte an der Planung abgetreten worden waren.[417] Unerheblich ist ferner, ob der Architekt erst nach Einholen von Erkundigungen einen Makler benennen konnte, über den dann der Erwerber das Grundstück erhalten konnte.[418] Unwirksam ist sogar eine vom Makler verlangte Koppelung, wenn dieser den Grundstückserwerb davon abhängig macht, dass mit einem bestimmten Architekten/Ingenieur ein Vertrag geschlossen wird und der Grundstückserwerb nur durch die Vermittlung des Maklers möglich ist.[419]

Entscheidend für die Annahme des Koppelungsverbots ist demnach, dass dem Erwerber das Grundstück nicht ohne eine Verpflichtung zur Beauftragung des Architekten vermittelt worden wäre, wobei es unerheblich ist, ob Partner der Bindungsvereinbarung statt des Veräußerers der Architekt/Ingenieur selbst, ein Baubetreuer, ein Makler oder eine andere Person ist, wenn nur ein Zusammenhang zwischen dem Erwerb des Grundstücks und der Bindungsvereinbarung besteht.[420]

6.3. Art der Architektenbindungsvereinbarung

Die zu missbilligende Verpflichtung muss nicht notwendigerweise im Grundstückserwerbsvertrag oder im Architektenvertrag enthalten sein. Auch eine gesonderte Vereinbarung ist möglich. Es ist auch nicht erforderlich, dass sie schriftlich oder ausdrücklich mündlich erfolgt, sie kann sich vielmehr auch aus den Umständen ergeben.[421]

---

416 Locher/Koeble/Frik, Art. 10 § 3 MRVG Rn. 11; Groscurth in Neuenfeld/Baden/Dohna/Groscurth, Band 1 Teil II Rn. 40; BGH, BauR 1978, 147 ff.
417 OLG Frankfurt, IBR 2002, 317
418 Locher, Privates Baurecht Rn. 363
419 Locher/Koeble/Frik, Art. 10 § 3 MRVG Rn. 11; BGH, BauR 1998, 579 ff.; Koeble, NJW RR 1998, 952 ff.; Werner in Werner/Pastor, Rn. 671
420 Vygen in Korbion/Mantscheff/Vygen, Art. 10 § 3 MRVG Rn. 25; OLG Düsseldorf, BauR 1975, 138 ff., 139; OLG Düsseldorf, BauR 1976, 64 ff.; BauR 1980, 480 ff.; OLG Düsseldorf Schäfer/Finnern/Hochstein/Korbion, Art. 10 § 3 MRVG Nr. 6; OLG Hamm, BauR 1974, 135 ff.; BauR 1975, 288 ff.; LG Bonn, NJW 1973, 1843 ff.; BGH, Schäfer/Finnern/Hochstein/Korbion, Art. 10 § 3 MRVG Nr. 9
421 Werner in Werner/Pastor, Rn. 671 ff.; BGH, BauR 1981, 295 ff.; BauR 1978, 495 ff.; Vygen in Korbion/Mantscheff/Vygen, Art. 10 § 3 MRVG Rn. 30; Locher/Koeble/Frik, Art. 10 § 3 MRVG Rn. 11

6.3.1. Weite Auslegung

Es reicht nach herrschender Meinung aus, dass aus objektiv berechtigter Sicht des Erwerbers der Architekt/Ingenieur das Grundstück „an der Hand" hat[422] oder, wenn der Veräußerer auf die Vereinbarung mit dem Architekten/Ingenieur hinwirkt, dass aus objektiv berechtigter Sicht des Erwerbers der Abschluss des Veräußerungsvertrags von der Vereinbarung mit dem Architekten/Ingenieur abhängig gemacht wird.[423] Durch Auslegung ist zu ermitteln, ob bei dem Erwerber berechtigterweise ein psychologischer Zwang zum Abschluss eines Architekten- oder Ingenieurvertrags besteht.[424] Dabei sind alle Umstände der Vertragsanbahnung und Abwicklung zu betrachten.[425] Ergibt sich im Einzelfall aus den Gesamtumständen, dass der Erwerber berechtigterweise davon ausgehen musste, das Grundstück ohne den Abschluss des Architekten-/Ingenieurvertrags nicht zu erhalten, dann liegt ein Verstoß gegen Art. 10 § 3 MRVG vor. Eine unzulässige Koppelung wird deshalb auch dann angenommen, wenn der Erwerb eines Grundstücks an Auflagen geknüpft wird, die den Erwerber indirekt zum Abschluss eines Vertrages mit einem bestimmten Architekten zwingen.[426] So sind die Voraussetzungen des Art. 10 § 3 MRVG beispielsweise dann gegeben, wenn der Architekt ein Grundstück unter der Auflage verkauft, entweder innerhalb von drei Jahren ein Bauwerk zu errichten oder das Grundstück an den Architekten zurückzuveräußern. Diese mit Verlust des Grundstücks bedrohte Bauverpflichtung habe – so urteilte der Bundesgerichtshof[427] – die Erwerber in eine Abhängigkeit von dem Architekten gebracht, die auch ohne rechtlich abgesicherte Bindung zu einer späteren Erteilung des Auftrags an ihn habe zwingen sollen. Nach dem Wortlaut des Vertrags habe es den Erwerbern zwar freigestanden, jeden beliebigen Architekten zu beauftragen. Aufgrund der gesamten Umstände sei jedoch davon auszugehen, dass der Architekt die Wahl eines anderen Architekten für sehr unwahrscheinlich gehalten habe und die Erwerber unter dem Druck der Verhältnisse den Veräußerer/Architekten hätte beauftragen müssen.

---

422 Locher/Koeble/Frik, Art. 10 § 3 MRVG Rn. 11; Werner in Werner/Pastor, Rn. 670
423 Werner in Werner/Pastor, Rn. 672; Koeble, BauR 1973, 26 ff.; BGH, BauR 1981, 295 ff., 297
424 Locher/Koeble/Frik, Art. 10 § 3 MRVG Rn. 11; Locher, Privates Baurecht Rn. 363; BGH, BauR 1978, 495 ff.; BauR 1981, 295 ff., 296; ibr-online: OLG Düsseldorf Urteil vom 21.08.2007 – 21 U 239/06 –
425 Locher/Koeble/Frik, Art. 10 § 3 MRVG Rn. 11; Locher, Privates Baurecht Rn. 363; BGH BauR 1978, 495 ff.; BauR 1981, 295 ff., 296; ibr-online: OLG Düsseldorf Urteil vom 21.08.2007 – 21 U 239/06 –
426 Locher/Koeble/Frik, Art. 10 § 3 MRVG Rn. 11; BGH, BauR 1982, 183 ff.; Werner in Werner/Pastor, Rn. 687
427 BGH, BauR 1982, 183 ff., 184

6.3.2. Enge Auslegung

Diese weitgehende Auslegung des Koppelungsverbots findet jedoch nicht allgemeine Zustimmung. So strebt Pauly[428] eine restriktivere Auslegung des Art. 10 § 3 MRVG an, indem er eine weitgehende Einschränkung des Koppelungsverbots dadurch erreichen will, dass er einen rechtsgeschäftlichen Zusammenhang zwischen Grundstückserwerb und Architektenvertrag verlangt. Der Bindungswille müsse sich dabei aber nicht unbedingt aus dem notariellen Kaufvertrag selbst ergeben, vielmehr könnten auch sämtliche Vertragsbegleitenden Umstände mit herangezogen werden. Wenn also bereits im Vorfeld der notariellen Beurkundung eine Einigung über die Architektenbeauftragung erzielt und mit dem Erwerb eines Grundstücks im Sinne einer Auflage verknüpft worden sei, falle ein solcher Vorgang bei unverändertem Bindungswillen auch dann unter das Koppelungsverbot, wenn bei der nachfolgenden notariellen Beurkundung jeglicher Hinweis hierauf fehle. Entgegen der bisherigen Handhabung genüge aber ein bloßer tatsächlicher Zwang zur Auslösung des Koppelungsverbots grundsätzlich nicht. Unschädlich sei regelmäßig auch, wenn erst nach Kaufvertragsabschluss der Abschluss des Architektenvertrags erfolge, weil dann der notwendige psychische Druck fehle. Etwas anderes ergebe sich höchstens dann, wenn zwischen beiden Rechtsgeschäften lediglich ein völlig unerheblicher Zeitraum, d.h. maximal zwei bis drei Wochen liege.[429]

Auch Wolfsteiner[430] ist der Auffassung, dass es nicht genüge, wenn sich der Käufer umständehalber moralisch an einen Architekten gebunden fühle. Bei systemgerechter Auslegung könne das Gesetz nur eingreifen, wenn der Zusammenhang ein rechtlicher sei, wenn also nach dem Willen der Beteiligten ein Grundstücksverkäufer verpflichtet sein soll, einen bestimmten Architekten zu beauftragen, wobei es sich dann um eine beurkundungspflichtige Architektenvereinbarung handele.[431]

6.3.3. Stellungnahme

Die Auffassung von Wolfsteiner und Pauly, wonach ein rechtsgeschäftlicher Zusammenhang zwischen Grundstückserwerb und Architekten-/Ingenieurvertrag erforderlich ist, kann nicht zugestimmt werden. Wollte man den Autoren folgen, dann wäre einer Umgehung des Art. 10 § 3 MRVG Tür und Tor geöffnet.[432] Ge-

---

428 Pauly, BauR 2006, 774 ff.
429 Pauly, BauR 2006, 774 ff.
430 Wolfsteiner, MitBayNot 1978, 55 ff., 56
431 Wolfsteiner, MitBayNot 1978, 55 ff., 56
432 Vygen in Korbion/Mantscheff/Vygen, Art. 10 § 3 MRVG Rn 30

rade deshalb wurde in Literatur und Rechtsprechung ganz überwiegend die Ausübung eines psychologischen Zwangs als ausreichend angesehen. Eine unzulässige Drucksituation entsteht nicht nur über eine rechtliche Bindung. Demnach ist die herrschende Meinung zutreffend.

6.4. Abstandssumme

Besondere Probleme ergeben sich bei der Beurteilung der Frage, wann eine unzulässige Koppelung vorliegt, wenn Abstandssummen an den Architekten gezahlt werden, vorhandene Planungen übernommen bzw. vorhandene Architektenverträge abgegolten werden müssen. Die Rechtsprechung ist insoweit nicht frei von Widersprüchen.

6.4.1. Herrschende Rechtsprechung

Die Rechtsprechung geht davon aus, dass nicht nur Vereinbarungen im Zusammenhang mit dem Grundstückserwerb unwirksam sind, in denen der Erwerber einen bestimmten Architekten oder Ingenieur unmittelbar beauftragen muss, sondern auch solche, in denen der Grundstückserwerber einen im Zeitpunkt des Kaufvertrags bereits geschlossenen Architektenvertrag übernehmen oder nach bereits erstellten Plänen bauen soll.[433]

Kein Verstoß gegen das Koppelungsverbot stellt dagegen nach einer Entscheidung des Bundesgerichtshofs[434] die Belastung des Erwerbers mit bisher entstandenen Erschließungskosten dar. Er begründet dies damit, dass sich Art. 10 § 3 MRVG nicht gegen die Abwälzung solcher Kosten auf den Erwerber wende, die im Zeitpunkt der Veräußerung des Grundstücks durch dessen Erschließung bereits unvermeidlich entstanden waren und dadurch die Preiskalkulation beeinflusst haben.[435]

Zulässig soll ferner auch die Vereinbarung einer Abstandszahlung an den Architekten des Veräußerers sein.[436] Der Bundesgerichtshof begründet dies damit, dass nur eine Verpflichtung, die den Architekten zur Mitwirkung an dem vom Erwerber zu errichtenden Bauwerk berechtige, unter Art. 10 § 3 MRVG falle. Eine solche Verpflichtung sei in dem zu entscheidenden Fall jedoch nicht gegeben. Der Käufer eines Grundstücks könne sich im Zusammenhang mit dem Er-

---

433 BGH, BauR 1993, 104ff.; BGH, BauR 1978, 147 ff.; BGH, BauR 1978 232 ff.
434 BGH, BauR 1979, 169 ff., 170
435 BGH, BauR 1979, 169 ff., 170
436 BGH, BauR 1978, 230 ff.

werb vielmehr verpflichten, durch Zahlung einer Abstandssumme den Verkäufer von solchen Ansprüchen freizustellen, die dem Architekten aufgrund eines mit dem Verkäufer wirksam geschlossenen Architektenvertrags infolge der Veräußerung zustehen. Das Gericht geht zwar davon aus, dass Art. 10 § 3 MRVG auch auf Fälle anwendbar ist, in denen sich der Erwerber von der eigenen Bindung an einen Architekten nur mit Hilfe einer Abstandszahlung lösen kann. Es mache nämlich keinen Unterschied, ob der Verkäufer im Zusammenhang mit dem Erwerb zunächst einen Architektenvertrag schließen muss und er sich erst dann von dem Architekten unter Übernahme der diesem nach § 649 BGB oder gemäß besonderer Vereinbarung zustehenden Vergütung trennen kann oder, ob er den Architekten von vornherein dafür entschädigen muss, dass dieser auf einen Vertrag mit dem Erwerber verzichtet. Nach dem Zweck des Art. 10 § 3 MRVG sei deshalb eine derartige Abfindungsvereinbarung regelmäßig ebenso unwirksam wie der im Zusammenhang mit dem Erwerb des Grundstückes geschlossene Architektenvertrag. Anders sei dies aber zu beurteilen, wenn der Architekt bereits von dem Verkäufer beauftragt worden war, für diesen bei der Planung und Ausführung eines Bauwerks auf dem Grundstück mitzuwirken. Mit einem solchen Auftrag habe der Architekt das Grundstück nicht an die Hand bekommen, da er zukünftige Interessenten nicht an sich binden sollte. Aufgrund des Vertrags sei der Architekt berechtigt worden, für seinen Auftraggeber Architektenleistungen zu erbringen bzw. von diesem eine Vergütung zu verlangen. Von wem der Architekt die Vergütung erhält, sei dagegen ohne Bedeutung. Art. 10 § 3 MRVG verbiete es nur, den Erwerber des Grundstücks an einen bestimmten Ingenieur oder Architekten zu binden, nicht aber den Käufer zu verpflichten, einen bereits gegenüber dem Verkäufer entstandenen Anspruch des Architekten durch Zahlung abzulösen. Der Wettbewerb werde hierdurch nicht verzerrt. Es bleibe letztlich gleich, ob der Veräußerer den Vergütungsanspruch als Rechnungsposition in den Kaufpreis einfließen lasse oder aber sich mit dem Erwerber dahingehend einige, dass dieser den Architekten unmittelbar bezahle. In jedem Falle handele es sich dabei um eine Frage der Preisgestaltung. Unwirksam sei lediglich eine Vereinbarung, die den Verzicht des Architekten auf eine Bindung künftiger Erwerber an ihn entschädigen soll.[437]

Anders sieht dies der Bundesgerichtshof aber in der Entscheidung von 1982.[438] In dem Urteil geht er zwar davon aus, dass es möglich sei, den Käufer eines Grundstücks im Zusammenhang mit dem Erwerb zu verpflichten, den Verkäufer durch Zahlung einer Abstandsumme von solchen Ansprüchen freizustellen, die der Architekt aufgrund eines mit dem Verkäufer wirksam geschlossenen

---

437 BGH, BauR 1978, 230 ff., 231
438 BGH, BauR 1983, 93 ff.

Vertrags habe. Dabei handele es sich allerdings um einen Ausnahmefall, der nur gelte, wenn der Wettbewerb zwischen den Architekten damit nicht beeinflusst werden könne. 1978 sei nur darüber zu entscheiden gewesen, ob und ggf. auf welche Weise der an einer Manipulation des Wettbewerbs nicht beteiligte Verkäufer die Verpflichtungen auf den Käufer abwälzen konnte, die ihm aus einem schon vor dem Verkauf erteilten und dann gekündigten Architektenvertrag erwuchsen. Der Umstand alleine, dass einem Eigentümer vor Verkauf eines Grundstücks Architektenkosten entstanden sind, rechtfertige jedoch noch nicht eine entsprechende Mehrbelastung des Käufers. Anderenfalls müsse der Architekt, der das Koppelungsverbot umgehen wolle, bei einem Grundstück, das ihm selbst oder seiner Ehefrau gehört, nur auf eine bereits vorliegende Planung und die dadurch verursachten Kosten verweisen, um Art. 10 § 3 MRVG zu umgehen. Der Bundesgerichtshof ging in dem 1982 zu entscheidenden Fall davon aus, dass der Wettbewerb sachwidrig beeinflusst worden sei, weil es sich bei dem Grundstücksverkäufer und dem Architekten zwar um verschiedene Rechtspersonen gehandelt habe, diese faktisch aber weitgehend identisch gewesen seien.[439]

Dem ist die Rechtsprechung gefolgt, d.h. unwirksam ist eine Vereinbarung, wenn ein Verzicht des Architekten auf eine Bindung an ihn durch den Erwerber zu entschädigen ist[440] bzw. eine Abstandszahlung dafür geleistet werden muss, dass der Auftragnehmer keine Leistungen erbringen soll.[441] Auch dann, wenn der Architekt Planungsleistungen für den Veräußerer erbracht hat und der Erwerber einen Verzicht auf die Beauftragung des Architekten hätte erwirken müssen, soll eine unzulässige Koppelung vorliegen.[442] Sie wird auch angenommen, wenn der Architekt eine Abstandssumme zur Ablösung eines Mitwirkungsanspruchs bei der Planung und der Ausführung erhält, selbst wenn damit bereits entstandene Architektengebühren abgegolten werden.[443] Ein Verstoß gegen Art. 10 § 3 MRVG soll sogar dann vorliegen, wenn – wie in einem Fall des Oberlandesgerichts Koblenz[444] – die Erbringung der Architektenleistung erfolgte, um eine Baureifmachung des Grundstücks zu erzielen und diese Voraussetzung für den Abschluss des Mietvertrags war, der dem Erwerber mit übertragen wurde. Mit

---

439 BGH, BauR 1983, 93 ff., 94
440 ibr-online : OLG Koblenz 23.03.2001 – 8 U 1165/00 – S. 4;
441 OLG Köln, IBR 1994, 19; OLG Köln, Schäfer/Finnern/Hochstein/Korbion Art. 10 § 3 MRVG Nr. 22;
442 OLG Köln, BauR 1976, 290 ff.;
443 ibr-online : OLG Koblenz 23.03.2001 – 8 U 1165/00 – S. 4; BGH, NJW 1983, 227 ff.
444 ibr-online : OLG Koblenz 23.03.2001 – 8 U 1165/00 – S. 4

der Überwälzung der Planungskosten auf den Erwerber sei – so das Oberlandesgericht – eine sachwidrige Beeinflussung i.S. des Art. 10 § 3 MRVG gegeben.[445] Der Bundesgerichtshof hält es ferner für unzulässig, wenn ein Veräußerer auf die Übernahme einer evtl. entstandenen Honorarverpflichtung gegenüber dem von ihm zugezogenen Architekten/Ingenieur hinwirkt.[446] Dadurch könne eine mittelbare Pflicht zur Übernahme eines Architekten-/Ingenieurvertrages entstehen und der Erwerber/Bauherr nicht wirklich frei sein.[447] Ein Vertrag, in dem der Veräußerer des Grundstücks dem Architekten verspricht, darauf hinzuwirken, dass der Erwerber ihm die im Rahmen der Bebauung zu vergebenen Architektenleistungen in Auftrag geben wird, ist dagegen nicht ohne weiteres unwirksam.[448] Entscheidend ist nach Auffassung des Bundesgerichtshofs, ob die Vereinbarung zwischen Veräußerer und Architekten vorsieht, dass der Veräußerer auf den Erwerber einen wettbewerbsbeeinträchtigenden Druck ausüben soll.[449]

Das Oberlandesgericht Hamm[450] nimmt eine unzulässige Architektenbindung selbst dann an, wenn der Architekt den Verkauf eines ihm gehörenden Grundstücks von der Bezahlung der Planungskosten als unselbständigen Bestandteil des Kaufpreises abhängig macht. Anders urteilt dagegen das Oberlandesgericht Frankfurt[451] in einem ähnlichen Fall. Danach soll eine Vereinbarung im Grundstückskaufvertrag, in der sich der Erwerber verpflichtet, vom Verkäufer aufgewandte grundstücksbezogene Architektenkosten zu erstatten, nicht unwirksam sein, wenn der Erwerber zur Inanspruchnahme der Architektenleistung rechtlich nicht verpflichtet wird. Auch das Kammergericht[452] sieht einen Verstoß gegen das Koppelungsverbot als nicht gegeben an, wenn der Veräußerer des Grundstücks den Architekten bereits rechtsverbindlich beauftragt hat und das Architektenhonorar lediglich einen Kalkulationsposten für den Kaufpreis darstellt, ohne dass der Erwerber das Grundstück von der Übernahme der Planung abhängig macht.

---

445 ibr-online : OLG Koblenz 23.03.2001 – 8 U 1165/00 – S. 4
446 BGH, BauR 2000, 1213 ff.
447 BGH, BauR 2000, 1213 ff.
448 So BGH, BauR 2000, 1213 ff.
449 BGH, BauR 2000, 1213 ff., 1216
450 OLG Hamm, BauR 1993, 641 ff.
451 OLG Frankfurt, VersR 1997, 455
452 KG, IBR 2004, 22, ibr-online: KG 09.12.2002 – 24 U 1059/00 –

6.4.2. Meinung in der Literatur

In der Literatur[453] folgt man weitgehend der Rechtsprechung des Bundesgerichtshofs, ohne sich mit dieser auseinander zu setzen. Nur wenige Autoren beschäftigen sich eingehender mit der Frage, wann eine Abstandszahlung unzulässig ist.

Laut Vygen[454] liegt eine unzulässige Bindung dann nicht vor, wenn der (spätere) Veräußerer sich gegenüber dem Architekten/Ingenieur mittels eines „ernst gemeinten" Vertrages gebunden hatte, weil er das Grundstück durch den Architekten/Ingenieur bebauen lassen wollte. Es soll dann unschädlich sein, wenn sich der Grundstückseigentümer später dazu entschließt, das Grundstück mit der Verpflichtung, dass der Erwerber ihn von seiner Bindung gegenüber dem Architekten befreit, zu veräußern. Gleichzeitig will Vygen jedoch auch eine unzulässige Umgehung des Art. 10 § 3 MRVG vermeiden. Das Vorliegen eines Umgehungstatbestands nimmt er z. B. dann an, wenn die Veräußerung von Anfang an beabsichtigt gewesen ist. In allen Fällen, in denen der Erwerber gezwungen werde, Verpflichtungen einzugehen, eine bereits erbrachte Planungsleistung entgeltlich in Anspruch zu nehmen oder Ansprüche des Planers gegen den Veräußerer abzulösen, bestehe Anlass zu der Besorgnis, dass die Beauftragung des Architekten von vornherein nicht ernst gemeint gewesen sei.[455]

Jagenburg[456] übt im Gegensatz zur herrschenden Meinung in der Literatur erhebliche Kritik an der Rechtsprechung. Generell sei eine Beeinträchtigung des Wettbewerbs nicht gegeben, wenn der betreffende Architekt bereits vom Verkäufer beauftragt war. Könne der Verkäufer diesen Vertrag deshalb nicht erfüllen, weil er das Grundstück verkaufe, stehe das einer Kündigung des Architektenvertrags gleich. Der Architekt könne dann nach § 649 BGB oder ggf. aus positiver Vertragsverletzung Schadensersatz wegen Nichterfüllung, d.h. das volle Honorar abzüglich ersparter Aufwendungen für noch nicht erbrachte Leistungen verlangen. Es mache unter dem Gesichtspunkt der Wettbewerbsbeeinträchtigung daher keinen Unterschied, ob der Erwerber den Verkäufer freikaufe und von den Ansprüchen des Architekten freistelle (der Architekt also sein Geld bekomme, ohne etwas dafür zu tun – was der Bundesgerichtshof in der Entscheidung vom 26.01.1978 für zulässig hielt) oder ob er für dieses Geld auch die entsprechende

---

453 Siehe Locher/Koeble/Frik, Art. 10 § 3 MRVG Rn. 11 ff.; Pott/Dahlhoff/Kniffka ,7. Auflage, § 4 Rn. 61; Locher, Privates Baurecht 363; Werner in Werner/Pastor, Rn. 678, 689; Motzke/Wolff, Kapitel 6, S. 23; Löffelmann/Fleischmann, Rn. 732; Groscurth in Neuenfeld/Baden/Dohna/Groscurth, Band 1 Teil II Rn. 41
454 Vygen in Korbion/Mantscheff/Vygen, Art. 10 § 3 MRVG Rn. 28 ff.
455 Vygen in Korbion/Mantscheff/Vygen, Art. 10 § 3 MRVG Rn. 28 ff.
456 Jagenburg in Bindhardt/Jagenburg, § 2 Rn. 147

Gegenleistung erbringen muss. In der Übernahme eines bestehenden Architektenvertrags durch den Erwerber könne deshalb eine sachwidrige Beeinflussung des Wettbewerbs nicht liegen. Eine Wettbewerbsverfälschung, die Auswirkungen auf die Kostenlage im Bau- und Wohnungsmarkt habe, liege im Gegenteil eher vor, wenn bestehende Architektenverträge durch Abstandszahlungen finanziell abgelöst werden müssten, ohne dass die entsprechenden Architektenleistungen erbracht worden seien. Sinn und Zweck des Gesetzes werde hierdurch nämlich in das Gegenteil verkehrt. Der Erwerber, den das Gesetz schützen wolle, werde dadurch gerade bestraft. Er müsse die Abstandszahlung oder einen höheren Kaufpreis aufbringen, ohne eine Gegenleistung dafür zu erhalten. Gleichzeitig müsse er aber die Architektenleistung eines anderen Architekten noch zusätzlich bezahlen.[457] Auch Locher gibt zu bedenken, dass es keinen Unterschied machen könne, ob der Erwerber sich freikaufe oder einen bestehenden Vertrag übernehmen muss.[458]

Vollmer[459] weist auf die widersprüchlichen Entscheidungen des Bundesgerichtshofs und der Oberlandesgerichte hin und bietet einen eigenen Lösungsansatz. Der Autor geht davon aus, dass der Verkauf von Grundstücken nebst Planung oder sogar erteilter Baugenehmigung nicht verboten sei. Ein Verstoß gegen das Koppelungsverbot liege insoweit nicht vor. Art. 10 § 3 MRVG untersage lediglich eine Bindung für die Zukunft, nicht den Verkauf von bereits Bestehendem. Der Käufer könne dann, wenn Bestehendes neben dem Grundstück Vertragsgegenstand werde, die Qualität der Leistung überprüfen, seine Entscheidungsfreiheit für die Zukunft werde dadurch nicht berührt. Daher hält Vollmer den Verkauf der vorhandenen Planung mit dem Grundstück zusammen für zulässig.[460]

6.4.3. Stellungnahme

Richtig ist, dass die Gefahr der Umgehung des Koppelungsverbots dann besteht, wenn ein Architekt Eigentümer des Grundstücks ist oder aber sich das Grundstück im Eigentum von Verwandten oder Bekannten befindet und der Architekt für das Grundstück Planungsleistungen erbringt, die er mitveräußern will. Dennoch ist es schwierig, danach abzugrenzen, ob der Grundstückseigentümer die Beauftragung des Architekten zunächst zu eigenen Bauzwecken vorgenommen hat oder nicht. Grundsätzlich kann es keinem verwehrt sein, sein Grundstück be-

---

457 Jagenburg in Bindhardt/Jagenburg, § 2 Rn. 147
458 Locher, Privates Baurecht Rn. 363
459 Vollmer, ZfBR 1999, 249 ff., 252 ff.
460 Vollmer, ZfBR 1999, 249 ff., 254

planen zu lassen und dann mit den Plänen zu veräußern. Wenn der Veräußerer für die Lösung von dem Architektenvertrag eine Abstandszahlung an den Architekten verlangt, die er auch zum Inhalt der Preiskalkulation des Grundstückskaufpreises machen kann, dann ist dies zulässig, wie der Bundesgerichtshof 1978[461] zutreffend festgestellt hat. Es besteht ein berechtigtes Interesse des Grundstückseigentümers daran, die bisher erbrachten Leistungen und Aufwendungen erstattet zu erhalten, wenn er das Grundstück verkauft. Ziel des Art. 10 § 3 MRVG ist es lediglich, eine Wettbewerbsverzerrung unter Architekten dadurch zu vermeiden, dass für die Zukunft eine Bindung an einen bestimmten Architekten erfolgt. Aufwendungen, die bereits entstanden sind und deren Grundlagen bereits gelegt wurden, müssen dagegen abwälzbar sein.

Wird allerdings mit der Vereinbarung einer Abstandssumme gleichzeitig ein rechtlicher oder tatsächlicher Druck dahingehend ausgeübt, für die Zukunft einen bestimmten Architekten mit der Planung und Ausführung des Bauwerks zu beauftragen oder aber das Bauvorhaben nach vorhandenen Plänen mit dem Architekten zu errichten, dann liegt ein Zwang vor, der eine weitere Beauftragung des Architekten (ob in Form einer Übernahme des bestehenden Vertrages oder neu begründeter vertraglicher Verpflichtungen des Erwerbers) wegen Verstoßes gegen Art. 10 § 3 MRVG unzulässig macht.

6.5. Zeitliches Element

Der Grundstückserwerbs- und der Architektenvertrag müssen nicht gleichzeitig abgeschlossen werden.[462] Es kommt auch nicht darauf an, ob zuerst die Architektenvereinbarung oder aber der Grundstücksvertrag geschlossen wird.

6.6. Beweislast und Beweisregeln

Beweispflichtig für das Vorliegen des Koppelungsverbots ist zunächst derjenige, der sich darauf beruft.[463] Es gelten die allgemeinen Beweisregeln, u.a. die Regeln

---

461 BGH, BauR 1978, 230 ff.)
462 Locher/Koeble/Frik, Art. 10 § 3 MRVG Rn. 11; BGH, BauR 1975, 139 ff.; Locher, Privates Baurecht Rn. 363; Werner in Werner/Pastor, Rn. 672; OLG Düsseldorf, BauR 1975, 138 ff., 139; Vygen in Korbion/Mantscheff/Vygen, Art. 10 § 3 MRVG Rn. 30
463 BGH, NJW 1981, 1840 ff.; Vygen in Korbion/Mantscheff/Vygen, Art. 10 § 3 MRVG Rn. 32; Werner in Werner/Pastor, Rn. 693

des Anscheinsbeweises.⁴⁶⁴ Alleine eine enge zeitliche Reihenfolge ist jedoch nicht geeignet, den Beweis des ersten Anscheins für eine unzulässige Koppelung zwischen Architektenvertrag und Grundstücksvertrag zu erbringen. Der Anscheinsbeweis ist nur bei typischen Geschehensabläufen zum Nachweis eines ursächlichen Zusammenhangs und des Verschuldens möglich.⁴⁶⁵ Wie der Bundesgerichtshof und das Oberlandesgericht Düsseldorf⁴⁶⁶ zu Recht angenommen haben, stellt die zeitliche Reihenfolge von Vertragsschlüssen alleine keinen Geschehensablauf dar, der nach allgemeiner Lebenserfahrung dafür spricht, dass eine Koppelung von Grunderwerbsvertrag und Architektenvertrag i.S. des Art. 10 § 3 MRVG vorliegt. Grund für die zeitliche Nähe der Vertragsabschlüsse kann auch das Interesse an einer zeitnahen Nutzung des Grundstücks nach Erwerb sein.⁴⁶⁷ Die Grundsätze des Anscheinsbeweises können jedoch beispielsweise dann eingreifen, wenn bei Würdigung des Einzelfalls eine Architektenbindung festgestellt wird und lediglich noch die Frage der Ursächlichkeit der Architektenbindung für den Abschluss des Architektenvertrags in Frage steht.⁴⁶⁸

Eine enge zeitliche Abfolge der Vertragsschlüsse ist jedoch ein wichtiges Indiz für eine Koppelung.⁴⁶⁹ Wann ein enger zeitlicher Zusammenhang gegeben ist, muss im Einzelfall geprüft werden. So hat das Oberlandesgericht Bamberg⁴⁷⁰ einen Abstand von 4 Wochen zwischen den beiden Verträgen ausreichen lassen. Locher/Koeble/Frik spricht allgemein davon, dass ein starkes Indiz für eine Koppelung bestehe, wenn der Architektenvertrag kurz vor oder gleichzeitig mit dem Grundstücksvertrag geschlossen werde.⁴⁷¹

Zutreffenderweise wird von einer Bindungswirkung dann nicht mehr auszugehen sein, wenn kein enger zeitlicher Zusammenhang zwischen den Verträgen vorliegt. Wo jedoch eine zeitliche Grenze gezogen werden kann, ist bisher in der Rechtsprechung und Literatur nicht weiter diskutiert worden. Starre Zeiträume können nicht vorgegeben werden, da auch das zeitliche Element immer einzelfallbezogen betrachtet werden muss.

---

464 Werner in Werner/Pastor, Rn. 693; Vygen in Korbion/Mantscheff/Vygen, Art. 10 § 3 MRVG Rn. 31
465 Ibr-online: OLG Düsseldorf Urteil vom 21.08.2007 – 21 U 239/06 –
466 BGH, BauR 1978, 232 ff., 233; ibr-online: OLG Düsseldorf Urteil vom 21.08.2007 – I-21 U 239/06 –
467 Ibr-online: OLG Düsseldorf Urteil vom 21.08.2007 – 21 U 239/06 –
468 BGH, BauR 1978, 495 ff., 497; ibr-online: OLG Düsseldorf Urteil vom 21.08.2007 – 21 U 239/06 –
469 Locher/Koeble/Frik, Art. 10 § 3 MRVG Rn. 11; Werner in Werner/Pastor, Rn. 693; BGH, BauR 1978, 232 ff.
470 OLG Bamberg, BauR 2003, 1756 ff.
471 Locher/Koeble/Frik, Art. 10 § 3 MRVG Rn. 11

Auch ein enger räumlicher und persönlicher Zusammenhang zwischen der Beauftragung des Architekten und dem Erwerb des Grundstücks kann ein starkes Anzeichen für eine unzulässige Koppelung sein.[472]

Anders sieht dies Pauly[473]. Ein zeitlicher, räumlicher und persönlicher Zusammenhang zwischen Beauftragung des Architekten und dem Grundstückserwerbsvertrag kann nach seiner Auffassung als starkes Beweiszeichen nur dann gewertet werden, wenn man bereits ein schlüssiges Verhalten der Beteiligten, die vom Gesetz missbilligte Verbindung zu wollen, zur Auslösung der Architektenbindung als ausreichend ansieht. Hält man demgegenüber, wie er es fordert, einen rechtsgeschäftlichen Zusammenhang im Sinne einer Bedingung oder Auflage für erforderlich, ließen sich Anhaltspunkte für ein solches Beweiszeichen nicht mehr zuverlässig feststellen.

Die ausdrückliche Erklärung des Veräußerers oder Architekten, dass keine Verpflichtung zur Beauftragung des Architekten gegeben ist, kann u.U. als Indiz gegen das Vorliegen der Voraussetzungen des Art. 10 § 3 MRVG zu werten sein. Werner[474] verlangt jedoch einen deutlichen Hinweis seitens des Architekten oder Grundstücksveräußerers, dass das Grundstück auch ohne Architektenbindung erworben werden kann, um jeden Anschein einer Verbindung zwischen Grundstückserwerb und Architektenvertrag (und damit eine unwirksame Koppelung) zu vermeiden.[475]

Selbst dann jedoch, wenn ausdrücklich die Erklärung abgegeben wird, dass der Grundstückserwerbsvertrag unabhängig von dem Architektenvertrag geschlossen wird, kann eine unzulässige Koppelung vorliegen.[476] Eine solche Erklärung über eine fehlende Koppelung ist nach herrschender Meinung nämlich dann unerheblich, wenn objektiv erkennbare Umstände ergeben, dass es wesentlich vom Architekten abhängt, wer ein bestimmtes Baugrundstück erwerben darf.[477] Entscheidend kommt es dabei auf die Sicht des Grundstückskäufers und Auftraggebers des Architekten an.[478] So hat das Oberlandesgericht Köln am

---

472 Werner in Werner/Pastor, Rn. 693; BGH, BauR 1978, 232 ff.; BGH, BauR 1978, 495 ff.; OLG Bamberg, BauR 2003, 1756 ff: Vygen in Korbion/Mantscheff/Vygen, Art. 10 § 3 MRVG Rn. 32; Jagenburg in Bindhardt/Jagenburg, § 2 Rn. 134; OLG Düsseldorf, BauR 1976, 64 ff., 65; ibr-online: OLG Düsseldorf Urteil vom 21.08.2007 – 21 U 239/06 –
473 Pauly, BauR 2006, 769 ff., 774
474 Werner in Werner/Pastor, Rn. 690
475 Werner in Werner/Pastor, Rn. 690
476 BGH, NJW 1981, 1840 ff.; OLG Düsseldorf, BauR 1980, 480 ff.; OLG Bamberg, BauR 2003, 1756 ff.; Werner in Werner/Pastor, Rn. 691
477 Werner in Werner/Pastor, Rn. 691; BGH, NJW 1981, 1840 ff.; OLG Köln, Urteil vom 30.10.81 – 20 U 60/81 – S. 8
478 Werner in Werner/Pastor, Rn. 692

30.10.1981[479] entschieden, dass zwar eine Erklärung über fehlende Koppelung u.U. den Anschein einer Architektenbindung entkräften könne. Für sich gesehen sei jedoch ein solcher Hinweis nicht ohne weiteres ausreichend. Insbesondere dann, wenn der Erwerber einen anderen Architekten nur mit wirtschaftlichen Nachteilen hätte beauftragen können, sei die Erklärung nicht geeignet, den Anschein einer Architektenbindung zu entkräften.

Ob die Erklärung einer fehlenden Koppelung zu einem Ausschluss des Art. 10 § 3 MRVG führt, ist deshalb im Einzelfall anhand sämtlicher Umstände zu ermitteln. Mit Werner wird man allerdings davon ausgehen können, dass bei einer ausdrücklichen Erklärung, dass das Grundstück ohne Architektenbindung verkauft wird, im Regelfall ein Verstoß gegen das gesetzliche Koppelungsverbot nicht vorliegt.[480] Locher/Koeble/Frik[481] hat sogar grundsätzlich Zweifel, ob man überhaupt eine verbotene Architektenbindung annehmen kann, wenn der Auftragnehmer bei Abschluss des Grundstücksvertrags darauf hinweist, dass keine Bindung an einen bestimmten Architekten besteht. Diese Auffassung ist jedoch zu weitgehend. Es kommt darauf an, inwieweit die Erklärung tatsächlich zutreffend ist. Wird trotz eines solchen „Lippenbekenntnisses" Druck auf den Erwerber ausgeübt, ist von einer unzulässigen Koppelung auszugehen. Die Erklärung kann dann nicht mehr als ein Indiz für eine fehlende Koppelung dienen.

6.7. Kenntnis von dem Koppelungsverbot

Eine unwirksame Architektenbindung liegt auch dann vor, wenn Architektenvertrag und Grundstücksvertrag im Zusammenhang miteinander abgeschlossen wurden und beide Parteien bei Abschluss der Verträge wussten, dass die Voraussetzungen des Koppelungsverbots vorliegen.[482] Wird trotz der Kenntnis des Koppelungsverbotes der Architektenvertrag abgeschlossen, so ist er unwirksam, weil die Kenntnis der Parteien das gesetzliche Verbot nicht heilen oder aufheben kann.[483] Es besteht aber grundsätzlich bei Durchführung des Vertrags die Möglichkeit, das Rechtsgeschäft gemäß § 141 BGB zu bestätigen (s. dazu Seite 159).

---

479 OLG Köln, Urteil vom 30.10.1981 – 20 U 60/81 – S. 8
480 Werner in Werner/Pastor, Rn. 692
481 Locher/Koeble/Frik, Art. 10 § 3 MRVG Rn. 13
482 Werner in Werner/Pastor, Rn. 674, OLG Köln ,Urteil vom 30.10.81 – 20 U 60/81 –
483 Werner in Werner/Pastor, Rn. 674; Vygen in Korbion/Mantscheff/Vygen, Art. 10 § 3 MRVG Rn. 37; Jagenburg in Bindhardt/Jagenburg, § 2 Rn. 141

6.8. Architektenwettbewerbe

6.8.1. Herrschende Meinung

Nach herrschender Meinung in Literatur und Rechtsprechung liegt ein Verstoß gegen das Koppelungsverbot auch dann vor, wenn öffentlich rechtliche Körperschaften z.B. Gemeinden einen Architektenwettbewerb veranstalten und die/den Erwerber des Grundstücks verpflichten, mit dem Wettbewerbsieger einen Architektenvertrag zu schließen.[484] Gleiches gilt auch dann, wenn die Gemeinde dem Preisträger das/die Grundstücke „an die Hand gibt", Bauinteressenten an den Architekten verweist und diese dann mit den Grundstückserwerbern Architektenverträge schließen.[485]

Das Kammergericht[486] ist sogar der Auffassung, dass dann, wenn der Grundstückserwerb als Erwerb eines Erbbaurechts ausgestaltet ist und eine Verpflichtung vereinbart wird, nach den Plänen des Wettbewerbssiegers zu bauen, ein Verstoß gegen das Koppelungsverbot vorliegt.

Nach Ansicht des Bundesgerichtshofs und eines Teils der Literatur soll eine unzulässige Architektenbindung auch dann vorliegen, wenn ein Bauwilliger nur die Vorplanung zur Klärung der Bebauungsmöglichkeiten an einen vorgegebenen Wettbewerbsarchitekten in Auftrag gegeben hat.[487]

Zulässig ist es jedoch, wenn nach Durchführung eines Architektenwettbewerbs dem Erwerber von dem Grundstückseigentümer z.B. der Gemeinde freigestellt wird, den Architektenvertrag zu schließen oder nicht.[488] Locher/Koeble/Frik[489] geht davon aus, dass das Verlangen einer Gemeinde, in einem Sanie-

---

484 Werner in Werner/Pastor, Rn. 681; OLG Hamm, IBR 1995, 215 = NJW-RR 1996, 662 ff.; BGH, NJW 1987, 2369 ff.; BGH, BauR 1982, 512 ff. = NJW 1982, 2189 ff.; KG, NJW-RR 1992, 916 ff.; Vygen in Korbion/Mantscheff/Vygen, Art. 10 § 3 MRVG 29; Groscurth in Neuenfeld/Baden/Dohna/Groscurth, Band 1 Teil II Rn. 42; Wirth/Theis, 33.6; Doerry, ZfBR 1991, 48, 49; OLG Hamm, ibr-online: Urteil vom 16.12.05 – 34 U 44/05 –; OLG Hamm, BauR 1986, 711

485 Werner in Werner/Pastor, Rn. 681; Kniffka/Koeble, 12. Teil, Rn. 56; BGH BauR 1982, 512 ff. = NJW 1982, 2189 ff.; Vygen in Korbion/Mantscheff/Vygen, Art. 10 § 3 MRVG Rn. 29; KG, NJW-RR 1992, 916 ff.; OLG Hamm, BauR 1986, 711; Locher/Koeble/Frik, Art. 10 § 3 MRVG Rn. 12; Groscurth in Neuenfeld/Baden/Dohna/Groscurth, Band 1 Teil II Rn. 42; Pott/Dahlhoff/Kniffka,7. Auflage, § 4 Rn. 61

486 KG, NJW-RR 1992, 916 ff.

487 BGH, BauR 1982, 512 ff. = NJW 1982, 2189 ff.; Vygen in Korbion/Mantscheff/Vygen, Art. 10 § 3 MRVG Rn. 29; Locher/Koeble/Frik, Art. 10 § 3 MRVG Rn. 12; Pott/Dahlhoff/Kniffka, 7. Auflage, § 4 Rn. 61

488 Locher/Koeble/Frik, Art. 10 § 3 MRVG Rn. 12

489 Locher/Koeble/Frik, Art. 10 § 3 MRVG Rn. 12

rungsgebiet nach der preisgekrönten Planung eines Architekten zu bauen, noch keinen Abschlusszwang begründet.

6.8.2. Mindermeinung

Die herrschende Meinung in Rechtsprechung und Literatur wird nicht von allen Gerichten voll umfänglich geteilt. So hat das Oberlandesgericht Düsseldorf[490] entschieden, dass zumindest dann, wenn den Erwerbern die Wahl zwischen verschiedenen Entwürfen und verschiedenen Architekten gelassen wird, ein Fall des Art. 10 § 3 MRVG nicht vorliegt (s. Seite 126 f.). Das Oberlandesgericht Köln[491] sieht grundsätzlich einen Verstoß gegen Art. 10 § 3 MRVG als nicht gegeben an, wenn eine Gemeinde zwar bestimmt, dass die Bebauung in einem Sanierungsgebiet alleine nach der preisgekrönten Planung eines bestimmten Architekten zu erfolgen hat, gleichwohl kein „faktischer Zwang" zur Beauftragung gerade dieses Architekten besteht. Nach Meinung des Verwaltungsgerichtshofs Hessen[492] liegt bei einem „gekoppelten" Erwerbsvertrag nach einer Architektenmesse ein Verstoß gegen Art. 10 § 3 MRVG nicht vor. Die Vorschrift sei vielmehr einschränkend auszulegen. Die Auswahlmöglichkeit des Erwerbers könne durch eine fachlich leistungsbezogene Vorauswahl beschränkt werden, insbesondere wenn dies im Rahmen einer Entwicklungsmaßnahme von dem Städtebauförderungsgesetz durch die Kommune geschehe. Der Verwaltungsgerichtshof ließ allerdings offen, ob dies für jede Art von Architektenwettbewerb gilt.

6.8.3. Stellungnahme

Die Auffassung des Bundesgerichtshofs ist im Grundsatz zutreffend. In der Intension des Gesetzgebers lag es, auch Architektenwettbewerbe unter Art. 10 § 3 MRVG zu fassen. Das ergibt sich schon alleine aus dem Wortlaut der Norm. Eine Ausnahme zugunsten der Architektenwettbewerbe hätte ausdrücklich geregelt werden müssen. Das hat der Gesetzgeber unterlassen. Auch bei der Gesetzesänderung Mitte der 80'er Jahre hat er es, wie bereits ausgeführt wurde, abgelehnt die Architektenwettbewerbe von Art. 10 § 3 MRVG auszunehmen.[493] Dadurch wurde bewusst in Kauf genommen, dass die Handlungsfähigkeit der Gemeinden durch die Einbeziehung der Architektenwettbewerbe in Art. 10 § 3 MRVG beschränkt wird. Auch das Argument einer besonderen Qualität der Planung veran-

---

490 OLG Düsseldorf, BauR 1979, 171 ff.
491 OLG Köln, BauR 1991, 642 ff. = NJW RR 1990, 1110 ff.
492 VGH Hessen, BauR 1985, 224 ff.
493 Siehe auch Bundestagsdrucksache 10/1562 S. 6; Doerry, ZfBR 1991, 48 ff.,49 Fn.16

lasste den Gesetzgeber nicht dazu, die Bindung der Grundstückserwerber an prämierte Wettbewerbsteilnehmer zuzulassen.[494] Die Frage, inwieweit die Regelung des Art. 10 § 3 MRVG deshalb verfassungswidrig ist, wurde bereits erörtert.

6.8.4. Folgen bei Auslobung nach den GRW

Die Einbeziehung der Architektenwettbewerbe in Art. 10 § 3 MRVG erweist sich allerdings sowohl für Gemeinden etc. als auch für die Architekten, die an den Architektenwettbewerben teilnehmen, häufig als problematisch.

In den Auslobungsbedingungen der GRW (gültig ab 30.1.2004) ist beispielsweise vorgesehen, dass bei Realisierungswettbewerben einer oder mehrere Preisträger weiter zu beauftragen sind.

Wörtlich heißt es dort in 7.1 zur weiteren Bearbeitung:

„(1)

Bei Realisierungswettbewerben hat der Auslober einem oder mehreren Preisträgern, bei Einladungswettbewerben in der Regel dem ersten Preisträger, unter Würdigung der Empfehlungen des Preisgerichts die für die Umsetzung des Wettbewerbsentwurfes notwendigen weiteren Planungsleistungen zu übertragen,

- sofern kein wichtiger Grund einer Beauftragung entgegensteht, insbesondere
- soweit und sobald die dem Wettbewerb zugrunde liegende Aufgabe realisiert werden soll,
- soweit mindestens einer der teilnahmeberechtigten Wettbewerbsteilnehmer, dessen Wettbewerbsarbeit mit einem Preis ausgezeichnet wurde, eine einwandfreie Ausführung der zu übertragenden Leistungen gewährleistet.

Planungsleistungen werden – vorbehaltlich der Regelung in Satz 3 – in der Regel bis zur abgeschlossenen Ausführungsplanung beauftragt; wenn ausnahmsweise die vollständige Ausführungsplanung für die Vergabe von Bauleistungen nicht erforderlich ist, ist durch angemessene weitere Beauftragung des Preisträgers sicherzustellen, dass die Qualität des Wettbewerbsentwurfs realisiert wird (z.B. Regeldetails, Planfreigabe, Leistungsbeschreibung, Angebotsbewertung, Qualitätskontrolle).

Bei Ingenieurwerken werden die Planungsleistungen in der Regel nur bis zum Abschluss der Genehmigungsplanung beauftragt.

Der Auftrag darf nicht vor ..."

Auch in den GRW 1995 findet sich unter Ziffer 7.1 eine weitgehend ähnliche Klausel. Entsprechendes gilt für die GRW 1977. In Ziffer 5.11. heißt es dort,

---

494 Bundestagsdrucksache 10/1562 S. 6

dass der Auslober beabsichtige, unter Würdigung der Empfehlung des Preisgerichts einem oder mehreren Preisträgern weitere Leistungen gemäß Nr. 4.1.2.16 zu übertragen. Schon frühzeitig entschied der Bundesgerichtshof[495], dass diese Formulierung dahingehend zu verstehen ist, dass der Auslober mit der Absichtserklärung eine verbindliche Verpflichtung zur Beauftragung abgibt.

Aufgrund der Wirkungen des Art. 10 § 3 MRVG stellt sich nun die Frage, ob die Gemeinde in solchen Fällen schadensersatzpflichtig wird, in denen sie nach Durchführung eines Architektenwettbewerbs das Grundstück an Dritte entweder mit, gemäß Art. 10 § 3 MRVG unwirksamer Bindung, oder ohne eine Architektenbindung veräußert.

In der Literatur und Rechtsprechung gibt es hierzu unterschiedliche Meinungen.

Zu der GRW 1977 führen Weinbrenner/Jochem[496] aus, dass dann, wenn der Auslober nach Durchführung des Wettbewerbs das Grundstück an einen Dritten veräußert, die Erfüllung der Verpflichtung auf weitere Beauftragung wegen Art. 10 § 3 MRVG unmöglich werde. Dies bedeute jedoch nicht, dass der Auslober sich seiner Verpflichtung auf weitere Beauftragung gemäß Ziffer 5.11 GRW 1977 durch Verkauf des Grundstücks entziehen könne. Mit der Auslobung eines Realisierungswettbewerbs erkläre er seine Absicht zu bauen, und zwar durch Einschaltung eines Architekten. Gebe er diese Absicht später wieder auf und vereitle mit dem Verkauf des Grundstücks, z.B. an einen gewerblichen Investor, den Vertragsschluss mit dem Architekten, so mache sich der Auslober schadensersatzpflichtig. Nur dann, wenn die Realisierung der Wettbewerbsaufgabe ganz aufgegeben werde und an ihre Stelle eine ganz neue trete, entfalle die Verpflichtung aus Ziffer 5.11 GRW 1977.

Ähnlich sehen dies Weinbrenner/Jochem/Neusüß[497] in der Kommentierung zu GRW 95 im Anschluss an die Entscheidung des Bundesgerichtshofs vom 22.01.1987.[498] Der Auslober müsse schon wichtige Gründe besitzen, um sich durch Verkauf des Grundstücks der Verpflichtung zur weiteren Beauftragung nach Ziffer 7.1 zu entziehen zu können. Schadensersatzansprüche entstünden dann, wenn bei Abwägung der Gründe für den Verkauf nach den Grundsätzen von Treu und Glauben unter Berücksichtigung der Interessenlage der Wettbewerber dem Auslober der Vorwurf zu machen sei, dass er sich durch die Veräußerung des Grundstücks der Verpflichtung auf weitere Beauftragung entziehen wollte. Wenn er allerdings bereits in dem Auslobungstext darauf hinweise, dass

---

495 BGH, BauR 1984, 196 ff.
496 Weinbrenner/Jochem ‚GRW 1977 S. 148 ff.
497 Weinbrenner/Jochem/Neusüß GRW 1995 S. 148 ff.
498 BGH, NJW 1987, 2369 ff., 2370 ff.

eine Veräußerung beabsichtigt sei, könne von einer Schadensersatzpflicht nicht ausgegangen werden.[499]

Das Oberlandesgericht Hamm[500] nimmt an, dass die Auslobungsbedingungen, die für den Fall der Veräußerung des Grundstücks eine Bindung des Erwerbers an den Preisträger vorsehen, wegen Verstoßes gegen Art. 10 § 3 MRVG unwirksam sind, so dass eine Schadensersatzpflicht der Gemeinde schon deshalb nicht entstehen kann. Ob eine Verpflichtung gegenüber dem Architekten, das Grundstück nur mit Bindung an diesen zu veräußern, gemäß § 134 BGB nichtig ist, kann – so das Oberlandesgericht Hamm – dahinstehen. Jedenfalls kann der Architekt aus der Nichterfüllung der Verpflichtung keinen auf Erfüllung gerichteten Schadensersatzanspruch herleiten. Ein solcher Anspruch bestehe von vornherein nicht. Auch eine Umdeutung der Auslobungsbedingung dahingehend, dass sich die Gemeinde zumindest um die Verpflichtung bemühen müsse, lasse keine Schadensersatzansprüche entstehen, wenn im konkreten Fall von dieser ausreichende Bemühungen unternommen worden seien.[501]

In der Literatur werden teilweise Ansprüche des Preisträgers auf § 311 Abs. 2 BGB gestützt, wenn der Architekt nicht wusste, dass das Projekt möglicherweise von einem Dritten realisiert werden soll.[502] War dem Preisträger allerdings von vornherein bekannt, dass nicht der Auslober selbst, sondern ein Dritter das Projekt realisieren soll, kann er billigerweise nur erwarten, dass sich der Auslober ernsthaft darum bemüht, dem Dritten die Beauftragung des Preisträgers nahe zu legen[503], Schadensersatzansprüche gegen den Auslober scheiden jedoch aus.

Festzuhalten ist demnach, dass die Anwendung der GRW 1977/1995/2004 zu einer unwirksamen Koppelung führt und auch vielfach geführt haben dürfte, denn die Vorschriften der GRW zur Auslobung machen deutlich, dass ohne Koppelung das angestrebte Ziel der Umsetzung eines als städtebaulich optimal festgestellten Planungsziels oft nicht möglich ist bzw. war. Es wurden und werden deshalb nach Erlass des Art. 10 § 3 MRVG nach wie vor noch Architektenwettbewerbe durchgeführt und Grundstücke mit Bindung an den Preisträger veräußert. Entweder waren bzw. sind sich die Beteiligten nicht über das Vorliegen der Voraussetzungen des Art. 10 § 3 MRVG im Klaren oder sie nahmen bzw. nehmen es in Kauf, dass die Architektenbindungsvereinbarung unwirksam ist und setzen die Verträge gleichwohl um, ohne dass es später zu einer rechtlichen Auseinandersetzung kommt.

---

499 BGH, NJW 1987, 2370 ff.; Weinbrenner/Jochem/Neusüß, GRW 1995, S. 224
500 OLG Hamm, NJW RR 1996, 662 ff.
501 OLG Hamm, NJW-RR 1996, 662 ff., 663
502 Werner in Werner/Pastor, Rn. 639
503 So Werner in Werner/Pastor, Rn. 641

6.9. Keine Koppelung

Eine Koppelung wird allgemein dann nicht angenommen, wenn der Erwerber des Grundstücks auch ohne Übernahme des Architektenvertrags bzw. Abschluss des Architektenvertrags das Grundstück erwerben kann.[504] Ein Koppelungsgeschäft liegt auch dann nicht vor, wenn ein Bauherr bereits vor Erwerb eines Grundstücks einen Architekten-/Ingenieurvertrag abgeschlossen hat und anschließend bei bereits bestehender Verpflichtung gegenüber dem Architekten einen Grundstückskaufvertrag mit einem Dritten schließt, ohne dass ein Zusammenhang zwischen beiden Verträgen gegeben ist.[505]

Wenn einem Käufer bei Erwerb eines Baugrundstücks nur Vorteile (ohne Übernahme einer Verpflichtung) für den Fall versprochen werden, dass er bei der Planung oder Ausführung des Bauwerks einen bestimmten Architekten beauftragt, so liegt darin ebenfalls kein Verstoß gegen das Koppelungsverbot.[506] Gleiches gilt, wenn ein Erwerber ein bereits beplantes Grundstück ohne ausdrückliche Architektenbindung erwirbt und später ohne rechtliche Verpflichtung den Architekten mit der Verwirklichung seiner Bauplanung beauftragt.[507]

Man könnte zunächst annehmen, dass eine Koppelung auch dann nicht vorliegt, wenn es um Vereinbarungen geht, an denen der Erwerber überhaupt nicht beteiligt ist, z.B. zwischen Architekt und Grundstückseigentümer. Eine Vereinbarung zwischen Architekt und Grundstückseigentümer, wonach sich z.B. der Grundstückseigentümer verpflichtet, bei Veräußerung eine Bindung an den Architekten vorzugeben, verstößt zwar nicht unmittelbar gegen Art. 10 § 3 MRVG, ist jedoch ebenfalls nach § 134 BGB nichtig, weil die damit versprochene und geschuldete Leistung gegen ein gesetzliches Gebot verstößt.[508] Gleiches gilt auch, wenn der Erwerber an dem Vertrag zwar beteiligt ist, er aber nur die Verpflichtung eingeht, die Bindung an einen von ihm verschiedenen Bauherrn, der das Grundstück nicht erwerben soll, weiterzugeben.[509]

Eine unzulässige Architektenbindung liegt allerdings dann nicht vor, wenn sich die Bindung nicht auf das zu bebauende Grundstück bezieht. Art. 10 § 3 MRVG ist somit nicht wirksam, wenn sich z.B. der Architekt/Ingenieur versprechen lässt, dass ihm Planungs- und Ausführungsleistungen für ein Bauwerk auf

---

504 Locher, Privates Baurecht Rn. 363; Werner in Werner/Pastor, Rn. 689, Rn. 691; OLG Düsseldorf, BauR 1976, 64 ff.; OLG Düsseldorf, BauR 1975, 138 ff.; IBR-online: OLG Düsseldorf Urteil vom 22.05.2007 – 21 U 186/06
505 Groscurth in Neuenfeld/Baden/Dohna/Groscurth, Band 1 Teil II Rn. 41
506 Werner in Werner/Pastor, Rn. 689; BGH, BauR 1979, 169 ff.
507 Werner in Werner/Pastor, Rn. 689; BGH, BauR 1979, 530 ff.
508 Vygen in Korbion/Mantscheff/Vygen, Art. 10 § 3 MRVG Rn. 27
509 Vygen in Korbion/Mantscheff/Vygen, Art. 10 § 3 MRVG Rn. 27

einem anderen Grundstück übertragen werden, nicht aber auf dem zu erwerbenden Grundstück.[510] Eine Ausnahme gilt insoweit jedoch für die auf Seite 133 besprochene Fallgestaltung.[511]

Eine unwirksame Koppelung ist – so der Bundesgerichtshof in seinem Urteil vom 27.04.2006[512] – auch dann nicht gegeben, wenn der Käufer ein Grundstück von einem Architekten erwirbt und sich ein Dritter aus Eigeninteresse an dem Verkaufsgeschäft verpflichtet, Honorar an den Architekten zu zahlen. Das Berufungsgericht (OLG Rostock) hatte einen Verstoß gegen das Kopplungsverbot angenommen, indem es Art. 10 § 3 MRVG analog anwandte. Dies ging dem Bundesgerichtshof zu weit. Er stimmte dem Oberlandesgericht Rostock zwar im Ansatz zu. So bestand auch nach Meinung des Bundesgerichtshofs für die Beklagte (Dritte) eine Drucksituation. Ein Dritter ist jedoch nicht in den Schutzbereich des Art. 10 § 3 MRVG einzubeziehen. Art. 10 § 3 MRVG gilt nur dann, wenn der Erwerber unter Druck gesetzt wird. Für den Erwerber bestand in dem konkreten Fall aber keine solche zu missbilligende Situation. Er hat das Grundstück zu dem von ihm gebotenen Preis erwerben können. Das nur mittelbare Interesse des Dritten, der sich nach Erwerb des Grundstücks durch den Käufer einen Planungsauftrag von diesem erhoffte, wird durch Art. 10 § 3 MRVG nicht geschützt. Eine analoge Anwendung kommt insoweit nicht in Betracht. Eine Regelungslücke liegt nicht vor, weil das Interesse des Dritten keinen Wettbewerbsvorteil des Architekten begründet.

Auf den ersten Blick könnte man einen Verstoß gegen Art. 10 § 3 MRVG verneinen, wenn ein Bauinteressent durch In-Aussicht-Stellen eines Grundstückserwerbs zum Abschluss eines Architektenvertrags veranlasst wird und der Grundstückserwerbsvertrag nachher nicht zustande kommt. Es könnte dann am erforderlichen Erwerbstatbestand gemäß Art. 10 § 3 MRVG fehlen. Die Unwirksamkeit nach Art. 10 § 3 MRVG hängt jedoch nicht von dem späteren Eintritt des Grundstückserwerbs ab[513], weil man sonst zu dem Ergebnis käme, dass derjenige, der das Grundstück erwirbt, von den Verpflichtungen aus dem Architektenvertrag frei wird, während der Vertragspartner des Architekten, dem der Erwerb misslingt, in solchen Fällen ein Honorar zu zahlen hat.[514] Auch dann, wenn der Grundstückserwerb nur in Aussicht gestellt wird und der potentielle Erwerber

---

510 Groscurth in Neuenfeld/Baden/Dohna/Groscurth, Band 1 Teil II Rn. 41
511 Vygen in Korbion/Mantscheff/Vygen, Art. 10 § 3 MRVG Rn. 23
512 BGH, BauR 2006, 1334 ff. = NJW-RR 2006, 1249 ff.
513 So Locher/Koeble/Frik Art. 10 § 3 MRVG Rn. 15; OLG Düsseldorf BauR 1976, 64 ff., Locher Privates Baurecht Rn. 363; Werner in Werner/Pastor Rn. 677; BGH BauR 1982, 512 ff.
514 Locher Privates Baurecht Rn. 363; OLG Düsseldorf BauR 1976, 64 ff., Groscurth in Neuenfeld/Baden/Dohna/Groscurth Band 1 Teil II Rn. 41

dadurch zum Abschluss eines Architektenvertrags veranlasst wird, liegt somit ein Fall des Art. 10 § 3 MRVG vor.

VIII. Rechtsfolgen des Verstoßes

1. Architekten-/Ingenieurvertrag

1.1. Nichtigkeit nach § 134 BGB

Ein Verstoß gegen das Koppelungsverbot führt zur Unwirksamkeit der Architektenbindungsvereinbarung ebenso wie zur Unwirksamkeit des Architekten-/Ingenieursvertrags. Es handelt sich dabei nicht um eine relative Unwirksamkeit (§ 135 BGB), die zur Folge hätte, dass sich nur der Grundstückserwerber auf die Unwirksamkeit berufen könnte, sondern um eine absolute Unwirksamkeit (§ 134 BGB), denn das Gesetz dient nicht nur den Interessen des Erwerbers. Dessen Entscheidungsfreiheit bei der Wahl des Architekten/Ingenieurs soll zwar auch geschützt werden. Die Vorschrift ist aber im Wesentlichen zur Gewährleistung eines funktionierenden Wettbewerbs unter Architekten/Ingenieuren und zur Verhinderung des Mietanstieges erlassen werden. Das Verbot liegt somit im Interesse der Allgemeinheit. Ein Verstoß gegen das Koppelungsverbot führt daher nach einhelliger Meinung in Rechtsprechung und Literatur zur absoluten Nichtigkeit (§ 134 BGB) der Bindungsvereinbarung und der auf der Koppelung beruhenden Architekten-/Ingenieurverträge.[515]

1.2. § 141 BGB Heilung der Unwirksamkeit durch Bestätigung

Grundsätzlich besteht die Möglichkeit, gemäß § 141 BGB ein nichtiges Rechtsgeschäft von dem, der es vorgenommen hat, bestätigen zu lassen. Die Bestätigung ist dann als erneute Vornahme zu beurteilen.

Sie ist dann möglich, wenn der Nichtigkeitsgrund nachträglich wegfällt.[516] Eine Bestätigung kommt bei Geschäften, die gegen ein Verbotsgesetz verstoßen und deshalb nichtig sind, nur in Betracht, wenn das Verbot entfallen ist.[517]

---

515 BGH, BauR 1982, 83 ff., 85; Vygen in Korbion/Mantscheff/Vygen, Art. 10 § 3 MRVG Rn. 34; BGH, BauR 1978, 495 ff.; OLG Hamm, BauR 1974, 135 ff.; Thode/Wirth/Kuffer, § 4 Rn. 129; Wirth/Theis,Kap. 33.1 S.150
516 Heinrichs in Palant, § 141 Rn. 1; Mayer-Maly/Busche in Münchener Kommentar, § 141 BGB Rn. 1

Ob der nichtige Architektenvertrag gemäß § 141 BGB durch Bestätigung wirksam werden kann, ist in Literatur und Rechtsprechung umstritten.

1.2.1. Überwiegende Meinung

Für die Anwendbarkeit des § 141 BGB sprechen sich die überwiegenden Stimmen in der Literatur und ein Teil der Rechtsprechung aus.[518] Begründet wird diese Auffassung wie folgt:

Eine unzulässige Bindungsvereinbarung ist über § 141 BGB durch Bestätigung nicht zu heilen, weil der Bestätigung ebenfalls der Nichtigkeitsgrund anhaftet. Anders ist es allerdings bei dem Architektenvertrag, der aufgrund der unzulässigen Architektenbindungsvereinbarung geschlossen wurde. Diesem Architektenvertrag haftet der Nichtigkeitsgrund nicht an. Wenn daher die Parteien in Kenntnis der Nichtigkeit der Bindungsvereinbarung den Architektenvertrag bestätigen, dann ist diese Vereinbarung wirksam.[519]

Anders begründet Locher[520] die Anwendbarkeit des § 141 BGB. Nach seiner Auffassung fordert der Schutzbereich des Art. 10 § 3 MRVG keine umfassende Unwirksamkeit des Architektenvertrags sondern nur eine Unwirksamkeit dann, wenn dieser „im Zusammenhang mit dem Erwerb eines Grundstückes" steht. Da der Zusammenhang im Zeitpunkt der späteren Bestätigung entfällt und auch der Abschluss eines neuen Architektenvertrags mangels Abhängigkeit vom Grundstückserwerbsvertrag möglich wäre, hat dies auch für die außerhalb des gesetzlichen Verbots liegende Bestätigung zu gelten.

Laut Groscurth[521] und Weyer[522] ist eine Bestätigung nach § 141 BGB zumindest dann möglich, wenn der Grundstückserwerb bereits vollzogen ist. Es stehe dem Erwerber frei, sobald er Eigentümer des Grundstücks geworden sei, einen Planungsvertrag mit jedem möglichen Architekten – auch dem „vorgegebenen" Architekten – zu schließen. Rechtliche Zwänge bestehen dann nicht mehr. Dem-

---

517 BGHZ 11, 60 ff.; OLG Düsseldorf, NJW 1976, 1638 ff.; Heinrichs in Palandt, § 141 BGB Rn. 4
518 Vygen in Korbion/Mantscheff/Vygen, Art. 10 § 3 MRVG Rn. 35; Jagenburg in Bindhardt/Jagenburg, § 2 Rn. 142; Kroppen, BauR 1974, 174 ff., 178; Groscurth in Neuenfeld/Baden/Dohna/Groscurth, Band 1 Teil II Rn. 44; Weyer, BauR 1984, 324 ff., 330; Locher in Festschrift für Vygen, S. 28 ff., 29; BGH, BauR 1985, 295 ff., 297; KG, BauR 1986, 598 ff., 599
519 Vygen in Korbion/Mantscheff/Vygen, Art. 10 § 3 MRVG Rn. 35; so auch Kroppen, BauR 1974, 174 ff., 178; Jagenburg in Bindhardt/Jagenburg, § 2 Rn. 142
520 Locher, Festschrift für Vygen S. 28 ff.,29
521 Groscurth in Neuenfeld/Baden/Dohna/Groscurth, Band 1 Teil II Rn. 44
522 Weyer, BauR 1984, 324 ff., 330

entsprechend könne auch ein nichtiger Architektenvertrag dann gemäß § 141 BGB bestätigt werden.[523]

Sowohl der Bundesgerichtshof als auch das Kammergericht gehen ebenfalls von einer grundsätzlichen Anwendbarkeit des § 141 BGB bei nichtigen Vereinbarungen nach Art. 10 § 3 MRVG aus.[524] In dem konkret zu entscheidenden Fall lehnte der Bundesgerichtshof eine Bestätigung allerdings wegen Fehlens der Voraussetzungen des § 141 BGB ab.

1.2.2. Mindermeinung

Teilweise wird in der Literatur und Rechtsprechung aber auch die gegenteilige Auffassung vertreten. Begründet wird dies damit, dass durch die Bestätigung die Gesetzeswidrigkeit nicht beseitigt würde.[525]

Unentschieden in dieser Frage ist das Oberlandesgericht Düsseldorf. Es hat sich einmal für und einmal gegen die Anwendbarkeit des § 141 BGB ausgesprochen.[526]

1.2.3. Stellungnahme

§ 141 BGB setzt voraus, dass die Parteien die Nichtigkeit kennen oder zumindest Zweifel an der Rechtsbeständigkeit des Vertrages haben.[527] Deshalb ist nicht nachvollziehbar, warum die Parteien dann, wenn ihnen bekannt ist, dass der Architektenvertrag gegen Art. 10 § 3 MRVG verstößt oder aber wenn insoweit zumindest Zweifel vorhanden sind, das Geschäft nicht sollten bestätigen können. Art. 10 § 3 MRVG besagt nicht, dass jeder Architektenvertrag, der in Verbindung mit einem Grundstückserwerbsvertrag geschlossen wird, nichtig sein muss. Wenn es dem Erwerber freigestellt wird, den Architektenvertrag zu schließen oder nicht zu schließen, d.h. weder psychologischer noch sonstiger Druck ausgeübt wird, dann ist grundsätzlich auch die Möglichkeit gegeben, bei Kenntnis der Vorschrift des Art. 10 § 3 MRVG und seiner Rechtsfolgen einen wirksamen Architektenvertrag zu schließen, selbst wenn er im zeitlichen Zusammenhang mit

---

523 Groscurth in Neuenfeld/Baden/Dohna/Groscurth, Band 1 Teil II Rn. 44; Weyer, BauR 1984, 324 ff., 330
524 BGH, BauR 1981, 295 ff., 297; KG, BauR 1986, 598 ff., 599
525 OLG Köln Urteil vom 30.10.1981 –20 U 60/81–; Hesse, BauR 1977, 73 ff., 79; Wirth/Theis, Kap. 33.5; OLG Karlsruhe, IBR 1995, 217
526 OLG Düsseldorf, BauR 1975, 138, 140 und BauR 1986, 722 ff. bejahend; OLG Düsseldorf, BauR 1980, 480 ff., 481 verneinend
527 Heinrichs in Palandt, § 141 BGB Rn. 6, Mayer-Maly/Busche in Münchener Kommentar, § 141 BGB Rn. 13; RGZ 138, 52 ff., 56; BGHZ 11, 59 ff., 60

dem Erwerb eines Grundstücks steht. Nicht anders ist es zu beurteilen, wenn die Parteien, nachdem sie Kenntnis von der Unwirksamkeit des Architektenvertrags wegen Verstoßes gegen Art. 10 § 3 MRVG erhalten haben, dennoch das Geschäft fortsetzen und es deshalb bestätigen. Dies gilt in jedem Falle dann, wenn der Erwerber bereits Grundstückseigentümer geworden ist und somit der Erwerb des Grundstückes nicht mehr von dem Abschluss des Architektenvertrages oder der Bestätigung des Architektenvertrages abhängig ist. Der Grundstückserwerber hat grundsätzlich die Möglichkeit, frei seine Architektenwahl zu treffen. Wenn er den zunächst abgeschlossenen Architektenvertrag bestätigen will, so ist dies seine freie Entscheidung.

Gegen diese Auffassung könnte man einwenden, dass unabhängig davon, in welchem Vertragstadium sich das Grundstücksgeschäft befindet, der Käufer sich u.U. verpflichtet fühlt, den „vorgegebenen" Architekten weiter zu beschäftigen. Ein solches Argument ist jedoch nicht stichhaltig. Art. 10 § 3 MRVG soll den Erwerber nur davor schützen, einen Architekten beauftragen zu müssen, um damit den Grundstückserwerb zu sichern. Wenn er nach Erwerb des Grundstücks trotz Kenntnis des Vorliegens der Voraussetzungen des Art. 10 § 3 MRVG den Architektenauftrag freiwillig bestätigt, liegt objektiv keine Kopplungssituation mehr vor.

Auch dann, wenn die Grundstücksumschreibung noch nicht im Grundbuch erfolgt ist, muss eine Bestätigung des Architektenvertrags möglich sein, wenn der Veräußerer auf die Eigentumseintragung im Grundbuch keinen Einfluss mehr nehmen kann. Der Grundstückserwerber kann dann frei einen Architekten wählen, ohne den Grundstückserwerb zu gefährden. Wenn er sich für den „vorgegebenen" Architekten/Ingenieur entscheidet, dann entspricht dies seiner freien Wahl und wird vom Gesetz nicht missbilligt.

Etwas anderes könnte nur dann gelten, wenn der Erwerber noch keine gesicherte Stellung in Bezug auf das zu erwerbende Grundstück erhalten hat. Eine Bestätigung gemäß § 141 BGB kommt in diesen Fällen dann nicht in Betracht, wenn die Parteien den Architektenvertrag deshalb fortsetzen, weil der Erwerber sich in einer Drucksituation befindet. Es sind somit dieselben Kriterien anzuwenden, die bei Abschluss des Architektenvertrags in Verbindung mit dem Grundstückserwerbsgeschäft anzuwenden sind.

Sinn und Zweck der Regelung des Art. 10 § 3 MRVG steht einer Bestätigung nach § 141 BGB grundsätzlich nicht entgegen. Der Wettbewerb der Architekten untereinander ist gewahrt, wenn der Bauherr sich für einen Architekten seiner Wahl entscheiden kann, egal ob dies der zunächst „vorgegebene" Architekt ist oder ein anderer Architekt. Die Gefahr des Anstiegs der Mieten besteht in solchen Fällen ebenso wenig, zumindest nicht mehr als bei jeder anderen Architektenbeauftragung.

1.2.4. Weitere Voraussetzungen einer Bestätigung

Bei einer Bestätigung im Sinne des § 141 BGB ist zu beachten, dass die rechtsgeschäftliche Erklärung nicht in allen Einzelheiten neu erfolgen muss. Die Bestätigung muss nicht schriftlich geschehen.[528] Auch ein konkludentes Verhalten z.b. durch Erfüllungs- und Vollzugshandlungen kommt in Betracht.[529]

Die Bestätigung ist als erneute Vornahme des Rechtsgeschäfts zu beurteilen. Formgebundene Rechtsgeschäfte, die bestätigt werden sollen, müssen der Form genügen.[530]. Zwar sind Architektenverträge normalerweise nicht formgebunden. Es kann jedoch u.U. die Einhaltung der Schriftform erforderlich sein, wenn nämlich das Honorar über den Mindestsätzen liegen soll. Es muss dies dann bei Auftragserteilung schriftlich vereinbart werden (§ 4 Abs. 4 HOAI). Dem Schutzzweck dieser Vorschrift wird man nur gerecht, wenn auch bei Bestätigung des Vertrags die Honorarvereinbarung schriftlich entsprechend den Anforderungen des § 4 Abs. 4 HOAI erfolgt. Da die Vorschrift voraussetzt, dass die schriftliche „Honorarvereinbarung" bei Auftragserteilung erfolgt, ist für eine wirksame Honorarvereinbarung oberhalb der Mindestsätze auf den Zeitpunkt der Bestätigungshandlung bzw. Bestätigungsvereinbarung abzustellen.

Wird nur durch konkludente oder mündliche Vereinbarung der ursprüngliche Architektenvertrag bestätigt, dann gelten nur die Mindestsätze des § 4 Abs. 4 HOAI.

Das bestätigte Rechtsgeschäft ist grundsätzlich zwar gemäß § 141 Abs. 1 BGB erst vom Zeitpunkt der Bestätigung an voll wirksam. Dies hängt damit zusammen, dass der Gesetzgeber die Bestätigung als Neuvornahme des Geschäftes ausgestaltet hat.[531] Das gilt jedoch nicht bei Verträgen. Nach § 141 Abs. 2 BGB ist für diese im Zweifel anzunehmen, dass die Parteien verpflichtet sind, einander das zu gewähren, was sie gehabt hätten, wenn der Vertrag von Anfang an gültig gewesen wäre. Darin liegt eine – allerdings nur schuldrechtlich ausgestaltete – Rückwirkung.[532] Im „Zweifel" bedeutet, dass die Regelung nicht zwingend ist.[533] Die Parteien können abweichende Vereinbarungen treffen.[534]

---

528 Groscurth in Neuenfeld/Baden/Dohna/Groscurth, Band 1 Teil II Rn. 44
529 Groscurth in Neuenfeld/Baden/Dohna/Groscurth Band 1 Teil II Rn. 44; Mayer-Maly/Busche in Münchener Kommentar § 141 BGB Rn. 1
530 Mayer-Maly/Busche in Münchener Kommentar § 141 BGB Rn. 14
531 Mayer-Maly/Busche in Münchener Kommentar § 141 Rn. 15
532 Mayer-Maly/Busche in Münchener Kommentar § 141 BGB Rn. 16; Heinrichs in Palandt § 141 BGB Rn. 8
533 Mayer-Maly/Busche in Münchener Kommentar § 141 BGB Rn. 16; Heinrichs in Palandt Rn. 8
534 Mayer-Maly/Busche in Münchener Kommentar § 141 BGB Rn. 16; Heinrichs in Palandt Rn. 8

Bei einem Architekten-/Ingenieurvertrag ist eine Beschränkung oder ein Ausschluss der Rückwirkung jedoch nicht sinnvoll. Bei Honoraransprüchen müsste dann, wenn im Rahmen der Bestätigung eine schriftliche Vereinbarung über Honorarsätze oberhalb der Mindestsätze getroffen wird, eine Unterteilung in vorvertragliche und vertragliche Leistungen erfolgen. Für erstere bestünden ferner keine vertraglichen Gewährleistungsansprüche. Dies ist u.U. dann mit Abgrenzungsschwierigkeiten verbunden, wenn Mängel auftauchen.

1.3. § 242 BGB

Diskutiert wird die Frage, ob ein Berufen auf die Nichtigkeit des Architekten-/Ingenieursvertrags aufgrund Art. 10 § 3 MRVG in bestimmten Fallkonstellationen gegen Treu und Glauben verstößt (§ 242 BGB). Nach herrschender Meinung ist es grundsätzlich nicht treuwidrig, wenn sich der Architekt/Ingenieur auf die Unwirksamkeit des Architektenvertrags beruft.[535] Dies gilt auch, wenn dem Architekten/Ingenieur oder aber beiden Parteien bei Abschluss des Vertrages bekannt war, dass er gegen das Koppelungsverbot verstößt und deshalb unwirksam ist.[536] Lediglich in Ausnahmefällen wird ein Berufen auf die Nichtigkeit des Architekten-/Ingenieurvertrags als treuwidrig angesehen.[537]

Grund für eine sehr restriktive Anwendung des § 242 BGB ist der mit Art. 10 § 3 MRVG verfolgte Gesetzeszweck. Die Norm dient nicht dem Individualschutz, sondern hat eine wettbewerbsordnende Funktion.[538]

Grundsätzlich sind zwei Fragestellungen zu unterscheiden:

1.3.1. Treuwidrigkeit des Architekten

Es besteht Streit über die Frage, ob eine unzulässige Rechtsausübung ausnahmsweise dann vorliegt, wenn ein Architekt mit einem Grundstücksverkäufer zusammenwirkt und zur besseren Vermarktung der Grundstücke Architektenverträge mit den Erwerbern schließt, in denen Festpreisgarantie, Vertragsstrafe, Versprechen etc. enthalten sind. Beruft sich in einem solchen Fall der Architekt während der Durchführung des Bauvorhabens auf die Unwirksamkeit des Vertrags aufgrund Koppelungsverbots, so käme ein Verstoß gegen § 242 BGB in Betracht. Dies soll insbesondere dann gelten, wenn die Erwerber gerade aufgrund der Fest-

---

535 Werner in Werner/Pastor Rn. 696; OLG Köln, Urteil vom 30.10.1981 – 20 U 60/81 –
536 Jagenburg in Bindhardt/Jagenburg, § 2 Rn. 138
537 Werner in Werner/Pastor, Rn. 696; Jagenburg in Bindhardt/Jagenburg, § 2 Rn. 140
538 Vygen in Korbion/Mantscheff/Vygen, Art. 10 § 3 Rn. 37

preisgarantie den Grundstücksvertrag zusammen mit dem Architektenvertrag geschlossen haben.[539] Der entsprechende Fall (s. Seite 27 f.) wurde jedoch von dem Oberlandesgericht Köln[540] anders entschieden. Danach war ein Berufen des Architekten auf die Nichtigkeit des Architektenvertrags wegen Koppelungsverbots nicht gemäß § 242 BGB unzulässig, weil im konkreten Fall sowohl der Architekt als auch der Bauherr mit der Möglichkeit eines nichtigen Vertrages rechnen mussten.

Grundsätzlich ist dem Oberlandesgericht Köln Recht zu geben. Selbst dann, wenn es dem Erwerber gerade auf den Abschluss des Architektenvertrags mit dem vorgegebenen Architekten/Ingenieur ankommt, liegt kein Fall des § 242 BGB vor. „Ködert" man den Bauherrn mit dem Architektenvertrag, so besteht dennoch ein klassischer Fall des Koppelungsverbots. Lediglich dann, wenn der Architekt arglistig handelt, d.h. in Kenntnis der Tatsache, dass der Vertrag aufgrund des Koppelungsverbots nichtig ist, Versprechungen abgibt, um dem Grundstücksverkäufer bei der Vermarktung des Grundstücks zu helfen, kann von einer unzulässigen Rechtsausübung nach § 242 BGB ausgegangen werden, falls dem Erwerber des Grundstücks bei Abschluss des Architektenvertrags dessen Nichtigkeit nicht bekannt war.

Festzuhalten ist demnach, dass ein Berufen auf Art. 10 § 3 MRVG treuwidrig ist, wenn der Bauherr keine Kenntnis von dem Vorliegen der Voraussetzungen des Kopplungsverbots hat und der Architekt darüber hinaus arglistig handelt z.B. gezielt mit dem Grundstücksverkäufer zum Zwecke der besseren Vermarktung des Grundstücks zusammenwirkt.

1.3.2. Treuwidrigkeit des Erwerbers

Ein solcher Fall liegt selten vor. Nicht nur deshalb, weil Art. 10 § 3 MRVG wettbewerbsordnende Funktionen hat, sondern auch weil man von Architekten und Ingenieuren heutzutage erwartet, dass sie über die Voraussetzungen des Art. 10 § 3 MRVG bei Abschluss des Vertrages informiert sind.

Die Anwendung des § 242 BGB wird für drei Konstellationen diskutiert.

a)

Das Oberlandesgericht Hamm[541] versagt dem Erwerber ein Berufen auf die Nichtigkeit des Vertrages, wenn er arglistig in Kenntnis des gesetzlichen Verbots die

---

539 Werner in Werner/Pastor, Rn. 696
540 OLG Köln, Urteil vom 30.10.1981 – 20 U 60/81 –
541 OLG Hamm, BauR 1974, 135 ff.; so auch Jagenburg, BauR 1979, 91 ff., 101

Zusage gegeben hat, den Architekten mit den Architektenleistungen zu beauftragen, um so eine im Ergebnis unentgeltliche Tätigkeit des Architekten für sich in Anspruch zu nehmen. Im konkreten Fall konnte dem Erwerber ein solch arglistiges Verhalten allerdings nicht nachgewiesen werden. Zutreffend führt Jagenburg[542] aus, dass sich ein arglistiges Verhalten schwerlich jemals nachweisen lässt.

b)

Nach Jagenburg[543] soll ein Fall unzulässiger Rechtsausübung im Sinne der Rechtsmissbräuchlichkeit auch dann vorliegen, wenn ein juristisch versierter Erwerber (z.b. Anwalt, Richter), dem Art. 10 § 3 MRVG bekannt ist, ein Grundstück sucht und es ihm völlig gleichgültig ist, ob es architektengebunden ist oder nicht. Nimmt der Erwerber die Architektenbindung bewusst in Kauf, um an das Grundstück zu gelangen, so handelt er treuwidrig, wenn er sich später auf die Nichtigkeit des Architektenvertrags beruft.

c)

Das Landgericht Oldenburg[544] sowie das Kammergericht[545] haben ein Berufen auf die Nichtigkeit des Architektenvertrags unter dem Gesichtspunkt des Verstoßes gegen Treu und Glauben dann versagt, wenn dem fachlich versierten Erwerber bei Abschluss des Vertrags dessen Nichtigkeit bekannt ist und er sich nicht alsbald nach Vertragsschluss, sondern erst Jahre später auf die Nichtigkeit beruft.

1.3.3. Stellungnahme

Die Auffassungen b) und c) sind bedenklich. Die Meinung von Jagenburg ist zu weit reichend. Wenn kein Fall der Arglist vorliegt, dann ist in der Fallkonstellation b) ein Berufen auf die Nichtigkeit nicht nach § 242 BGB unzulässig. Andernfalls verschwimmt die Grenze zwischen rechtsmissbräuchlichem und zulässigem Handeln. Alleine die Kenntnis von der Nichtigkeit des Architektenvertrags wegen Koppelungsverbots kann nicht zur Anwendung des § 242 BGB führen. Das gilt selbst dann, wenn der Erwerber juristisch besonders versiert ist. Auch die oben erwähnten Entscheidungen des Landgerichts Oldenburg und des Kam-

---

542 Jagenburg, BauR 1979, 91 ff., 101
543 Jagenburg, BauR 1979, 91 ff., 101
544 ibr-online: LG Oldenburg Urteil vom 10.01.2003 – 6 O 2429/02 –
545 KG, BauR 1986, 598 ff., 599; KG, IBR 2004, 22

mergerichts Berlin sind bedenklich. Es fragt sich schon, wo die zeitliche Grenze für ein Berufen auf die Nichtigkeit des Vertrags anzusetzen ist. Meistens werden die Parteien den Vertrag im Laufe der Jahre zumindest teilweise umgesetzt haben. Bestätigt der Erwerber durch Inanspruchnahme der Architektenleistungen in Kenntnis des Vorliegens der Voraussetzungen des Art. 10 § 3 MRVG den Vertrag, so kann ein Architektenvertrag durch Bestätigung (§ 141 BGB) zustande kommen (s. Seite 159 ff.). Für die Anwendung des § 242 BGB bleibt in diesen Fällen dann kein Raum. Die Auffassung des Landgerichts Oldenburg und des Kammergerichts würden im Übrigen aber auch zu einer Aushöhlung des Art. 10 § 3 MRVG führen. Heutzutage kennen in der Regel im Baugewerbe tätige Unternehmen ebenso wie Architekten/Ingenieure diese Vorschrift. Bei fachlich versierten Unternehmen besteht damit die Gefahr, dass Art. 10 § 3 MRVG wegen § 242 BGB grundsätzlich nicht zur Anwendung käme. Das kann aber nicht dem Sinn und Zweck der Regelung entsprechen. Sie würde dadurch zunehmend ausgehöhlt.

Grundsätzlich ist somit festzuhalten, dass ein Fall der unzulässigen Rechtsausübung nicht von vornherein ausgeschlossen ist. Die Voraussetzungen des § 242 BGB liegen jedoch nur in wenigen Fällen vor. Zu berücksichtigen ist, dass Art. 10 § 3 MRVG nicht dem Individualschutz der Erwerber oder Architekten dient, sondern eine wettbewerbsordnende Funktion hat.[546] Deshalb wird man ein Berufen auf die Nichtigkeit nach § 242 BGB dann ausschließen, wenn nicht – entweder auf Seiten des Architekten oder des Erwerbers – ein arglistiges Verhalten vorliegt. Wie Jagenburg[547] sowie Weyer[548] zu Recht festgestellt haben, sind die Fälle in der Praxis jedoch selten, da ein entsprechender Nachweis schwierig zu führen ist.

2. Rechtsfolgen der Nichtigkeit der Architektenbindung für den Grundstückskaufvertrag

2.1. Art. 10 § 3 Satz 2 MRVG

In Art. 10 § 3 Satz 2 MRVG heißt es, dass die Wirksamkeit des auf den Erwerb des Grundstücks gerichteten Vertrags von der Nichtigkeit der Architektenbindung und des darauf basierenden Architektenvertrags unberührt bleibt. In dem Gesetzesentwurf war dieser Satz zunächst nicht enthalten. Erst aufgrund des Vor-

---

546 Vygen in Korbion/Mantscheff/Vygen, Art. 10 § 3 Rn. 37
547 Jagenburg, BauR 1979, 91 ff., 101;in Bindhardt/Jagenburg § 2 Rn. 139
548 Weyer, BauR 1984, 324 ff.,331

schlags des Rechtsausschusses ist er eingefügt worden.[549] Der Erwerber sollte die Möglichkeit erhalten, frei über das zu erwerbende Grundstück zu verfügen, ohne an einen bestimmten Architekten gebunden zu sein.[550]

2.2. Anwendbarkeit des § 139 BGB und Art. 10 § 3 Satz 2 MRVG

Art. 10 § 3 Satz 2 MRVG besagt allerdings nur, dass im Regelfall die Unwirksamkeit der Architektenbindung die Wirksamkeit des Grundstücksgeschäfts nicht erfasst. Grundsätzlich ist man sich aber in Rechtsprechung und Literatur darüber einig, dass die Unwirksamkeit des Grundstücksgeschäfts aus anderen Gründen in Betracht kommen kann.[551] § 139 BGB ist durch Art. 10 § 3 Satz 2 MRVG nicht grundsätzlich ausgeschlossen.

2.2.1. Rechtsprechung

Der Bundesgerichtshof hatte über die Anwendbarkeit des § 139 BGB bei unzulässiger Architektenkoppelung bisher nur in folgendem Fall zu entscheiden[552]:

Der Grundstückskäufer hatte sich in einem Notarvertrag verpflichtet, das erworbene Grundstück gemäß den Plänen eines bestimmten Architekten zu bebauen, die der Verkäufer schon hatte anfertigen lassen und die eine zweigeschossige Restaurantbebauung vorsahen. Der Käufer hatte sich außerdem verpflichtet, von dem Verkäufer das für den Betrieb der Gaststätte erforderliche Parkplatzgrundstück zusätzlich zu erwerben. Er entschloss sich dann jedoch, nur einen Schnellimbiss zu errichten, für den keine Parkplätze erforderlich waren. Die Klage des Verkäufers auf Annahme eines Kaufangebots für das Parkplatzgrundstück wurde in allen Instanzen abgewiesen. Dies begründeten die Gerichte damit, dass die Verpflichtung, ein zweigeschossiges Restaurant zu bauen, nichtig sei, da sie eine unzulässige Architektenbindung beinhalte. Ohne diese nichtige Vereinbarung hätte sich der Käufer jedoch nicht verpflichtet, das Parkplatzgrundstück zu erwerben, das er für den Schnellimbiss nicht benötigte. Die Verpflichtung zum Er-

---

549 Bundestagsdrucksache 6/2421 S. 21
550 Jagenburg in Bindhardt/Jagenburg, § 2 Rn. 107; BGH, BauR 1978, 232 ff. = NJW 78, 1434 ff.
551 Jagenburg in Bindthardt/Jagenburg, § 2 Rn. 107;, Vygen in Korbion/Mantscheff/ Vygen, Art. 10 § 3 MRVG Rn. 38/40; BGH, BauR 1978, 232 ff. = BGH NJW 1978, 1434 ff.; OLG Koblenz, DNotZ 2001, 190 ff.; Werner in Werner/Pastor, Rn. 669; Doerry, ZfBR 91, 48 ff., 51; Doerry in Festschrift für Baumgärtel, S. 41 ff., 51; Hesse, BauR 1977, 73 ff., 79; OLG Köln, Schäfer/Finnern Z 7.10 BL 8 ff.
552 BGH, BauR 1978, 232 ff. = NJW 1978, 1434 ff

werb des Parkplatzgrundstücks stehe somit in einem unlösbaren Zusammenhang mit derjenigen zur Errichtung des zweigeschossigen Restaurants, die wegen der insoweit vorliegenden Architektenbindung unwirksam sei. Die Nichtigkeit des einen Geschäftsteils erfasse somit über § 139 BGB auch den anderen Rechtsgeschäftsteil. Grundsätzlich führt der Bundesgerichtshof zum Verhältnis zwischen Art. 10 § 3 MRVG und § 139 BGB in dem Urteil Folgendes aus:

„Zwar wird nach Art. 10 § 3 Satz 2 MRVG die Wirksamkeit des auf den Grundstückserwerb gerichteten Vertrages von der Unwirksamkeit der Architektenbindung nicht berührt. Art. 10 § 3 Satz 2 MRVG besagt aber nur, dass der Bestand des Grundstücksgeschäftes nicht allein deshalb in Frage gestellt wird, weil der auf eine unzulässige Architektenbindung gerichtete Vertragsteil deswegen unwirksam ist. Der unzulässige und deshalb nichtige Vertragsteil soll ersatzlos entfallen, damit der Grundstückserwerber – ohne die vom Gesetzgeber missbilligte Bindung an den Architekten – frei über sein Eigentum verfügen kann. Das schließt aber eine Anwendung des § 139 BGB aus anderen Gründen nicht aus".[553]

Die umgekehrte Frage, ob auch der Erwerb des Hausgrundstücks gemäß § 139 BGB nichtig war, hat der Bundesgerichtshof in seinem Urteil ausdrücklich dahinstehen lassen, da es für die Entscheidung hierauf nicht ankomme.

Jagenburg[554] vertritt die Auffassung, diese Frage wäre im Ergebnis wohl zu verneinen gewesen. Allenfalls könnte der Verkäufer geltend machen, dass er das Hausgrundstück ohne die zusätzliche Bauverpflichtung/Architektenbindung nicht verkauft hätte. Die damit verbundene Architektenbindung soll nach dem Gesetz jedoch nicht die Unwirksamkeit des Grundstücksgeschäfts zur Folge haben. Insoweit sei in diesen Fällen die Anwendung des § 139 BGB eingeschränkt und dem Verkäufer – soweit die Architektenbindung in Rede stehe – ein Berufen auf § 139 BGB verwehrt.

Anders sieht dies das Oberlandesgericht Köln in dem Urteil vom 11.02.1977.[555] Bei der dort zugrunde liegenden Fallkonstellation wollte sich der Käufer von dem Grundstückskaufvertrag lösen. Er hatte mit dem Architekten einen Dienst-Baubetreuungsvertrag geschlossen. Nach Auffassung des Oberlandesgerichts Köln verstieß dieser Vertrag wegen Koppelung mit dem Grundstück gegen Art. 10 § 3 MRVG. Auch der Grundstückskaufvertrag sei nichtig, weil § 139 BGB grundsätzlich neben Art. 10 § 3 Satz 2 MRVG anwendbar sei. In Anwendung des § 139 BGB sei davon auszugehen, dass die Erwerber den Grundstückskaufvertrag nicht ohne den Vertrag mit dem Architekten geschlossen hätten. Der mit diesem geregelte Festpreis sei für den Entschluss der Erwerber,

---

553 BGH, BauR 1978, 232 ff., 234
554 Jagenburg in Bindhardt/Jagenburg, § 2 Rn. 108
555 OLG Köln, Schäfer/Finnern Z 7.10 BL 8

sich auf das Bauvorhaben einzulassen, von ausschlaggebender Bedeutung gewesen.

Ähnlich wie das Oberlandesgericht Köln, urteilte auch das Oberlandesgericht Koblenz in seiner Entscheidung vom 23.03.2001.[556] Dort hatte der Architekt ein ihm gehörendes Grundstück beplant und für diese Planung auch die Baugenehmigung der Stadt erhalten. Er verkaufte das Grundstück einschließlich des Projektpakets an eine Gesellschaft. In dem Vertrag verpflichtete sich die Gesellschaft dazu, neben dem Kaufpreis für das Grundstück an den Architekten auch ein Architektenhonorar zu zahlen. Nachdem nur ein Teil des Grundstückskaufpreises gezahlt worden war, trat der Architekt nach Fristsetzung vom Vertrag zurück und verlangte Schadensersatz. Die Gesellschaft ihrerseits hielt den abgeschlossenen Vertrag wegen Verstoßes gegen das Koppelungsverbot für unwirksam und verlangte Rückzahlung der geleisteten Anzahlung Zug um Zug gegen Löschung der zu ihren Gunsten im Grundbuch eingetragenen Auflassungsvormerkung. Das Oberlandesgericht verurteilte den Architekten zur Rückzahlung des Grundstückskaufpreises gemäß § 812 BGB. Der Vertrag in Ziffer IV Nr. 2 auf Verpflichtung zur Zahlung des Architektenhonorars sei gemäß Art. 10 § 3 MRVG nichtig. Die Nichtigkeit führe über § 139 BGB zur Gesamtnichtigkeit des Vertrags, weil nicht anzunehmen sei, dass der Vertrag auch ohne den nichtigen Teil vorgenommen worden wäre. Zwar statuiere Art. 10 § 3 Satz 2 MRVG, dass die Wirksamkeit des auf den Grundstückserwerb gerichteten Vertrags von der Unwirksamkeit der Architektenbindung unberührt bleibe. Das schließe aber die Anwendung des § 139 BGB aus anderen Gründen nicht aus. Bei Kenntnis der Teilnichtigkeit hätten die Parteien nach Treu und Glauben unter Berücksichtigung der Verkehrssitte den notariellen Vertrag nicht geschlossen. Dementsprechend sei auch der Grundstücksvertrag über § 139 BGB unwirksam.

Anders sehen dies das Landgericht Essen[557] in seiner Entscheidung vom 30.11.2004 sowie das Oberlandesgericht Hamm[558] als zuständiges Berufungsgericht in seinem Urteil vom 16.12.2005. In dem dortigen Fall ging es darum, dass die Eigentümerin mehrerer Grundstücksflächen nach Durchführung eines Architektenwettbewerbs die geplanten Flächen an einen Bauträger verkaufte. Im Rahmen des notariellen Kaufvertrags vereinbarten die Parteien, dass der Bauträger den 1. Preisträger des Wettbewerbs auf Basis des Wettbewerbsentwurfs mit der weiteren Bearbeitung beauftragen sollte und dessen prämierte Arbeit zu realisieren war. Bevor die Eigentumsumschreibung bezüglich aller verkauften Teilflächen durchgeführt war, wurde über das Vermögen des Bauträgers das Insolvenz-

---

556 OLG Koblenz, DNotZ 2001, 190 ff.
557 LG Essen Urteil vom 30.11.2004 – 3 O 351/04 –
558 ibr-online: OLG Hamm Urteil vom 16.12.2005 – 34 U 44/05 –

verfahren eröffnet. Der Insolvenzverwalter verlangte von der Verkäuferin die Rückabwicklung des Grundstückskaufvertrags, soweit Grundstücksteile bisher nicht vollständig übereignet waren. Er vertrat die Auffassung, dass die Architektenbindungsvereinbarung gemäß Art. 10 § 3 MRVG nichtig sei. Die Nichtigkeit der Architektenbindungsvereinbarung führe über § 139 BGB zur Nichtigkeit der damit verbundenen Bauverpflichtung und dies wiederum zur Nichtigkeit des Grundstückskaufvertrags, da die Verkäuferin das Grundstück ohne Architektenbindung und Bauverpflichtung nicht habe veräußern wollen.

Das Landgericht Essen und das Oberlandesgericht Hamm entschieden, dass zwar § 139 BGB auch auf Fälle des Koppelungsverbots Anwendung finden könne. Grundsätzlich gelte aber, dass die partielle Unwirksamkeit nach Art. 10 § 3 Satz 2 zur Folge habe, dass der Grundstückkaufvertrag von der Unwirksamkeit unberührt bleibe. Dabei differenziere Art. 10 § 3 MRVG nicht, ob dies für den Käufer vorteilhaft sei oder nicht. Die Vorschrift schütze ihn nur vor einer auferlegten Architektenbindung, nicht aber vor den übrigen Verpflichtungen aus dem Grundstückskaufvertrag und lasse es ihm im Übrigen unbenommen, den Architekten aus eigenem Entschluss trotzdem gesondert zu beauftragen. Aus diesem Grunde bedürfe es auch insoweit nicht der Anwendung des § 139 BGB. Art. 10 § 3 Satz 2 MRVG sei diesem gegenüber als Spezialnorm vorrangig. Auf die Frage, ob die Parteien den Vertrag auch ohne diese Verpflichtung abgeschlossen hätten, komme es nicht an. Das Bindungsinteresse des Verkäufers wird insoweit nicht geschützt. Vielmehr soll der Grundstückserwerber ohne die vom Gesetzgeber missbilligte Bindung an einen bestimmten Architekten frei über sein Eigentum verfügen können. Im Übrigen sei der Vertrag zwischen den Parteien auch ohne die Architektenbindungsvereinbarung sinnvoll und durchführbar.

2.2.2. Meinungen in der Literatur

In der Literatur hat man sich zum Verhältnis zwischen Art. 10 § 3 Satz 2 MRVG und § 139 BGB nur vereinzelt geäußert.

Werner[559] führt zu dieser Frage aus, dass, wenn beide Verträge (Architektenvertrag und Grundstückserwerbsvertrag) in rechtlicher Verbindung Teile eines Gesamtgeschäfts seien, die Nichtigkeit des Architektenvertrags im Einzelfall auch auf den Grundstückskaufvertrag übergreifen könne,[560] selbst dann, wenn die

---

559 Werner in Werner/Pastor, Rn. 669
560 Werner in Werner/Pastor, Rn. 669 mit Verweis auf OLG Köln Schäfer/Finnern Z 7.10 BL 8.,10

Parteien von Grundstückskaufvertrag und Architektenvertrag nicht identisch seien.[561]

Auch Breiholdt[562] geht von einer Nichtigkeit des Grundstücksvertrags aufgrund nichtigen Architektenvertrags gemäß § 139 BGB dann aus, wenn von vornherein ein Gesamtgeschäft von den Parteien beabsichtigt war.

Custodis ist der Auffassung, dass Art. 10 § 3 Satz 2 MRVG nur deklaratorischen Charakter in einem negativen Sinne hat: Es wird festgestellt, dass die Unwirksamkeit des Architektenvertrags sich nicht auf das Grundstücksgeschäft erstreckt. Die Wirksamkeit des Vertrags wird dagegen nicht positiv angeordnet. Sie beurteilt sich alleine nach § 139 BGB, wonach im Zweifel das ganze Rechtsgeschäft nichtig ist.[563]

Doerry[564] geht ebenfalls davon aus, dass die Anwendung des § 139 BGB nicht gänzlich ausgeschlossen ist. Die Vorschrift des Art. 10 § 3 Satz 2 MRVG besage nur, dass der Bestand des Grundstücksgeschäfts nicht alleine deshalb in Frage gestellt werden dürfe, weil der auf die unzulässige Vertragsbindung gerichtete Vertragsteil unwirksam sei. Insoweit stimmt er der Entscheidung des Bundesgerichtshofs aus dem Jahre 1978[565] zu.

Hesse[566] differenziert genauer: Art. 10 § 3 Satz 2 MRVG regele die Rechtsfolgen der Nichtigkeit abweichend von der allgemeinen Vorschrift des § 139 BGB, nach der von der Nichtigkeit des gesamten Rechtsgeschäftes auszugehen ist, wenn nicht anzunehmen sei, dass das Geschäft auch ohne den nichtigen Teil vorgenommen worden wäre. § 139 BGB stelle somit nur auf den übereinstimmenden Parteiwillen ab. Ließe sich danach nicht ausschließen, dass die Parteien des Erwerbsvertrags den Vertrag nicht ohne die Bindungsklausel abgeschlossen hätten, dann wäre auch der Erwerbsvertrag unwirksam. Das könne in Fällen der Architektenbindung allerdings zu schweren Unbilligkeiten führen. Der Erwerber würde trotz der Nichtigkeit der Architektenbindung die damit eingegangene Verpflichtung in vielen Fällen dennoch erfüllen, nur um das Grundstücksgeschäft nicht zu gefährden. Deshalb ordne Art. 10 § 3 Satz 2 MRVG gerade an, dass auf den Parteiwillen keine Rücksicht zu nehmen sei. Vielmehr solle der Erwerbsvertrag auch dann wirksam sein, wenn die Parteien (vor allem der Veräußerer) ihn ohne die Architektenbindung nicht abgeschlossen hätten. Andererseits sei dadurch nicht nur der Veräußerer gebunden, sondern auch der Erwerber. Auch Letzterer könne sich nicht aus einem vielleicht lästig gewordenen Grundstücks-

---

561 Werner in Werner/Pastor, Rn 669 mit Verweis auf BGH, NJW 1976, 1931 ff.
562 Breiholdt, MDR 1987, 810 ff., 811
563 Custodis, DNotZ 1973, 526 ff., 533
564 Doerry, ZfBR 1991, 48 ff., 51, Doerry in Festschrift für Baumgärtel, S. 41 ff., 51
565 BGH, BauR 1978, 232 ff. = NJW 1978, 1434 ff.
566 Hesse, BauR 1977, 73 ff., 79

kaufvertrag lösen, indem er sich auf die Nichtigkeit der Architektenbindungsvereinbarung zurückziehe.[567] Hesse stellt jedoch im Weiteren darauf ab, wie der Erwerbsvertrag und die Architektenbindung miteinander verknüpft sind. Schwierigkeiten könne es dann beispielsweise geben, wenn beide in einem einheitlichen Vertragswerk niedergelegt sind. Einzelheiten könnten sowohl den vereinbarten Erwerb betreffen als auch der Erleichterung der Durchsetzung der Architektenbindung dienen. Es sei daher jeweils zu untersuchen, ob solche Bestimmungen ihren Sinn verlieren, wenn der Architektenvertrag nichtig sei. Sollte dies der Fall sein, dann würden jedenfalls diese Teile des Vertrags ebenfalls entfallen. Sie blieben dagegen jedoch wirksam, falls sie trotz des Wegfalls der Architektenbindung noch – wenn auch nur eingeschränkt – Bedeutung behalten.

Vygen[568] schließt sich der Auffassung von Hesse weitgehend an. Er geht ebenfalls davon aus, dass Art. 10 § 3 MRVG ausdrücklich anordnet, dass – anders als bei § 139 BGB – nicht auf den Parteiwillen abzustellen ist. Das Erwerbsgeschäft sei wirksam auch dann, wenn die Parteien – vor allem der Veräußerer – den Grundstücksveräußerungsvertrag nicht ohne den Architektenvertrag abgeschlossen hätten. Dies schließe aber grundsätzlich eine Anwendung des § 139 BGB aus anderen Gründen nicht aus.

2.2.3. Stellungnahme

Die Ausführungen von Hesse, Vygen sowie des Landgerichts Essen und des Oberlandesgerichts Hamm sind zutreffend. Grundsätzlich ist aufgrund der Intention des Gesetzgebers davon auszugehen, dass bei der Frage der Auswirkung der Nichtigkeit des Architektenvertrags auf den Grundstücksvertrag nicht der Parteiwille maßgeblich ist. Es kommt somit nicht darauf an, ob die Parteien, insbesondere der Veräußerer, den Grundstückskaufvertrag nicht ohne Architektenbindung geschlossen hätte. Gerade dann, wenn eine solche Verknüpfung beabsichtigt ist, liegt ein besonders gravierender Verstoß gegen das Architektenkoppelungsverbot vor. Dann nämlich wird häufig die Verfügbarkeit über das Grundstück als Instrument zum Abschluss eines Architektenvertrages eingesetzt. Würde man in solchen Fällen über § 139 BGB neben der Architektenbindungsvereinbarung bzw. dem Architektenvertrag auch den Grundstückserwerbsvertrag als nichtig ansehen, könnte der Veräußerer genau das erreichen, was Art. 10 § 3 Satz 2 MRVG verhindern will. Er könnte den Käufer, der das Grundstück nicht aufgeben will, faktisch zur Durchführung des nichtigen Architektenvertrags zwingen. Deshalb kommt es im Rahmen des Art. 10 § 3 MRVG nicht auf den Parteiwillen an.

---

567 Hesse, BauR 1977, 73 ff., 79
568 Vygen in Korbion/Mantscheff/Vygen, Art. 10 § 3 MRVG Rn. 3, 40

Dies führt konsequenterweise[569] dazu, dass sich auch der Käufer nicht darauf berufen kann, es habe dem beiderseitigen Parteiwillen oder zumindest dem Willen des Veräußerers entsprochen, den Architektenvertrag mit dem Grundstückskaufvertrag zu verknüpfen. Auch der „kaufreuige" Erwerber kann sich mit dieser Argumentation nicht über § 139 BGB von dem Grundstückskaufvertrag lösen. Die Entscheidungen der Oberlandesgerichte Köln[570] und Koblenz[571], die dies anders sehen, sind in ihrer Begründung unrichtig und dogmatisch nicht haltbar. Sie übersehen, dass es nicht darauf ankommt, ob sich der Erwerber oder der Veräußerer auf die Koppelung zwischen Architektenvertrag und Grundstückserwerbsvertrag beruft. Art. 10 § 3 MRVG ist keine Schutzvorschrift zugunsten des Erwerbers eines Grundstücks. Art. 10 § 3 Satz 2 MRVG enthält deshalb konsequenterweise keine Differenzierung hinsichtlich der Rechtsfolgen für den Verkäufer oder Käufer. Das Ergebnis steht auch nicht im Widerspruch zu der Entscheidung des Bundesgerichtshofs aus dem Jahre 1978.[572] Der Bundesgerichtshof hatte lediglich darüber zu entscheiden, ob der Erwerber des Hauptgrundstücks auch verpflichtet war, das Parkplatzgrundstück zu erwerben. Da er diese Verpflichtung nicht eingegangen wäre, ohne die Vereinbarung das Hauptgrundstück nach den Plänen des Architekten zu bebauen, hat der Bundesgerichtshof zutreffend gemäß § 139 BGB die Nichtigkeit der Erwerbsvereinbarung angenommen. Zu der Frage der Wirksamkeit des Vertrags bezüglich des Hauptgrundstücks macht der Bundesgerichtshof dagegen keine Aussage. Wie Jagenburg[573] zutreffend ausgeführt hat, war dieser Vertrag wirksam.

3. Verknüpfung weiterer Vereinbarungen mit der unzulässigen Architektenbindung und deren Nichtigkeit über § 139 BGB

Sind weitere Vereinbarungen rechtlich und tatsächlich mit der Architektenbindung verknüpft (also nicht nur der Grundstückserwerbsvertrag), so kommt es für deren Wirksamkeit darauf an, ob sie auch ohne die Architektenbindung vereinbart worden wären. Insoweit richtet sich die Frage der Nichtigkeit nach § 139 BGB.[574]

---

569 Siehe Hesse BauR 1977, 73 ff. 79; OLG Hamm ibr-online: OLG Hamm Urteil vom 16.12.2005 – 34 U 44/05 –; LG Essen Urteil vom 30.11.2004 – 3 O 351/04 –
570 OLG Köln Schäfer/Finnern Z 7.10 BL 8
571 OLG Koblenz DNotZ 2001, 190 ff.
572 BGH, BauR 1978, 232 ff. = NJW 1978, 1434 ff.
573 Jagenburg in Bindhardt/Jagenburg, § 2 Rn. 108
574 Hesse, BauR 1977, 73 ff., 80, Locher/Koeble/Frik, § 3 MRVG Rn. 18; BGH, BauR 1978, 232 ff. = NJW 1978, 1434 ff.

In Betracht kommen Vereinbarungen bezüglich der Betreuung im Rahmen der Finanzierung des Bauvorhabens[575] oder Bauverträge und Baubetreuungsverträge[576] sowie Bauwerksverträge,[577] aber auch Garantievereinbarungen. Nicht zu derartigen Vereinbarungen zählen allerdings im notariellen Grundstückskaufvertrag neben der Architektenbindung enthaltene zusätzliche Verpflichtungen, entsprechend den Plänen des zu beauftragenden Architekten zu bauen. Die Bauverpflichtung hängt unmittelbar und untrennbar mit der Architektenbindung selbst zusammen (schon aus urheberrechtlichen Gründen kann häufig ein bestimmter Bauentwurf nicht ohne Zustimmung des jeweiligen Planers umgesetzt werden). Sie ist daher als Teil der Architektenkoppelungsvereinbarung nach Art. 10 § 3 MRVG nichtig.[578]

4. Beurkundungszwang

Grundsätzlich ergibt sich aus Art. 10 § 3 Satz 2 MRVG, dass die Unwirksamkeit des Architektenvertrags nicht den auf den Erwerb des Grundstücks gerichteten Vertrag berührt. Problematisch ist allerdings, ob bei einer Architektenbindungsvereinbarung oder einem Architektenvertrag, der im Zusammenhang mit einem Grundstückskaufvertrag abgeschlossen wird, eine Nichtigkeit des Grundstückskaufvertrags dann gegeben ist, wenn die Architektenbindungsvereinbarung bzw. der Architektenvertrag nicht zusammen mit dem Grundstückskaufvertrag beurkundet wurde (§ 125 BGB i.V.m. § 311 b BGB).

§ 311 b BGB umfasst nicht nur die Verpflichtung zur Beurkundung des Veräußerungsgeschäfts, sondern es müssen alle Vereinbarungen, aus denen sich das schuldrechtliche Grundstücksgeschäft nach dem Willen der Parteien zusammensetzt, beurkundet werden.[579] Eine nicht formbedürftige Vereinbarung bedarf dann der notariellen Beurkundung, wenn sie rechtlich mit dem Grundstücksgeschäft zusammenhängt. Dies ist dann gegeben, wenn die Einzelerklärungen so vonein-

---

575 Hesse ‚BauR 1977, 73 ff., 80
576 LG Köln, MitRhNotK 1977, 175 ff, 176; Locher/Koeble/Frik, § 3 MRVG Rn. 18
577 KG Schäfer/Finnern/Hochstein/Korbion, Art. 10 § 3 MRVG Nr. 8; BGH, BauR 1991, 114 ff., 115
578 ibr-online: OLG Hamm Urteil vom 16.12.2005 – 34 U 44/05 –; LG Essen Urteil vom 30.11.2004 – 3 O 351/04; KG, NJW-RR 1992, 916 ff., 917
579 BGH, NJW 1978, 102 ff.; BGH, NJW 1975, 536 ff.; OLG Hamm, NJW-RR 1995, 1045 ff.; OLG Köln, NJW-RR 1996, 1484 ff.; Hagen/Krüger in Hagen/Brambring/Krüger/Hertel, Rn. 94; Brambring, DNotZ 1980, 281 ff., 284; BGH, BauR 1981, 67 ff.

ander abhängen, dass sie miteinander „stehen und fallen" sollen[580], d.h. wenn die Verträge nur gemeinsam gelten sollen bzw. in gegenseitiger Abhängigkeit stehen.[581] Es muss das Grundstücksgeschäft von dem Abschluss des anderen Rechtsgeschäfts abhängen oder beide müssen gegenseitig voneinander abhängig sein.[582] Nicht ausreichend ist es, wenn nur das andere Geschäft von dem Grundstücksgeschäft abhängt.[583]

Der Abschluss des anderen Geschäftes kann gleichzeitig, nachher oder auch im engen zeitlichen und sachlichen Zusammenhang vor dem Grundstücksgeschäft erfolgen.[584]

Personenidentität bei den jeweiligen Vertragspartnern der beiden Geschäfte ist nicht erforderlich.[585]

Grundsätzlich kommt es darauf an, dass entweder beide Vertragspartner der jeweiligen Verträge einen Willen dahingehend haben, dass die Geschäfte miteinander „stehen und fallen" sollen oder aber zumindest ein Vertragspartner einen solchen Einheitlichkeitswillen erkennen lässt und der andere dies erkennt und hinnimmt.[586] Ein rechtlicher Zusammenhang wurde somit auch dann angenommen, wenn zumindest eine der Parteien für die andere erkennbar den Abschluss eines Geschäfts zur Bedingung für den Abschluss des anderen Geschäfts gemacht hat.[587]

---

580 Schöner/Stöber, Rn. 3120; Hagen/Krüger in Hagen/Brambring/Krüger/Hertel, Rn. 94; OLG Koblenz, OLGR 2002, 54 ff.; OLG Hamm, NJW-RR 1995, 1045 ff.; OLG Köln, NJW-RR 1996, 1484 ff.; BGHZ 78, 346 ff., 349; BGHZ 76, 43 ff., 49; BGH NJW 1984, 72 ff., 73; OLG Brandenburg OLGR 2003, 7 ff., 8; OLG Frankfurt, OLGR 2002, 61 ff.; OLG Celle, OLGR 2007, 439 ff.
581 Wufka in Staudinger, § 311 b BGB Rn. 173
582 Kanzleiter in Münchener Kommentar, § 311 b BGB Rn. 54; Gehrlein in Bamberger/Roth, § 311 b BGB Rn 25; Wufka in Staudinger, § 311 b BGB Rn. 174, 175; OLG Celle, OLGR 2007, 439 ff.; Krauß, Rn. 182
583 Wufka in Staudinger, § 311 b BGB Rn. 174, 175; Kanzleiter in Münchener Kommentar, § 311 b BGB Rn. 52; Gehrlein in Bamberger/Roth, § 311 b BGB Rn. 25; Heinrichs in Palandt, § 311 b BGB Rn. 32; BGH, NJW 2000, 951 ff.; BGH, NJW 2001, 226 ff.; OLG Celle, OLGR 2007, 439 ff.; Krauß, Rn. 183
584 Kanzleiter in Münchener Kommentar, § 311 b BGB Rn. 54; Gehrlein in Bamberger/Roth, § 311 b BGB Rn. 25; Wufka in Staudinger, § 311 b BGB Rn. 174, 175
585 Schöner/Stöber, Rn. 3120; Hagen/Krüger in Hagen/Brambring/Krüger/Hertel, Rn. 94; BGH, BauR 1981, 76 ff.; OLG Köln NRW-RR 1996, 1484 ff.; OLG Celle, OLGR 2007, 439 ff.
586 Zeiss, BWNotZ 1984, 129 ff.; Sandkühler in Arndt/Lerch/Sandkühler DNotO § 19 Rn. 82; ibr-online : OLG Karlsruhe Urteil vom 15.01.2003 – 13 U 51/02 –; BGH, NJW 2002, 2559 ff.; Hagen/Krüger in Hagen/Brambring/Krüger/Hertel, Rn. 94; OLG Frankfurt, OLGR 2002, 61 ff.; OLG Hamm, NJW-RR 1995, 1045 ff.; BGH, DNotZ 1971, 410 ff.; BGHZ 1976, 43 ff., 49
587 OLG Frankfurt, OLGR 2002, 61 ff.

Zu beurkundungspflichtigen Abreden und Vereinbarungen im Zusammenhang mit einem Grundstückserwerbsgeschäft können beispielsweise Bauwerksverträge, insbesondere auch Fertighausverträge, Pachtverträge etc gehören[588] Auch Architektenverträge können auf diese Weise beurkundungspflichtig werden. So hat das Oberlandesgericht Düsseldorf[589] entschieden, dass ein Architektenvertrag dann beurkundet werden muss, wenn sein Abschluss einen nicht unerheblichen tatsächlichen Zwang zum Erwerb des Baugrundstücks mit sich bringt. Ein Verknüpfungswille ist erst recht dann anzunehmen, wenn sogar im Rahmen einer Architektenbindungsvereinbarung der Erwerber die Verpflichtung übernimmt, nach bestimmten Architektenplänen (z.B. prämierten Plänen eines Architektenwettbewerbs-Siegers) ein Bauvorhaben auf einem zu erwerbenden Grundstück mit dem Architekten zu verwirklichen. Immer dann, wenn nach dem Willen beider Parteien oder zumindest erkennbar einer der Parteien der Abschluss des Grundstückskaufvertrags von dem Abschluss des Architektenvertrags abhängig sein soll muss auch der Architektenvertrag bzw. die Bindungsvereinbarung mit beurkundet werden. Geschieht dies nicht, so liegt ein Verstoß gegen § 311 b BGB vor und führt zur Nichtigkeit der nicht beurkundeten Vereinbarung wegen Formmangels (§ 125 BGB).[590] Das Schicksal des anderen Geschäfts, d.h. hier des Grundstücksvertrags, richtet sich bei derartig zusammengesetzten Rechtsgeschäften nach § 139 BGB.[591] Danach ist davon auszugehen, dass dann, wenn ein Teil des Rechtsgeschäfts nichtig ist, das ganze Rechtsgeschäft von der Nichtigkeit ergriffen wird, wenn nicht anzunehmen ist, dass auch ohne den nichtigen Teil das restliche Geschäft vorgenommen worden wäre. Gerade dann, wenn nach den Erklärungen bzw. dem Willen der Parteien die Rechtsgeschäfte miteinander „stehen und fallen" sollen, ist somit davon auszugehen, dass beide Verträge nichtig sind.

Man kommt dadurch zu dem widersprüchlichen Ergebnis, dass die Nichtigkeit des Architektenvertrags auf die Wirksamkeit des Grundstückskaufvertrags gemäß Art. 10 § 3 Satz 2 MRVG keine Auswirkung hat, die fehlende Beurkundung des nichtigen Architektenvertrags u.U. aber Anlass ist, über § 139 BGB eine Gesamtnichtigkeit von Architektenvertrag und Grundstückserwerbsvertrag anzunehmen.

Mit diesem Problem haben sich in Literatur lediglich Wolfsteiner und Schmidt und in der Rechtsprechung das Landgericht Essen sowie das Oberlan-

---

588 Schöner/Stöber, Rn. 3120; BGH, NJW 1994, 721 ff.; Gehrlein in Bamberger/Roth, § 311 b BGB Rn. 25, 26; Kanzleiter in Münchener Kommentar, § 311 b BGB Rn. 55
589 OLG Düsseldorf, NJW-RR 1993, 667 ff., 668
590 Kanzleiter in Münchener Kommentar, § 311 b BGB Rn. 68
591 Kanzleiter in Münchener Kommentar, § 311 b BGB Rn. 71; Wufka, Staudinger, § 311 b BGB Rn. 237

desgericht Hamm, wenn auch in einer anderen Fallgestaltung, beschäftigt. Wolfsteiner[592] geht davon aus, dass eine Verpflichtung, die erst im Grundstückskaufvertrag begründet wird, dem Beurkundungszwang unterfällt. Beurkundungspflichtig sei in der Regel aber auch ein vor dem Grundstückskaufvertrag abgeschlossener Architektenvertrag, sei es, weil der Käufer durch die Verpflichtung, den Architektenvertrag erfüllen zu müssen, zum Kauf des schon vom Architekten vorbestimmten Grundstücks genötigt werde[593], sei es weil eine Partei das Bestehen des Architektenvertrags zur Bedingung des Kaufes machen will. Wolfsteiner vertritt daher die Auffassung, dass der in Art. 10 § 3 MRVG zugrunde gelegte Fall, wonach nach der Unwirksamkeit des nicht beurkundeten Architektenvertrags ein wirksamer Grundstückskaufvertrag übrig bleiben soll, nur dann möglich sei, wenn der formnichtige Vertrag später nach § 313 Satz 2 a.F. BGB geheilt werde.

Anders sieht dies Schmidt.[594] Er geht nur für den Fall der Vereinbarung eines wirksamen Vertrags mit einem gewerblich tätigen Architekten von einer Beurkundungspflicht des Vertrags aus und zwar dann, wenn der Grundstückskaufvertrag eine rechtliche Einheit mit dem Bauvertrag über die Errichtung eines Hauses bildet. Im Rückschluss bedeutet dies, dass der Autor offensichtlich der Meinung ist, dass bei einem Vertrag, der wegen Verstoßes gegen das Kopplungsverbot nichtig ist, eine Beurkundungspflicht nicht gegeben ist. Ausdrücklich wird diese Frage von ihm jedoch nicht behandelt.

Das Landgericht Essen[595] und das Oberlandesgericht Hamm[596] hatten sich mit der Frage zu beschäftigen, welche Auswirkungen eine unzureichende Beurkundung einer Bauverpflichtung, die im Zusammenhang mit einer Architektenbindungsvereinbarung stand, auf den restlichen Grundstückskaufvertrag hat. Wie bereits oben (s. Seite 170 ff.) ausgeführt, hatten in dem zu entscheidenden Fall die Parteien vereinbart, dass nach den Plänen des im Architektenwettbewerb erstprämierten Siegers gebaut werden sollte und die Wettbewerbssieger mit der Durchführung der Architektenleistung zu beauftragen waren. Die Architektenpläne waren nicht mit beurkundet worden. Der Erwerber wandte daher ein, dass aufgrund nicht ausreichender Beurkundung der Bauverpflichtung auch der Grundstückskaufvertrag nichtig sei. Das Oberlandesgericht Hamm entschied, ebenso wie das Landgericht Essen, dass die Bauverpflichtung als Teil der Architektenbindungsvereinbarung wegen Verstoßes gegen Art. 10 § 3 MRVG nichtig sei. Aus Art. 10 § 3 Satz 2 MRVG ergebe sich, dass die unwirksame Architektenbin-

---

592 BayNotZ 1978, 52 ff., 55
593 So auch BGH, NJW 1971, 557 ff.
594 Schmidt, DNotZ 1989, 749 ff., 752
595 LG Essen Urteil vom 30.11.2004 – 3 O 351/04 –
596 ibr-online: OLG Hamm Urteil vom 16.12.2005 – 34 U 44/05 –

dung keinen Einfluss auf die Wirksamkeit des Grundstückskaufvertrags haben solle. Dann könne aber auch ein Formverstoß innerhalb dieser unwirksamen Teilregelung wie die unterbliebene Einbeziehung des Wettbewerbsentwurfs in den notariellen Vertrag nach § 9 Abs. 1 Satz 2, § 13 Abs. 1 Beurkundungsgesetz nicht gemäß §§ 125, 313 BGB a.F. zu einer Nichtigkeit des gesamten Vertrags führen. Ansonsten würde der Vereinbarung einer unzulässigen Architektenkoppelung eine Bedeutung zukommen, die sie nach Art. 10 § 3 Satz 2 MRVG gerade nicht haben solle.[597]

Der Entscheidung des Oberlandesgerichts Hamm ist zuzustimmen. Sie ist auch übertragbar auf den Fall der fehlenden Beurkundung des wegen Koppelungsverbots nichtigen Architektenvertrags in den Fällen, in denen der Vertrag mit dem Grundstückserwerbsvertrag „stehen und fallen" soll. Das Oberlandesgericht hat zutreffend festgehalten, dass eine fehlende oder unzureichende Beurkundung einer Bauverpflichtung im Zusammenhang mit einer nichtigen Architektenkoppelung nicht dazu führen kann, dass wegen deren Formnichtigkeit der Grundstückserwerbsvertrag unwirksam ist.[598] Würde man anders entscheiden, käme man zu einem unbefriedigenden Ergebnis. Nach Art. 10 § 3 Satz 2 MRVG bleibt der Grundstückskaufvertrag grundsätzlich wirksam. Wird dann aber die nichtige Architektenbindungsvereinbarung oder die mit ihr verbundene Bauverpflichtung nicht oder nicht ausreichend beurkundet, dann wäre der Grundstückskaufvertrag wegen Verstoßes gegen §§ 125 BGB, 311 b BGB, § 139 BGB unwirksam. Dies ist vom Gesetzgeber nicht gewollt: Dem Sinn und Zweck des Art. 10 § 3 Satz 2 MRVG würde eine solche Betrachtungsweise widersprechen. Wie das Oberlandesgericht Hamm zu Recht ausgeführt hat, ist die Beurkundungspflicht des § 313 a.F. BGB (§ 311 b n.F. BGB), kein Selbstzweck. Ist eine Vereinbarung ohnehin aus anderen Gründen (wie z.B. wegen Verstoßes gegen Art. 10 § 3 MRVG) nichtig, dann wird sie nicht Teil des Rechtsgeschäfts[599], weil sie nicht wirksam ist. Rechte und Pflichten sind aus der Vereinbarung nicht abzuleiten. Eine Beurkundungspflicht besteht aber nur da, wo Erklärungen Rechtswirkungen erzeugen sollen.[600] Nichtige Erklärungen erzeugen aber keine Rechtswirkungen. Es besteht daher keine Notwendigkeit die Parteien bezüglich der rechtlichen Wirkungen der Bestimmung aufzuklären, zu warnen oder zu schützen. Eine fehlende Beurkundung einer nichtigen Vereinbarung kann deshalb

---

597 ibr-online: OLG Hamm Urteil vom 16.12.2005 – 34 U 44/05 –, S. 6
598 So auch zustimmend zur Entscheidung OLG Hamm: Christiansen-Geiss, IBR 2006, 206
599 LG Essen Urteil vom 30. 11. 2004 – 3 O 351/04 –
600 Brambring, DNotZ 1980, 280 ff., Huhn/von Schuckmann, § 9 Rn. 15

nicht zur Nichtigkeit des damit verbundenen (beurkundeten) Grundstücksgeschäfts führen,[601]

Würde man verlangen, dass die nichtige Architektenvereinbarung oder Bauverpflichtung beurkundet wird, weil sie mit dem Grundstückskaufvertrag „stehen und fallen" soll, dann könnte mittels dieses Formerfordernisses Art. 10 § 3 Satz 2 MRVG umgangen werden. Dies entspricht aber nicht dem gesetzgeberischen Willen. Es käme sonst dazu, dass derjenige durch die Formnichtigkeit geschützt würde, der besonders gezielt gegen Art. 10 § 3 MRVG verstößt. Gerade dann, wenn der Veräußerer oder Architekt die Architektenbindung nämlich möglichst verschleiern will, um die Nichtigkeitsfolgen des Art. 10 § 3 MRVG zu umgehen und die Architektenbindung (oder den Architektenvertrag) mündlich oder allenfalls privatschriftlich vereinbart, würde eine Beurkundungspflichtverletzung zu einem nichtigen Grundstückskaufvertrag führen. Dies entspricht jedoch nicht dem Sinn und Zweck des Art. 10 § 3 Satz 2 MRVG.

Interessanterweise hat diese Auffassung auch bisher kein Gericht vertreten. Fast sämtliche Autoren, die sich mit Art. 10 § 3 MRVG beschäftigen, haben die Frage der Beurkundungspflicht nicht thematisiert. Offensichtlich ist dies von ihnen entweder nicht als Problem erkannt worden oder aber im obigen Sinne beurteilt worden. Unter Umständen hat man diesem Problem aber auch deshalb keine große Bedeutung beigemessen, weil über § 313 Abs. 2 BGB a.F./§ 311 b Abs. 2 BGB n.F. die Formunwirksamkeit des Grundstücksvertrags durch Eintragung im Grundbuch geheilt wird. In den meisten Fällen wird daher der Formverstoß ohnehin keine nachhaltige Wirkung entfalten.

5. Folgen des nichtigen Architekten-/Ingenieurvertrags

5.1. Ansprüche des Architekten/Ingenieurs

Es stellt sich grundsätzlich die Frage, ob der Architekt im Falle der Nichtigkeit des Architektenvertrags trotz evtl. erbrachter Leistungen keinerlei Honorierung erhält. Vertragliche Architektenhonoraransprüche sind nicht gegeben. Er hat daher nur die Möglichkeit, über nicht vertragliche Anspruchsgrundlagen einen Ausgleich zu erhalten.

---

601 So auch Werner/Christiansen-Geiss in Festschrift für Ganten, S. 45 ff. 51

5.1.1. Ansprüche des Architekten/Ingenieurs aus GOA (§§ 683, 670 BGB)

5.1.1.1. Übernahme der Geschäftsführung

Die Geltendmachung solcher Ansprüche setzt voraus, dass eine Übernahme der Geschäftsführung vorliegt. Dies kann in Gestalt der Planung und/oder der Erbringung der übrigen Leistungen des § 15 HOAI erfolgen.

5.1.1.2. Im Interesse und mit Willen des Bauherrn

Die Tätigkeit muss dem Interesse des Bauherrn sowie dem wirklichen oder mutmaßlichen Willen des Bauherrn entsprechen. Im Interesse des Bauherrn liegt die Tätigkeit dann, wenn sie nützlich, d.h. sachlich vorteilhaft, für den Bauherrn ist.[602] Ein daneben bestehendes Eigeninteresse des Geschäftsführers schadet nicht.[603] Die Tätigkeit des Architekten/Ingenieurs wird in der Regel dem Interesse und dem Willen sowohl des Bauherrn als auch des Architekten/Ingenieurs entsprechen. Es ist in erster Linie das tatsächliche Interesse und der wirklich geäußerte Wille entscheidend. Ist dazu nichts festsellbar, wird auf das mutmaßliche Interesse und den mutmaßlichen Willen abgestellt. Der wirkliche Wille kann ausdrücklich oder konkludent geäußert werden. Unter dem mutmaßlichen Willen wird derjenige verstanden, den der Bauherr (Geschäftsführer) bei objektiver Beurteilung aller Umstände im Zeitpunkt der Übernahme des Geschäfts geäußert haben würde.[604]

Zu der Frage, ob und wann die Geschäftsführung dem wirklichen oder mutmaßlichen Interesse und Willen des Bauherrn entspricht, wenn der Architektenvertrag gemäß Art. 10 § 3 MRVG unwirksam ist, finden sich in Rechtsprechung und Literatur nur wenige Stellungnahmen. Ausführlich haben sich mit der Problematik nur Locher[605] und Locher/Koeble/Frik[606] auseinandergesetzt.

Locher[607] vertritt die Auffassung, dass im Regelfall davon auszugehen sei, dass Ansprüche aus §§ 683, 670 BGB ausscheiden. Es fehle bei einem Verstoß gegen das Koppelungsverbot am Interesse und am Willen des Bauherrn an einer entsprechenden Geschäftsführung, weil durch die Architektenbindung die Beauf-

---

602 Pastor in Werner/Pastor, Rn. 1897, Thomas in Palandt, § 683 Rn. 4
603 Thomas in Palandt, § 683 BGB Rn. 4
604 Pastor in Werner/Pastor Rn. 1897; Seiler in Münchener Kommentar § 683 BGB Rn. 10; OLG München NJW RR 1988, 1013, Thomas in Palandt § 683 BGB Rn. 7
605 Locher in Festschrift für Vygen S. 28 ff., 30 ff.
606 Locher/Koeble/Frik Art. 10 § 3 MRVG Rn. 16
607 Locher in Festschrift für Vygen S. 28 ff., 30

tragung des Architekten „aufgezwungen" und eine freie Auswahl im Sinne des Leistungswettbewerbs verhindert wurde.

Anders sehen dies Locher/Koeble/Frik.[608] Sie gehen davon aus, dass grundsätzlich Ansprüche auf Aufwendungsersatz nach §§ 683, 670 BGB möglich sind. Im Regelfall seien solche Ansprüche gegeben. Zur Begründung verweisen sie auf die Rechtsprechung des Bundesgerichtshofs zur Unwirksamkeit eines Bauvertrags, die sie hier entsprechend anwenden wollen. Die Entscheidung des Bundesgerichtshofs[609], auf die Locher/Koeble/Frik Bezug nehmen, beschäftigt sich mit einem Fall, bei dem wegen Formnichtigkeit der Zusatzvereinbarung ein Vergütungsanspruch eines Bauunternehmers nicht gegeben war. Der Bundesgerichtshof hat in diesem Fall ausgeführt, dass nach seiner Rechtsprechung bei Nichtigkeit eines Vertrages unbeschränkt auf die Grundsätze der §§ 677 ff. BGB zurückgegriffen werde könne, wenn ihre sonstigen Voraussetzungen gegeben seien.

Ob allerdings ein Vergleich mit einer Vertragsnichtigkeit wegen Formverstoßes gezogen werden kann, ist fraglich: Formvorschriften haben eine andere Zielrichtung als Art. 10 § 3 MRVG. Insbesondere kann bei einer Verletzung von Formvorschriften nicht auf einen fehlenden Willen des Geschäftsherrn geschlossen werden.

Die Frage, ob §§ 683, 670 BGB auf Architektenkoppelungsvereinbarungen angewandt werden kann, bedarf einer differenzierten Betrachtung. Die §§ 683, 670 BGB setzen voraus, dass zunächst das tatsächliche Interesse und der tatsächliche Wille des Geschäftsherrn erforscht wird. Es sind durchaus Fälle denkbar, in denen die Tätigkeit des Architekten auch bei einem nach Art. 10 § 3 MRVG unwirksamem Architektenvertrag dem tatsächlichen Interesse und Willen des Bauherrn entspricht. Dies gilt z.B., wenn dem Bauherrn die Planung zusagt, er seine Wünsche und Vorstellungen entsprechend mit einbringen kann und der Architekt u.U. sogar attraktive zusätzliche Verpflichtungen übernimmt, wie die Verpflichtung zur Einhaltung einer Garantiesumme, Vertragsstrafeversprechen etc. Auch, dann wenn es dem Erwerber gerade auf den Abschluss des Vertrages mit dem „bestimmten" Architekten ankommt, entspricht die Architektentätigkeit dem tatsächlichen Interesse und Willen des Erwerbers. Es muss somit jeweils im Einzelfall überprüft werden, ob das tatsächliche Interesse und der tatsächliche Wille des Bauherrn feststellbar ist.

Kann man mangels konkreter Anhaltspunkte für das tatsächliche Interesse und den tatsächlichen Willen nur auf das mutmaßliche Interesse und den mutmaßlichen Willen des Bauherrn abgestellt werden, so ist die Auffassung von Locher zutreffend. Da es sich bei der Architektenbindung um eine aufgezwungene Ent-

---

608 Locher/KoebleFrik ,Art. 10 § 3 MRVG Rn. 16
609 BGH, BauR 1994, 110 ff.

scheidung handelt, kann man nicht davon ausgehen, dass die Tätigkeit des Architekten dem mutmaßlichen Interesse und Willen des Bauherrn entspricht.

5.1.1.3. Umfang und Höhe des Aufwendungsersatzanspruches

Bejaht man im Einzelfall, dass die Tätigkeit des Architekten dem tatsächlichen Interesse und Willen des Bauherrn entspricht, fragt es sich, wie weit ein Aufwendungsersatzanspruch geht.

5.1.1.3.1. Erforderliche Aufwendungen

Ersetzt werden nur die erforderlichen Aufwendungen. Aufwendungen, die durch die Rechtsordnung missbilligt werden, sind nicht erforderlich. Für sie kann daher kein Ersatz verlangt werden.[610] Werden also Aufwendungen aus Anlass von Tätigkeiten gemacht, die gesetzlich verboten sind (d.h. missbilligt werden), dann sind sie nicht nach §§ 683, 670 BGB zu erstatten.[611] Fraglich ist, ob hier eine vom Gesetzgeber verbotene bzw. missbilligte Tätigkeit vorliegt.

Locher[612] geht davon aus, dass dies der Fall ist. Für Ansprüche des Architekten aus Geschäftsführung ohne Auftrag verbleibe nach der Rechtsprechung nur insoweit Raum, als die Unwirksamkeit des Vertrags nicht auf einem gesetzlichen Verbot beruhe. Art. 10 § 3 MRVG stelle ein solches Verbot dar. Konkret hat sich Locher jedoch nicht damit auseinandergesetzt, ob im Falle des Verstoßes gegen das Koppelungsverbot tatsächlich eine Tätigkeit vorliegt, die gesetzlich verboten ist. Konsequenterweise müsste er – ebenso wie später bei § 817 Satz 2 BGB – zu dem Ergebnis kommen, dass das Koppelungsverbot nicht die Architektenleistungen selbst, also die Tätigkeit des Architekten, missbilligt, sondern nur die Architektenbindung und somit die Verhinderung der freien Wahl des Architekten durch den Erwerber.[613] Nicht die Tätigkeit des Architekten an sich, sondern nur die konkrete Verbindung mit dem Grundstückserwerbsgeschäft ist verboten (zu § 817 Abs. 2 BGB s. Seite 201 ff.).

Der Fall des Verstoßes gegen Art. 10 § 3 MRVG ist daher auch anders zu behandeln als Verstöße gegen das RBMG (Gesetz zur Verhütung von Missbräuchen auf dem Gebiet der Rechtsberatung). Der Bundesgerichtshof hat in mehreren Entscheidungen ausgeführt, dass bei Verstößen gegen das RBMG ein Aufwendungsersatzanspruch aus §§ 683, 670 BGB ausscheide. Die Aufwendun-

---

610 Thomas in Palandt, § 670 BGB Rn. 5; Locher in Festschrift für Vygen S. 28 ff., 30
611 Siehe dazu auch; BGHZ 118, 142 ff.,145; BGHZ 111, 308 ff., 311; BGHZ 37, 258 ff.,263; Seiler in Münchener Kommentar, § 683 BGB Rn. 17
612 Locher in Festschrift für Vygen S. 28 ff., S. 30;
613 Locher in Festschrift für Vygen S. 28 ff., S. 35

gen seien aus einer vom Gesetz verbotenen Tätigkeit entstanden.[614] Solche Aufwendungen dürfe der Geschäftsführer daher nicht für erforderlich halten.[615]

Ein Verstoß gegen das RBMG ist mit einem solchen gegen Art. 10 § 3 MRVG jedoch nicht vergleichbar. Wird gegen das RBMG verstoßen, durfte der Geschäftsführer zulässigerweise die Tätigkeit gar nicht ausüben. Art. 10 § 3 MRVG missbilligt dagegen nicht die Erbringung von Planungs- und Ausführungsleistungen durch Architekten/Ingenieure, sondern nur deren Koppelung mit dem Grundstücksvertrag. Spätestens nach Erwerb des Grundstücks durch den Bauherrn/Erwerber kann aber – wie bereits ausgeführt wurde – durch Bestätigung (§ 141 BGB) ein wirksamer Vertrag geschlossen werden. Das belegt, dass die Tätigkeit an sich nicht verboten ist.

Festzuhalten ist demnach, dass bei der Erbringung von Architektenleistungen aufgrund eines wegen Koppelungsverbots nichtigen Vertrags nicht davon ausgegangen werden kann, dass es sich um Leistungen handelt, die nicht als erforderlich anzusehen sind, weil sie als Tätigkeiten gesetzlich verboten sind.

5.1.1.3.2. Übliche Vergütung

Nach allgemeiner Meinung entspricht bei einer berechtigten Geschäftsführung ohne Auftrag der Aufwendungsersatzanspruch der üblichen Vergütung.[616] Ein Aufwendungsersatzanspruch bemisst sich deshalb nach den Mindestsätzen der HOAI, die als übliche Vergütung i.S. des. §§ 683, 670 BGB anzusehen ist. [617]

5.1.1.3.3. Honorar unterhalb der Mindestsätze

Die übliche Vergütung i. S. des §§ 683, 670 BGB ist bei nichtigen Bauverträgen, aber berechtigter Geschäftsführung ohne Auftrag begrenzt durch den Vertragspreis.[618] Es stellt sich somit die Frage, ob dies auch für den Architekten-/Ingenieurvertrag gilt. Nach § 4 Abs. 2 HOAI können die Mindestsätze vertraglich nur unterschritten werden, wenn bestimmte Voraussetzungen vorliegen. Liegen diese Voraussetzungen vor und war in dem nichtigen Architektenvertrag ein geringeres Honorar als die Mindestsätze vereinbart, so begrenzt sich der Aufwendungsersatz auf die Höhe dieser Vergütung. Denn es ist auch für den nichtigen Architekten-/Ingenieurvertrag davon aus zu gehen, dass der Architekt/Ingenieur durch dessen

---

614 BGH, VersR 1970, 422 ff.; BGH, VersR 1975, 1010 ff., 1012
615 BGH, VersR 1975, 1010 ff., 1012
616 Locher in Festschrift für Vygen S. 28, 29 ff.; Pastor in Werner/Pastor, Rn. 1898 ff.
617 Locher in Festschrift für Vygen S. 28 ff., 30
618 Pastor in Werner/Pastor, Rn. 1898

Unwirksamkeit nicht besser gestellt sein kann als bei Abschluss eines gültigen Vertrags. Vielfach sind jedoch Fälle gegeben, in denen zwar ein unterhalb der Mindestsätze liegendes Architektenhonorar vereinbart wurde, dies aber eine unzulässige Unterschreitung der Mindestsätze darstellt, weil die Voraussetzungen des § 4 Abs. 2 HOAI nicht gegeben sind. In diesen Fällen kann der Architekt bei einem wirksamen Vertrag nach den Mindestsätzen abrechnen. Der Bundesgerichtshof hat angenommen, dass in bestimmten Fällen die Abrechnung auf Mindestsatzbasis allerdings nicht verlangt werden kann.[619] Nach seiner Auffassung verhält sich der Architekt/Ingenieur widersprüchlich, wenn er einerseits mit dem Bauherrn ein unter den Mindestsätzen liegendes Honorar vereinbart, andererseits später aber nach den Mindestsätzen abrechnet. Daran ist er nach Treu und Glauben gehindert, wenn der Bauherr auf die Wirksamkeit der Vereinbarung vertraut hat und vertrauen durfte und sich darauf eingerichtet hatte.[620] Ist der Architektenvertrag wegen Verstoßes gegen das Kopplungsverbot unwirksam, so sind diese Grundsätze auch auf den Aufwendungsersatzanspruch nach §§ 683, 670 BGB anzuwenden. Der Architekt kann mit dem Aufwendungsersatzanspruch keine höhere Honorierung erlangen, als dies bei einem wirksamen Vertrag möglich gewesen wäre. Ansonsten könnte der Architekt noch ein Geschäft aufgrund der Nichtigkeit des Architektenvertrags machen. Dies entspricht aber nicht Sinn und Zweck des Art. 10 § 3 MRVG. Der Architekt soll in diesen Fällen nicht besser gestellt werden, als bei einer wirksamen vertraglichen Vereinbarung.

5.1.1.3.4. Fehlende Verwertung der Architektenleistung

Der Architekt/Ingenieur hat gegenüber dem Bauherrn einen Anspruch auf Aufwendungsersatz nach §§ 683, 670 BGB auch dann, wenn der Erwerber/Bauherr die Architektenleistungen nicht verwertet hat oder verwerten will.[621] Der Aufwendungsersatzanspruch orientiert sich nicht an der noch vorhandenen Bereicherung, sondern ist unabhängig davon. Abzustellen für die Frage der Erforderlichkeit ist auf den Zeitpunkt an dem die Disposition getroffen wurde.[622] Der spätere Wegfall des Verwertungsinteresses wird daher nicht berücksichtigt. Etwas anderes gilt für Ansprüche aus § 812 Abs. 1 Satz 1 BGB (s. Seite 189 ff.).

---

619 BGH, BauR 1997, 677 ff., 679
620 BGH, BauR 1997, 677 ff., 679; Werner in Werner/Pastor Rn. 721
621 Locher in Festschrift für Vygen S. 28 ff., 30; Gold, JA 1994, 205, 211
622 Sprau in Palandt § 670 BGB Rn. 4

5.1.1.4. Ergebnis

Im Ergebnis ist festzuhalten, dass der Architekt/Ingenieur im Einzelfall Ansprüche aus §§ 683, 670 BGB auf Aufwendungsersatz haben kann. Dies hängt davon ab, ob seine Tätigkeit dem tatsächlichen Interesse und Willen des Erwerbers entspricht. Lässt sich keine dahin gehende Feststellung treffen, so ist Locher zu folgen, wonach bei Vorliegen des Koppelungsverbots davon auszugehen ist, dass die Tätigkeit des Architekten nicht dem mutmaßlichen Interesse und Willen des Erwerbers/Bauherrn entspricht.

Sind Ansprüche aus Geschäftsführung ohne Auftrag gegeben, dann scheiden bereicherungsrechtliche Ansprüche aus, da Ansprüche aus §§ 683, 670 BGB dazu führen, dass das Tätigwerden des Geschäftsführers im fremden Rechtskreis mit Rechtsgrund erfolgt. Dies hat zur Folge, dass für die Bereicherungsansprüche des Geschäftsführers kein Raum mehr ist.[623] Sollten dagegen keinerlei Aufwendungsersatzansprüche aus §§ 683, 670 BGB bestehen, dann sind Ansprüche aus § 812 Abs. 1 Satz 1 BGB i.V.m. § 818 Abs. 2 BGB zu prüfen.

5.1.2. Ansprüche aus Bereicherung(§§ 812 Abs. 1 Satz 1, 818 Abs. 2 BGB)

5.1.2.1. Leistung

Ein Anspruch aus § 812 Abs. 1 Satz 1 BGB setzt voraus, dass eine Leistung erbracht wird. Unter Leistung versteht man nach herrschender Meinung jede auf bewusste und zweckgerichtete Vermögensvermehrung gerichtete Zuwendung.[624]

Das setzt für den Fall des nichtigen Architekten-/Ingenieurvertrags voraus, dass der Architekt/Ingenieur Tätigkeiten entfaltet hat, die als Leistungen i.S. des § 812 Abs. 1 Satz 1 BGB anzusehen sind. Der Architekt muss somit planerisch oder aber im Rahmen der Bauausführung des Bauvorhabens tätig geworden sein. In der Erbringung der Architekten-/Ingenieurleistungen liegt eine bewusste und zweckgerichtete Mehrung fremden Vermögens, d.h. des Vermögens des Erwerbers/Bauherrn.

---

[623] BGH, BauR 1994, 110 ff., 111;ibr-online: OLG Dresden Urteil vom 14.03.03 – 11 U 2152/01 –

[624] Thomas in Palandt, § 812 BGB Rn. 3; BGHZ 58, 184 ff.; BGHZ 40, 272 ff., 277 188

5.1.2.2. Vermögensvorteil

Der Erwerber/Bauherr muss etwas i.S. des § 812 Abs. 1 Satz 1 BGB erlangt haben, d.h. er muss einen Vermögensvorteil erhalten haben. Dies setzt zunächst voraus, dass der Architekt/Ingenieur seine Arbeitsleistungen dem Erwerber/Bauherrn zur Verfügung gestellt hat, ihm also hat zukommen lassen. Bei dem Umfang dessen, was als „erlangt" zu bezeichnen ist, muss aufgrund der tatsächlich erbrachten Leistungen festgestellt werden, was an Arbeiten für den Bauherrn erbracht wurde.

Unproblematisch ist der Fall, dass der Architekt die Leistungsphasen 1 – 8 bzw. 1 – 9 des § 15 Abs.2 HOAI erbracht hat und das Haus mangelfrei erstellt wurde. Der Bauherr hat die Leistungen des Architekten, die den Leistungsphasen 1 – 8 bzw. 1 – 9 des § 15 Abs.2 HOAI entsprechen, erhalten und verwertet. Er hat insoweit einen Vermögensvorteil erhalten. Hat der Architekt dagegen nur die Leistungen bis zur Leistungsphase 4 des § 15 Abs.2 HOAI erbracht und wurde eine Baugenehmigung erteilt, dann hat der Bauherr ebenfalls etwas aufgrund der Planung des Architekten erhalten, nämlich die Baugenehmigung, und ist deshalb um die Leistung der Leistungsphasen 1 – 4 des § 15 Abs.2.HOAI bereichert.[625] Nach Auffassung des Bundesgerichtshofs[626] muss der Architekt in solchen Fällen zu der Bereicherung des Bauherrn auch nichts weiter vortragen.

Problematischer sind dagegen die Zwischenschritte. Hat der Architekt nur Teilleistungen erbracht, z.B. nur die Leistungsphasen 1 – 3 des § 15 Abs. 2 HOAI oder die Leistungsphasen 5 ff. des § 15 Abs.2 HOAI oder aber nur Teile einzelner Leistungsphasen, dann kommt es entscheidend darauf an, inwieweit die Leistungen z.B. in Form von Skizzen, Planungsunterlagen und sonstiger Tätigkeit dem Bauherrn zur Verfügung gestellt wurden.[627] Der Bauherr muss objektiv etwas erlangt haben.[628]

5.1.2.3. Herausgabe des Erlangten

Der Erwerber/Bauherr muss gemäß § 812 Abs. 1 Satz 1 BGB das Erlangte herausgeben oder, wenn dies nicht möglich ist, gemäß § 818 Abs. 2 BGB Wertersatz leisten.

Haben Architektenpläne noch keine Verwertung z.B. im Rahmen der Stellung eines Bauantrags oder der Umsetzung des Bauvorhabens gefunden, dann können

---

625 BGH, BauR 1982, 83 ff.; Pastor in Werner/Pastor, Rn. 1912; Bultmann, BauR 1995, 335 ff, 339
626 BGH, BauR 1982, 83 ff., 85
627 Locher in Festschrift für Vygen S. 28 ff., 31
628 Pastor in Werner/Pastor, Rn. 1912

sie noch herausgegeben werden. Nicht herausgegeben werden können allerdings Leistungen, die sich nicht in den Plänen selbst niedergeschlagen haben. Es ist dann Wertersatz zu leisten. Ist nach den Plänen bereits gebaut worden, so verkörpert sich die Tätigkeit des Architekten/Ingenieurs in dem Bauwerk. Eine Rückabwicklung ist ausgeschlossen.[629] Der Architekt kann dann ebenfalls Wertersatz geltend machen.[630]

Der Bauherr/Erwerber muss dem Architekten/Ingenieur als Wertersatz das erstatten, was er dadurch erspart hat, dass er für die vom Architekten/Ingenieur erbrachte Leistung keinen anderen Architekten/Ingenieur beauftragen musste[631], denn der Erwerber/Bauherr soll aus der gesetzlichen Regelung keinen ungerechtfertigten Vorteil ziehen.[632]

Diskutiert wird, ob und inwieweit der Architekt/Ingenieur Anspruch auf Zahlung hat, wenn seine Leistungen unbrauchbar/mangelhaft sind oder von dem Bauherrn nicht verwertet werden.

In der Literatur und Rechtsprechung wird insoweit – häufig ohne dogmatische Einordnung – für beide Fallvarianten davon ausgegangen, dass dann, wenn Pläne nicht brauchbar/mangelhaft sind oder wenn sie nicht verwertet werden, ein Anspruch des Architekten/Ingenieurs auf Zahlung nicht besteht, weil der Bauherr nicht bereichert ist, er also keine Auslagen erspart hat.[633] Tatsächlich ist jedoch zu differenzieren danach, ob Leistungen unbrauchbar bzw. mangelhaft sind und danach, ob der Bauherr aus anderen Gründen (z.B. wegen Aufgabe der Bauabsicht) Leistungen des Architekten/Ingenieurs nicht verwertet.

5.1.2.3.1. Herausgabe des Erlangten bei mangelhafter/unbrauchbarer Leistung des Architekten/Ingenieurs

Der Bauherr hat grundsätzlich das „Erlangte" herauszugeben. Wenn dies nicht möglich ist, ist gemäß § 818 Abs. 2 BGB Wertersatz zu leisten. Bei der Frage, wie der Wert bemessen wird, gibt es zwei verschiedene Ansatzpunkte. Die herrschende Meinung in Lehre und Rechtsprechung vertritt den objektiven, eine

---

629 Locher in Festschrift für Vygen, 28 ff., 31 ff.; Bultmann, BauR 1995, 335 ff., 339
630 Locher in Festschrift für Vygen S. 28 ff., 31 ff.; Bultmann, BauR 1995, 335 ff., 339
631 Werner in Werner/Pastor, Rn. 695; Pastor in Werner/Pastor, Rn. 1912; BGH, BauR 1994, 653; BGH, BauR 1982, 83 ff.; OLG Düsseldorf, BauR 1975, 140; Vygen in Korbion/Mantscheff/Vygen, Art. 10 § 3 MRVG Rn. 36; Locher/Koeble/Frik, Art. 10 § 3 MRVG Rn. 16
632 BGH, BauR 1978, 60 ff.; Locher, Privates Baurecht Rn. 364
633 Locher/Koeble/Frik, Art. 10 § 3 MRVG Rn. 16; BGH, BauR 1994, 651 ff., 654; BGH, BauR 1982, 83 ff., 86; BGH, BauR 1978, 60 ff., 63; OLG Düsseldorf, BauR 1993, 630 ff.; OLG Hamm, BauR 1992, 217 ff.;; Pastor in Werner/Pastor, Rn. 1911, 1912; Jagenburg, BauR 1979, 91 ff.

Mindermeinung den subjektiven Wertbegriff.[634] Nach dem objektiven Wertbegriff bemisst sich der Wert der erlangten Leistung nach dem objektiven Verkehrswert.[635]

Es kommt danach zunächst einmal nur darauf an, ob eine Architektenleistung erbracht wurde, die bei einer wirksamen Beauftragung vergütungspflichtig gewesen wäre. Der Bauherr muss sich also das anrechnen lassen, was er bei einer anderweitigen Beauftragung an Aufwendungen gehabt hätte. Insoweit ist er durch die Leistung des Architekten objektiv bereichert.

Ist eine Architektenleistung unbrauchbar, weil sie entweder so mangelhaft ist, dass sie nicht verwendbar ist (z.B. fehlende Genehmigungsfähigkeit) oder beispielsweise vollkommen an dem vereinbarten Planungsziel vorbeigeht, dann ist der Wert der Leistung objektiv mit null anzusetzen. Der Bauherr hätte bei Beauftragung eines anderen Architekten keinerlei Aufwendungen für dessen Bezahlung gehabt, weil der Architekt keinen Anspruch auf Honorar wegen der unbrauchbaren bzw. mangelhaften Leistung gehabt hätte. Insoweit bewirkt eine unbrauchbare Leistung auch keine Bereicherung.[636]

Entsprechendes gilt auch für den Fall, dass die Leistung nur teilweise brauchbar ist, z.B. weil die Brauchbarkeit aufgrund von Mängeln eingeschränkt ist. In Höhe der Mängelbeseitigungskosten reduziert sich der objektive Wert der vom Architekten erbrachten Leistung.[637] Wenn der Bauherr Aufwendungen machen muss, um eine mangelhafte Planung dennoch zu verwirklichen, dann entfällt insoweit ein Anspruch des Architekten auf Zahlung.[638] Im Einzelfall kann es allerdings schwierig sein, die Höhe der Bereicherung festzustellen.[639]

5.1.2.3.2. Wertersatz bei fehlender Verwertung bzw. Verwertungsabsicht

Dogmatisch anders zu beurteilen ist der Fall, dass der Architekt eine Planung bzw. Leistung erbringt, der Bauherr diese aber nicht verwertet. Liegt der Grund darin, dass die Leistung unbrauchbar ist, so gilt Obiges. Liegt der Grund der Nichtverwertung in einer Entscheidung des Bauherrn, beispielsweise weil er seine Bauabsicht aufgegeben hat[640], dann ist der Bauherr zunächst um die Leistung

---

634 Näher zu den Begriffen: Lieb in Münchener Kommentar, § 818 BGB Rn. 45
635 BGH, BauR 1982, 83 ff., 85; OLG Hamm, BauR 1986, 711 ff.; Pastor in Werner/Pastor, Rn. 1912; Locher in Festschrift für Vygen S. 28 ff., 31
636 BGH, BauR 1982, 83 ff., 86
637 Locher in Festschrift für Vygen S. 28 ff., 31 ff.
638 Pastor in Werner/Pastor, Rn. 1912
639 Pastor in Werner/Pastor, Rn. 1912
640 Siehe BGH, BauR 1994, 651 ff., 653

des Architekten bereichert, denn er hat etwas erlangt, was objektiv einen Wert hat.

Erst im Rahmen des Wegfalls der Bereicherung nach § 818 Abs. 3 BGB ist dann zu prüfen, ob sich der Bereichungsschuldner ausnahmsweise darauf berufen kann, dass das Erlangte für ihn einen den objektiven Wert entsprechenden Nutzen nicht zu erbringen vermag und daher insoweit keine Bereicherung mehr vorliegt.[641]

Bei gegenseitigen Verträgen findet allerdings § 818 Abs. 3 BGB wegen der nach ganz herrschender Meinung vorzunehmenden Saldierung von Anspruch und Gegenanspruch nur eingeschränkt Anwendung.[642] Die Saldotheorie wurde gerade deshalb entwickelt, weil die Zweikondiktionentheorie bei synallagmatischen Verhältnissen durch die Anwendung des § 818 Abs. 3 BGB zu unbefriedigenden Ergebnissen führte.[643]

Die zentrale Prämisse bei der Saldotheorie besteht in der Annahme, dass bei gegenseitigen Verträgen die Bereicherung nicht isoliert betrachtet werden kann, sondern danach zu beurteilen ist, ob unter Berücksichtigung der Gegenleistung für eine Partei noch ein Überschuss verbleibt.[644] An einem solchen Überschuss fehlt es dann, wenn eine Leistung untergegangen ist oder an Wert verloren hat. Nach der Saldotheorie ist der Empfänger der untergegangenen oder entwerteten Leistung nicht mehr bereichert. Er kann diesen Verlust jedoch nicht auf den anderen Teil abwälzen und von diesem in vollem Umfang die Gegenleistung ohne Rücksicht darauf, dass er nichts mehr zu bieten hat, herausverlangen.[645]

Schon frühzeitig gab es an der Saldotheorie erhebliche Kritik.[646] Grundsätzlich geht aber die Rechtsprechung nach wie vor von der Anwendbarkeit der Saldotheorie aus.[647] Sie hat diese nur insoweit korrigiert, als sie dann keine Anwen-

---

641 Lieb in Münchener Kommentar, § 818 BGB Rn. 45, § 812 BGB Rn. 313; Locher in Festschrift für Vygen, S. 28 ff., 31 ff.; BGH, BauR 1982, 83 ff., 85
642 Jauernig/Stadler, § 818 BGB Rn. 40a ff.; Lorenz in Staudinger, § 818 BGB Rn. 41; Westermann/Buck in Erman, § 818 BGB Rn. 41; BGHZ 72, 246 ff., 254; BGHZ 53, 144 ff., 145
643 Lieb in Münchener Kommentar, § 818 BGB Rn. 110
644 Lieb in Münchener Kommentar, § 818 BGB Rn. 111; Jauernig/Stadler, § 818 BGB Rn. 41; BGHZ 72, 246 ff., 254; BGHZ 53, 144 ff., 145
645 BGHZ 72, 246 ff., 254; BGHZ 53, 144 ff., 145, 146
646 Lieb in Münchener Kommentar, § 818 BGB Rn. 41 ff.; Jauernig/Stadler, § 818 BGB Rn. 40a ff.; Lorenz in Staudinger, § 818 BGB Rn. 41 ff.; Westermann/Buck in Erman, § 818 BGB Rn. 41 ff.
647 BGHZ 72, 246 ff., 254; BGHZ 53, 144 ff., 145; Lieb in Münchener Kommentar, § 818 BGB Rn. 111 m.w.N.

dung findet, wenn der Bereicherungsschuldner nicht voll geschäftsfähig ist[648] oder der Bereicherungsgläubiger bösgläubig war bzw. arglistig getäuscht hat.[649] Auch die kritischen Stimmen wollen das mit der Saldotheorie erzielte Ergebnis jedoch keineswegs gänzlich beseitigen, sondern sind bestrebt, das Risiko des Wegfalls der Bereicherung mehr den allgemeinen schuldrechtlichen Rückabwicklungsvorschriften wie Rücktritt und Wandlung anzupassen.[650] Dabei gehen die Kritiker z.T. von einer modifizierten Zweikondiktionentheorie aus.[651] Im Ergebnis liegen die Unterschiede zwischen der von der Rechtsprechung vertretenen Saldotheorie und den Theorien der Kritiker mehr im theoretischen/dogmatischen Ansatz als in den praktischen Ergebnissen. Für die Rückabwicklung eines unwirksamen Architektenvertrags ist daher nach der herrschenden Rechtsprechung und Lehre von der Saldotheorie auszugehen.[652]

Die Anwendung der Saldotheorie führt bei von dem Bauherrn nicht verwerteten Architektenleistungen zu unterschiedlichen Ergebnissen:

Hat der Architekt seine Leistungen als Vorleistungen erbracht, der Bauherr also diese noch nicht honoriert, so kann der Architekt von dem Bauherrn keine Zahlung verlangen. Vielmehr hat der Bauherr die Möglichkeit sich gemäß § 818 Abs. 3 BGB gegenüber dem Zahlungsanspruch des Architekten auf den Wegfall der Bereicherung berufen. Für den Bauherrn hat die Leistung des Architekten keinen Wert mehr, da er sie nicht nutzt, er somit auch nicht (mehr) bereichert ist.[653]

Hat dagegen bereits ein gegenseitiger Leistungsaustausch stattgefunden, z.B. im Rahmen der Leistungsphasen 1 – 3 des § 15 Abs. 2 HOAI, so kann der Bauherr dann, wenn er die Leistung des Architekten nicht verwertet oder verwerten will, keine Rückzahlung seines Vorschusses von dem Architekten verlangen. Nach der Saldotheorie bleibt kein Überschuss, da Leistung und Gegenleistung sich wertmäßig gleichwertig gegenüberstehen. Für die Anwendung des § 818 Abs. 3 BGB bleibt daher kein Raum mehr.[654]

---

648 Lieb in Münchener Kommentar, § 818 BGB Rn. 113; BGH, NJW 1988, 3011 ff.
649 Lieb in Münchener Kommentar, § 818 BGB Rn. 113 m.w.N.; BGHZ 57, 137 ff., 147, 148
650 Lorenz in Staudinger, § 818 BGB Rn. 41 ff.; Lieb in Münchener Kommentar, § 818 BGB Rn. 114 ff.
651 Lieb in Münchener Kommentar, § 818 BGB Rn. 114 ff.; Westermann/Buck in Erman, § 818 BGB Rn. 41 ff.
652 Pastor in Werner/Pastor, Rn. 1911; BGH, BauR 1997, 880 ff., 871; OLG Nürnberg, BauR 1998, 1973
653 Locher in Festschrift für Vygen Seite 28 ff., 32
654 Westermann/Buck in Erman, § 818 BGB Rn. 41; Jauernig/Stadler, § 818 BGB Rn. 41, 42

Anderer Auffassung ist Locher.[655] Er meint, dass die Saldotheorie der Rückabwicklung nicht entgegenstehe, da es sich bei der Architektenleistung und der Zahlung des Bauherrn um ungleichartige Leistungen handele. Für diese gelte die Saldotheorie nicht.[656] Die Auffassung von Locher ist jedoch unzutreffend. Wenn der Architekt von dem Bauherrn für seine Leistung Wertersatz gemäß § 818 Abs. 2 BGB verlangt, dann stehen sich zwei Zahlungsansprüche gegenüber. Es sind gerade keine ungleichartigen Leistungen gegeben. Insoweit ist auch die Entscheidung des Oberlandesgerichts Düsseldorf[657] nicht richtig. Ferner übersieht Locher, dass auch bei ungleichartigen Leistungen der Gedanke der Saldotheorie anzuwenden ist. Der Gläubiger hat Rückgewähr des Erlangten Zug um Zug gegen Zahlung anzubieten.[658]

Grundsätzlich ist somit festzuhalten, dass bei Fällen der Nichtverwertung der Architektenleistung zunächst von einem Wertersatzanspruch des Architekten auszugehen ist, weil die Leistung des Architekten einen objektiven Wert hatte. Der Bauherr kann sich aber gemäß § 818 Abs. 3 BGB auf den Wegfall der Bereicherung berufen. Dabei ist jedoch die Saldotheorie zu beachten. Wenn der Architekt vorgeleistet hat, hat er wegen des Entreicherungseinwands (§818 Abs. 3 BGB) des Bauherrn keinen Zahlungsanspruch gegen den Bauherrn. Hat der Bauherr bereits sämtliche Planungsunterlagen erhalten, aber nur teilweise honoriert, so entfällt ein restlicher Zahlungsanspruch des Architekten ebenfalls aufgrund des Entreicherungseinwands. Der Bauherr kann allerdings wegen der Anwendung der Saldotheorie eingezahltes Honorar nicht seinerseits nach Bereicherungsgrundsätzen zurückfordern.

Zu den Fällen der Entreicherung wegen mangelnder Verwertung gehört auch der typische Einwand des Bauherrn, er habe mit einem anschließend beauftragten Architekten anders gebaut. Dieser habe sämtliche Leistungen neu erbringen müssen.[659] Alleine diese Behauptung des Bauherrn, lässt jedoch nicht ohne Weiteres die Bereicherung entfallen. Vielmehr muss er im Einzelfall darlegen und nachweisen, dass sämtliche Leistungen von dem zweiten Architekten neu erbracht wurden.[660]

---

655 Locher in Festschrift für Vygen Seite 28 ff., 31 ff.
656 Locher in Festschrift für Vygen, Seite 28 ff., 32
657 OLG Düsseldorf, BauR 1975, 138 ff.
658 Jauernig/Stadler, § 818 BGB Rn. 40a; Lorenz in Staudinger, § 818 BGB Rn. 47; BGH, NJW 1988, 3011; Lieb in Münchener Kommentar, § 818 BGB Rn. 111
659 Groscurth in Neuenfeld/Baden/Dohna/Groscurth, Band 1 Teil II Rn. 45; Pastor in Werner/Pastor, Rn. 1912; BGH, BauR 1982, 83 ff., 85
660 Pastor in Werner/Pastor, Rn. 1912; BGH, BauR 1982, 83 ff., 85; Breiholdt, MDR 1987, 810

Grundsätzlich hat der Architekt jeweils zu beweisen, dass der Bauherr objektiv um bestimmte Leistungen bereichert ist, während der Bauherr darzulegen und zu beweisen hat, dass die Bereicherung entfallen ist.[661]

5.1.2.3.3. Vereitelte Vorteile

Im Rahmen des § 818 Abs. 3 BGB könnten auch die durch die unzulässige Architektenbindung zunächst vereitelten Vorteile des Bauherrn auszugleichen sein. So muss der Bauherr stets nur die Kosten ersetzen, die er auch ohne die unzulässige Architektenbindung gehabt hätte.[662] In diesem Zusammenhang hat das Oberlandesgericht Hamm[663] entschieden, dass ein Architekt, der aufgrund eines nichtigen Vertrags Leistungen erbracht hat, zwar grundsätzlich Anspruch auf eine Vergütung aus Bereicherungsgrundsätzen nach § 812 Satz 1 BGB habe. Die Höhe bestimme sich nach den Mindestsätzen der HOAI. Zugleich mit der Vermögensverschiebung trete aber bei dem Bauherrn/Erwerber ein Nachteil ein, der im unmittelbaren Zusammenhang mit der Leistungsverschiebung stehe. Sobald der Architekt die einzelnen Architektenleistungen erbringe, verlören die Bauherrn die Möglichkeit (die im konkreten Fall tatsächlich gegeben war), die Leistungen durch Verwandte bzw. einen befreundeten Architekten (siehe § 4 Abs. 2 HOAI) mit wesentlich geringerem Aufwand bzw. kostenlos erbringen zu lassen. Dieser gleichzeitig eintretende Verlust müsse nach Auffassung des Oberlandesgerichts Hamm im Rahmen des § 818 Abs. 3 BGB ausgeglichen werden. Der gutgläubige Leistungsempfänger dürfe nicht dadurch benachteiligt werden, dass er im Vertrauen auf den berechtigten Bestand der ihm zuteil gewordenen Leistung etwas erlangt habe, was er sich sonst nicht angeschafft hätte. Die Herausgabepflicht des gutgläubigen Bereicherten dürfe über den Betrag der wirklichen Bereicherung nicht hinausgehen. Würde man den Bereicherten dazu verpflichten, den Architekten nach den Mindestsätzen zu vergüten, dann gäbe es Ungereimtheiten, die über § 818 Abs. 3 BGB auszugleichen seien. Dementsprechend kommt es nach Meinung des Oberlandesgerichts Hamm für die Anwendung des § 818 Abs. 3 BGB nicht darauf an, dass die Bereicherung nachträglich wegfällt. Die Norm sei vielmehr auch dann anzuwenden, wenn der Bauherr gleichzeitig mit dem Empfang der Architektenleistung die Möglichkeit verliere, kostenlos oder billiger die Leistung anderweitig zu erhalten. Auch solche Vermögensdispositionen seien über § 818 Abs. 3 BGB bereicherungsmindernd zu berücksichtigen. Das gelte jedenfalls dann, wenn der Erwerber ohne die unzulässige Koppelung an den Architek-

---

661 Locher in Festschrift für Vygen Seite 28, 32
662 Pastor in Werner/Pastor, Rn. 1913; OLG Hamm, BauR 1986, 711 ff.
663 OLG Hamm, BauR 1986, 711 ff.

ten die Leistungen selbst, durch Verwandte oder einen befreundeten Architekten billiger oder kostenlos hätte ausführen lassen.[664]

Der Entscheidung ist nur im Ergebnis zuzustimmen, nicht aber in Bezug auf den gewählten Lösungsweg. Der Fall kann nicht über § 818 Abs. 3 BGB, sondern nur über § 311 Abs. 2 BGB gelöst werden. Es geht gerade nicht um einen Wegfall der Bereicherung. § 818 Abs. 3 BGB besagt, dass nicht herausgegeben werden muss, was an Bereicherung nicht mehr vorhanden ist. Wenn aber objektiv die Architektenleistungen eine Bereicherung darstellen, dann entfällt deren Wert nicht dadurch, dass man sie sich auch anderweitig kostenlos hätte beschaffen können. Zutreffend ist zwar, dass ein Bereicherungsanspruch von vornherein als einheitlicher Anspruch nur das ausgleichen soll, was als Vermögensverschiebung zurechenbar durch zusammenhängende Vorgänge entsteht und verbleibt.[665] Vorliegend geht es aber gerade nicht um eine solche zusammenhängende Vermögensverschiebung. Vielmehr wird dem Bauherrn die Möglichkeit genommen, sich dieselben Leistungen anderweitig kostenlos oder billiger zu verschaffen. Der Bauherr kann dies im Rahmen eines Anspruchs aus culpa in contrahendo (§ 311 Abs. 2 BGB) als Schadensersatz geltend machen, nicht aber in Form eines Entreicherungseinwands Ansprüchen aus §§ 812 ff. BGB entgegensetzen (s. hierzu Seite 210 ff.).

5.1.2.3.4. Kritik am Wegfall der Bereicherung

An der herrschenden Meinung zum Wegfall der Bereicherung wird von Bultmann Kritik geübt.[666] Er ist der Auffassung, diese lasse es an der nötigen Differenzierung fehlen. Nach seiner Auffassung soll der Entreicherungstatbestand nur dann erfüllt sein, wenn sich der erlangte Vorteil objektiv nicht mehr im Vermögen des Bereicherten befindet und dieser auch keinen Ersatzanspruch hat, den er abtreten kann.[667] Der Bereicherungsschuldner solle sich dagegen nicht auf Entreicherung berufen können, wenn er sich durch eigene Dispositionen oder durch die Geltendmachung von Umständen, für die er in seiner Sphäre verantwortlich ist, der Herausgabepflicht zu entziehen versucht.[668] Entscheide sich daher ein Bauherr[669] nicht zu bauen, so solle er sich nicht auf den Wegfall der Bereicherung berufen können.

---

664 OLG Hamm, BauR 1986, 711 ff.
665 Thomas in Palandt, § 818 BGB Rn. 29
666 Bultmann, BauR 1995, 335 ff., 339
667 Bultmann, BauR 1995, 335 ff., 340
668 Bultmann, BauR 1995, 335 ff., 240, 341
659 Siehe der Fall BGH, BauR 1994, 651 ff.

5.1.2.3.5. Stellungnahme

Der Meinung Bultmanns kann nicht gefolgt werden. Gerade bei Fällen des Art. 10 § 3 MRVG ist das Kriterium der Verwertung der erbrachten Architektenleistungen ein notwendiges Korrektiv im Zusammenhang mit Bereicherungsansprüchen des Architekten. Erhält der Bauherr vor Durchführung des Bauvorhabens Kenntnis von der Unwirksamkeit des Architektenvertrags, dann könnte ein faktischer Zwang zur Durchführung des Bauvorhabens mit dem Architekten entstehen, wollte man dem Bauherrn den Einwand der Entreicherung absprechen. Der Bauherr müsste auch dann, wenn er das Bauvorhaben z.B. nicht oder gänzlich anders durchführen will, dem Architekten dennoch die bisher erbrachten Leistungen vergüten. Um diese Kosten nicht „umsonst" aufzuwenden, würde es dann aber nahe liegen, die Leistungen des Architekten auch weiterhin in Anspruch zu nehmen. Die Beauftragung eines anderen Architekten mit der Umsetzung der vorhandenen Planung wäre u.U. auch dann erschwert, wenn Urheberrechte an den Plänen bestehen. Eine komplette Umplanung wiederum verursacht Zusatzkosten, weil der neu beauftragte Architekt sämtliche Leistungen der Leistungsphasen 1 ff. des § 15 Abs.2 HOAI erneut erbringen muss. Der Zweck des Koppelungsverbots könnte deshalb unterlaufen werden, wenn man den Entreicherungseinwand – wie von Bultmann angeregt – nicht durchgreifen lassen würde.[670]

5.1.2.3.6. §§ 818 Abs. 4, 819 BGB

Der Erwerber/Bauherr kann sich auf den Wegfall der Bereicherung nach § 818 Abs. 3 BGB dann nicht berufen, wenn er bei Leistungserbringung durch den Architekten Kenntnis von dem unwirksamen Architektenvertrag hatte (§§ 818 Abs. 4, 819 BGB).

Kenntnis erfordert nach herrschender Meinung das Wissen vom Fehlen des rechtlichen Grundes selbst. Kenntnis der Tatsachen, auf denen dieses Fehlen beruht, reicht für sich allein nicht aus.[671]

Weiß allerdings der Empfänger, dass auch der Leistende Kenntnis vom Fehlen des Rechtsgrundes hat, oder nimmt er dies auch nur irrig an, so braucht er nicht unbedingt mit der Herausgabe des Bereicherungsgegenstands zu rechnen, da ein Fall des § 814 BGB vorliegen könnte. Die Rechtsprechung wendet daher

---

[670] So zutreffend Locher in Festschrift für Vygen S. 28 ff., 32
[671] OLG Düsseldorf, BauR 1975, 139 ff, 141; Lieb in Münchener Kommentar, § 819 BGB Rn. 2

§ 819 BGB in diesen Fällen nicht an.[672] Das Reichsgericht hat eine Haftungsverschärfung nach § 819 Abs. 1 BGB auch dann entfallen lassen, wenn der bösgläubige Empfänger nicht wusste, dass auch der Leistende das Fehlen des Rechtsgrunds kannte.[673] Zu Recht hält dies Lieb[674] für zu weit reichend. Die Auffassung ist mit der ratio des § 819 Abs. 1 BGB nicht in Einklang zu bringen, da § 819 Abs. 1 BGB entscheidend auf die subjektiven Vorstellungen des Empfängers abstellt.[675]

Für Architekten-/Ingenieurverträge, die aufgrund Art. 10 § 3 MRVG unwirksam sind, ist daher Folgendes zu beachten:

Der Erwerber/Bauherr kann sich gemäß §§ 818 Abs. 4, 819 BGB bei Nichtverwertung der Planung nicht auf den Wegfall der Bereicherung berufen, wenn er von Anfang an Kenntnis von dem Koppelungsverbot hat. Dabei reicht es nicht aus, wenn der Bauherr/Erwerber Kenntnis von der Tatsache der Koppelung selbst hat. Er muss vielmehr auch Kenntnis davon haben, dass die Koppelung zu einer Unwirksamkeit des Vertrags führt. In diesen Fällen erhält der Architekt dann auch bei Nichtverwertung seiner Leistungen eine angemessene Vergütung.[676] Etwas anderes gilt nur dann, wenn der Bauherr/Erwerber weiß oder irrig davon ausgeht, dass auch der Architekt/Ingenieur von dem Koppelungsverbot Kenntnis hat.

Je nachdem, zu welchem Zeitpunkt der Bauherr/Erwerber Kenntnis von dem Vorliegen des Kopplungsverbots erhält, können die Rechtsfolgen unterschiedlich ausfallen. Bei anfänglicher Kenntnis tritt die verschärfte Haftung der §§ 818 Abs. 4, 819 BGB schon zum Zeitpunkt der Vermögensverschiebung, d.h. der Erbringung der ersten Architektenleistungen ein. Erhält der Bauherr/Erwerber jedoch erst während der Ausführung der Architektenleistungen Kenntnis von der Nichtigkeit des Vertrags wegen bestehenden Koppelungsverbots, so ist dieser Zeitpunkt entscheidend für die Frage der verschärften Haftung.[677] Ist ein Wegfall der Bereicherung zum Zeitpunkt der Kenntniserlangung noch nicht eingetreten, beruht dieser aber auf einer zwangsläufigen Fortentwicklung von Ursachen, die

---

672 Lieb in Münchener Kommentar, § 819 BGB Rn. 9; RGZ 137, 171 ff., 179; RG, JW 1937, 1959; Westermann/Buck in Erman, § 819 BGB Rn. 1; Lieb in Münchener Kommentar, § 819 BGB Rn. 9; Mühl in Soegel, § 819 BGB Rn. 11
673 RGZ 151, 361 ff., 375 ff.
674 Lieb in Münchener Kommentar, § 819 BGB Rn. 9
675 Lieb in Münchener Kommentar, § 819 BGB Rn. 9
676 Locher in Festschrift für Vygen S. 28 ff., 35
677 Thomas in Palandt § 819 BGB Rn. 4; Lieb in Münchener Kommentar, § 819 BGB Rn. 11

vor dem Zeitpunkt der Kenntniserlangung lagen, kann der Wegfall der Bereicherung geltend ‚gemacht werden.[678]

5.1.2.4. Höhe des Wertersatzanspruches

Der Bauherr hat dem Architekten das zu ersetzen, was er dadurch erspart hat, dass er für die von dem Architekten/Ingenieur erbrachten Leistungen keinen anderen Architekten/Ingenieur in Anspruch nehmen musste. Als übliche Vergütung werden in Rechtsprechung und Literatur die Mindestsätze gemäß § 4 Abs. 4. HOAI angesehen[679] (zu §§ 683, 670 BGB s. Seite 184).

5.1.2.4.1. Besondere Leistungen

Die HOAI kennt neben Grundleistungen auch Besondere Leistungen (§ 5 HOAI). Letztere sind nur honorarpflichtig, wenn dies schriftlich vereinbart werden. Es fragt sich, ob sie im Rahmen des § 812 Abs. 1 Satz 1 BGB geltend gemacht werden können auch, wenn eine schriftliche Vereinbarung fehlt, die Besonderen Leistungen aber erbracht wurden.

Über das Bereicherungsrecht erhält der Architekt das als Leistungsentgelt, was der Bauherr dadurch erspart hat, dass er einen anderen Architekten nicht beauftragen musste. Wenn der Bauherr Leistungen, die einer schriftlichen Beauftragung bedürfen, hätte in Anspruch nehmen wollen, hätte er einen anderen Architekten entsprechend schriftlich mit der Leistungserbringung betrauen müssen. Insofern hat der Bauherr demnach tatsächlich etwas erlangt, für das er einen anderen Architekten hätte bezahlen müssen. Dementsprechend könnte man zu dem Schluss gelangen, dass selbst dann, wenn in dem nichtigen Architektenvertrag solche Leistungen nicht schriftlich vereinbart waren, der Architekt dennoch für entsprechend erbrachte Leistungen ein Entgelt über §§ 812 Abs. 1 Satz 1 BGB, §§ 818 Abs. 2 BGB erhält.

Dem steht jedoch entgegen, dass bei einer Arbeitsleistung die vereinbarte vertragliche Vergütung unter dem Gesichtspunkt des venire contra factum proprium (§ 242 BGB) die Obergrenze der Verpflichtung zum Wertersatz darstellt[680]

---

678 RG, JW 1928, 2444 ff.; RG, JW 1932, 1724 ff., 1725; Lieb in Münchener Kommentar, § 819 BGB Rn. 11
679 Vygen in Korbion/Mantscheff/Vygen, Art. 10 § 3 MRVG Rn. 36; OLG Hamm, BauR 1986, 711 ff.; OLG Hamm, BauR 1986, 710; Groscurth in Neuenfeld/Baden/Dohna/Groscurth, Band 1 Teil II Rn. 45; Werner in Werner/Pastor, Rn. 695; Pastor in Werner/Pastor, Rn. 1910; BGH, BauR 1982, 83 ff.; OLG Hamm, BauR 1992, 271 ff.; Locher/Koeble/Frik, Art. 10 § 3 MRVG Rn. 16
680 Siehe auch Lieb in Münchener Kommentar, § 818 BGB Rn. 46 m.w.N.

(s. auch Seite 185). Der Architekt kann daher bei einem unwirksamen Vertrag gemäß §§ 812 Abs. 1 Satz 1, 818 Abs. 2 BGB nur das verlangen, was er auch erhalten hätte, wenn der Vertrag wirksam abgeschlossen worden wäre.[681] Daraus folgt, dass Besondere Leistungen, die nicht schriftlich vereinbart worden sind, auch im Rahmen von Bereicherungsansprüchen nicht vergütet werden.

5.1.2.4.2. Mindestsatzunterschreitung

Weiterhin problematisiert wird in der Literatur die Frage, wie der Bereicherungsanspruch zu beurteilen ist, wenn der unwirksame Architektenvertrag eine Mindestsatzunterschreitung vorsah, ohne dass ein Ausnahmefall nach § 4 Abs. 2 HOAI vorgelegen hat.[682] Der Bereicherungsanspruch richtet sich an dem üblichen Wert der Leistungen aus und somit an den Mindestsätzen. Allerdings kommt auch hier, wie bereits oben ausgeführt, das Verbot widersprüchlichen Verhaltens in Betracht. Es darf kein Wertungswiderspruch zu der Abwicklung des wirksamen Architektenvertrages bestehen.[683] Wenn also eine unzulässige Unterschreitung der Mindestsätze vorliegt und der Architekt sich an dem vereinbarten Honorar nach Treu und Glauben hätte festhalten lassen müssen (s. dazu auch Seite 185), dann ist dies auch bei einem Anspruch aus §§ 812 ff. BGB zu berücksichtigen. Der Architekt kann nicht besser gestellt werden, als er bei einem wirksamen Vertrag stünde. Da er sich trotz unzulässiger Unterschreitung der Mindestsätze unter bestimmten Voraussetzungen an der Vereinbarung mit dem Bauherrn festhalten lassen muss, so ist dies auch bei dem bereicherungsrechtlichen Anspruch zu berücksichtigen.

Fraglich ist ferner, wie bereicherungsrechtlich der Fall einer zulässigen Mindestsatzunterschreitung nach § 4 Abs. 2 HOAI zu beurteilen ist. Der nach objektiven Kriterien zu ermittelnde Wert der Architektenleistung entspräche auch hier den Mindestsätzen. In dieser Höhe hätte der Bauherr im Falle eines wirksamen anderweitigen Vertrags ein Honorar zahlen müssen.[684] Auch hier gebietet es allerdings der Grundsatz des venire contra factum proprium (§ 242 BGB), dass der Architekt nicht besser gestellt wird, als bei einem wirksamen Vertrag. Er kann daher nicht mehr verlangen, als vertraglich vereinbart, d.h. den unter den Mindestsätzen liegenden Betrag.

---

681 Pastor in Werner/Pastor, Rn. 191; OLG Nürnberg, BauR 1998, 1273 ff.
682 Siehe Locher in Festschrift für Vygen S. 28 ff.
683 BGH, BauR 1997, 677 ff.
684 Locher in Festschrift für Vygen, S. 28 ff.; BGH, BauR 1997, 1067 ff.

5.1.2.4.3. Minderwertige Leistung

Es stellt sich weiterhin die Frage, ob die Leistungen des Architekten nicht im Wert schon alleine deshalb gemindert sind, weil durch die Nichtigkeit des Architektenvertrags dem Bauherrn keinerlei Gewährleistungsansprüche zustehen (s. Seite 209 ff.). Der Nachteil könnte in entsprechender Anwendung der Rechtsprechung zum Bereicherungsrecht bei Schwarzarbeiten mit weiteren Risikoabschlägen auszugleichen sein.[685] Ein genereller Risikoabschlag wird von Locher[686] jedoch zutreffend verneint. Die Abwicklung eines unwirksamen Architektenvertrags weist Unterschiede zur Schwarzarbeit auf, die einen solchen Risikoabschlag für ein abstraktes Gewährleistungsrisiko nicht rechtfertigen. Mängel der Architektenleistungen können nämlich zunächst im Rahmen des § 818 Abs. 2 BGB bereicherungsmindernd berücksichtigt werden.[687] Dem Bauherrn können dann auch bei weiter erkennbaren Schäden Bereicherungsansprüche wegen Überzahlung nach § 812 Abs. 1 Satz 1 BGB zustehen, wenn der Architekt bereits ein Honorar erhalten hat. Falls die Höhe der Gewährleistungsansprüche den Honoraranspruch übersteigt und somit eine bereicherungsrechtliche Kompensation nicht möglich ist, können dem Bauherrn, anders als Schwarzarbeitsfällen, Ansprüche auf Schadensersatz wegen Verschuldens bei Vertragsschluss zustehen.[688] Das Problem bestünde auch darin, diesen generellen Risikoabschlag überhaupt zu berechnen, da es hierfür an jeglichen Grundlagen fehlen würde. Es besteht somit kein Anlass, einen generellen Risikoabschlag vorzunehmen.

5.1.2.5. § 814 BGB

Der Architekt kann unter Umständen mit seinem Honorar bzw. Bereicherungsanspruch gemäß § 814 BGB ausgeschlossen sein.

Nach § 814 BGB ist das zum Zwecke der Erfüllung einer Verbindlichkeit Geleistete dann nicht zurückzugeben, wenn der Leistende gewusst hat, dass er zur Leistung nicht verpflichtet war. § 814 BGB beruht auf dem Rechtsgedanken der Unzulässigkeit widersprüchlichen Verhaltens.[689] § 814 1. Alt. BGB greift allerdings nur ein, wenn positive Kenntnis vom Fehlen der Leistungsverpflichtung

---

685 So zur Schwarzarbeit Hesse in Korbion/Mantscheff/Vygen, § 1 HOAI Rn. 7
686 Locher in Festschrift für Vygen S. 28 ff., 33
687 So auch BGH, BauR 1982, 83 ff., 86; Weyer, BauR 1984, 324 ff., 332; Pastor in Werner/Pastor, Rn. 1912; Locher in Festschrift für Vygen S. 28 ff.
688 Locher in Festschrift für Vygen S. 28 ff., 33
689 Lieb in Münchener Kommentar § 814 BGB Rn. 2, Thomas in Palandt § 814 BGB Rn. 1

vorlag.⁶⁹⁰ Die bloße Kenntnis von Tatsachen, aus denen sich die Unwirksamkeit der Verpflichtung ergibt, reicht nicht aus.⁶⁹¹ Jeder Tatsachen- oder Rechtsirrtum hindert also die Kenntnis.⁶⁹²

Wenn der Architekt bei Erbringung seiner Leistungen positive Kenntnis von der Nichtigkeit des Architektenvertrags aufgrund Koppelungsverbots hat, dann ist er mit einem Wertersatzanspruch gemäß § 814 BGB ausgeschlossen.

Grundsätzlich hat der Empfänger der Leistung zu beweisen, dass der Leistende Kenntnis vom Nichtbestehen der Schuld hat.⁶⁹³ Es sind jedoch die Regeln über den Beweis des ersten Anscheins anwendbar.⁶⁹⁴

Das Kammergericht und das Landgericht Oldenburg.⁶⁹⁵ gehen davon aus, dass der Beweis des ersten Anscheins dafür spricht, dass Architekten Kenntnis von der berufswichtigen Vorschrift des Art. 10 § 3 MRVG haben. Die Architekten müssten also diesen Anschein zunächst einmal entkräften bzw. den Beweis des Gegenteiles antreten.

Die Regeln über den Beweis des ersten Anscheins können dort angewendet werden, wo Sachverhalte feststehen, die nach der Lebenserfahrung auf eine bestimmte Ursache oder einen bestimmten Geschehensablauf hinweisen, so dass dieser Ablauf, der das Gepräge des Üblichen bzw. Gewöhnlichen trägt, als bewiesen angesehen werden kann.⁶⁹⁶ Bei dem Anscheinsbeweis kann von einer bestimmten feststehenden Tatsache auf einen bestimmten Erfolg oder umgekehrt geschlossen werden.⁶⁹⁷ Es muss zunächst einmal ein Teilsachverhalt nachgewiesen werden und darüber hinaus müssen allgemeine Erfahrungsgrundsätze für den behaupteten Geschehensablauf sprechen.⁶⁹⁸ Deshalb ist fraglich, ob alleine die Tatsache, dass Art. 10 § 3 MRVG seit über 30 Jahren in Kraft und für die Aus-

---

690 Lieb in Münchener Kommentar § 814 BGB Rn. 10; Thomas in Palandt, § 814 BGB Rn. 3; Heimann-Trosien in RGRK § 814 BGB Rn. 2; Lorenz in Staudinger § 814 BGB Rn. 3; Westermann/Buck in Erman § 814 BGB Rn. 7; Jauernig/Stadler, § 814 BGB Rn. 3; BGH, NJW 1978, 2292 ff., 2393
691 Lieb in Münchener Kommentar, § 814 BGB Rn. 10; Thomas in Palandt, § 814 BGB Rn. 3; Heimann-Trosien in RGRK, § 814 BGB Rn. 2
692 BGH, NJW 1998, 2352
693 Lieb in Münchener Kommentar, § 814 BGB Rn. 16; Lorenz in Staudinger, § 814 BGB Rn. 13; Thomas in Palandt, § 814 BGB Rn. 11; Westermann/Buck in Erman, § 814 BGB Rn. 13
694 Lorenz in Staudinger, § 814 BGB Rn. 14
695 Ibr-online: LG Oldenburg Urteil vom 10.01.2003 – 6 O 2429/02 – S. 4 ff.; KG, BauR 1986, 598 ff. 599
696 Heinrichs in Palandt, Vorb. vor § 249 BGB Rn. 163; Greger in Zöller. Vor § 284 ZPO Rn. 30; BGH, NJW 2001, 1140 ff., 1141
697 Heinrichs in Palandt, Vorb. vor § 249 BGB Rn. 163; Greger in Zöller, Vor § 284 ZPO Rn. 30; BGH, NJW 2001, 1140 ff., 1141
698 Heinrichs in Palandt, Vorb. vor § 249 BGB Rn. 163

übung des Architektenberufs nicht unwichtig ist, als ein typischer Geschehensablauf angesehen werden kann, der auf Kenntnis dieser Vorschrift bei Architekten Rückschlüsse zulässt. Es ist keineswegs typisch, dass Berufsangehörige von wichtigen Berufsvorschriften Kenntnis haben. Dies gilt insbesondere auch für das Koppelungsverbot. Art. 10 § 3 MRVG ist den Architekten und Ingenieuren nicht allgemein bekannt. Dies sollte zwar der Fall sein, entspricht aber keineswegs den tatsächlichen Gegebenheiten. Man kann zwar zu Recht die Auffassung vertreten, dass es fahrlässig ist, wenn Architekten/Ingenieure Art. 10 § 3 MRVG nicht kennen, weil es sich um eine wichtige Vorschrift für ihre Berufsausübung handelt. Umgekehrt lässt dies aber nicht den Schluss zu, dass typischerweise eine solche wichtige Vorschrift den Angehörigen eines bestimmten Berufsstands, d.h. hier den Architekten/Ingenieuren, auch bekannt ist. Eine weitere Schwierigkeit besteht auch darin, dass Kenntnis der Norm an sich und die Kenntnis des Vorliegens der Voraussetzungen der Vorschrift nicht gleichgesetzt werden kann. Die Subsumtion bestimmter Lebenssachverhalte unter Art. 10 § 3 MRVG ist nicht immer einfach.

Das Institut des Anscheinsbeweises passt auf die vorliegende Fallgestaltung aber auch deshalb nicht, weil es hier nicht um bestimmte Geschehensabläufe geht. Die Gewichtigkeit einer Vorschrift ist kein Geschehensablauf.

Dementsprechend sind die Ausführungen des Kammergerichts und des Landgerichts Oldenburg zum Vorliegen des Anscheinsbeweises nicht zutreffend.

5.1.2.6. § 817 Satz 2 BGB

Einem Bereicherungsanspruch des Architekten kann § 817 Satz 2 BGB entgegenstehen. Danach ist eine Rückforderung ausgeschlossen, wenn dem Leistenden ein Verstoß gegen die guten Sitten oder ein gesetzliches Verbot zur Last gelegt werden kann.

Die Kenntnis von dem Koppelungsverbot und seinen Folgen kann dazu führen, dass die Anwendung des § 817 BGB in Betracht kommt. Allerdings ist nach ständiger Rechtsprechung des Bundesgerichtshofes nicht schon der objektive Verstoß gegen das gesetzliche Verbot ausreichend. Vielmehr muss der Architekt sich des Verstoßes gegen das Koppelungsverbot auch bewusst gewesen sein und diesen trotzdem gewollt haben.[699] Der Bundesgerichtshof hat es allerdings in sei-

---

699 BGH, BauR 1980, 186, 187; BGHZ 50, 90 ff., 92; Pastor in Werner/Pastor, Rn. 1916

ner Entscheidung vom 05.11.1981[700] ausdrücklich offen gelassen, ob § 817 Satz 2 BGB überhaupt bei Vorliegen des Koppelungsverbots anzuwenden ist.[701]

5.1.2.6.1. Herrschende Auffassung

Die herrschende Meinung in Rechtsprechung und Literatur verneint die Anwendung des § 817 BGB im Falle des Koppelungsverbots. § 817 Satz 2 BGB beziehe sich nur auf das, was aus den vom Gesetz missbilligten Vorgängen geschuldet sei. Bereicherungsansprüche, die sich aus nicht zu beanstandenden Leistungen ergeben, blieben dagegen unberührt. Das Koppelungsverbot solle nur den freien Willen der Käufer schützen, aber nicht für den Architekten oder Ingenieur Strafcharakter haben.[702] Nach Pastor[703] sollen möglichst die wirtschaftlichen Nachteile, die sich aus einer Architektenverbindung für den Erwerber ergeben, verhindert werden. Dazu genüge es, wenn der Architektenvertrag nichtig sei, so dass der Architekt keinen Gewinn aus dem Koppelungsgeschäft ziehen könne. Habe der Architekt allerdings bereits Leistungen erbracht, bestehe keine Veranlassung, dem Architekten einen Bereicherungsausgleich für dasjenige zu versagen, was der Bauherr dadurch erspart hat, dass er ansonsten einen anderen dazu befugten Architekten mit denselben Arbeiten hätte betrauen müssen.

5.1.2.6.2. Mindermeinung

Anders sieht dies das Landgericht Kiel.[704] In dem dortigen Rechtsstreit kannte der Architekt bei Abschluss des Architektenvertrags dessen Nichtigkeit nach Art. 10 § 3 MRVG. Nach Auffassung des Gerichts darf der Architekt, der im vollen Bewusstsein gegen die Regeln des Art. 10 § 3 MRVG verstößt, nicht seines Vergütungsrisikos für erbrachte Leistungen vollkommen enthoben werden. Dies entspräche nicht der Zielsetzung des MRVG. Dementsprechend seien Konditionsansprüche des gegen das gesetzliche Verbot des Art. 10 § 3 MRVG einseitig verstoßenden Architekten ausgeschlossen.[705]

---

700 BGH, BauR 1982, 83 ff.
701 Siehe Pastor in Werner/Pastor, Rn. 1916; BGH, BauR 1982, 83 ff.
702 Locher in Festschrift für Vygen S. 28 ff., 34, 35; Vygen in Korbion/Mantscheff/Vygen, Art. 10 § 3 MRVG Rn. 36; Weyer, BauR 1984, 324, 330; OLG Düsseldorf, Schäfer/Finnern/Hochstein/Korbion Art. 10 § 3 MRVG Nr. 6; Pastor in Werner/Pastor, Rn. 1916
703 Pastor in Werner/Pastor, Rn. 1916
704 LG Kiel, NJW RR 1995, 981 ff., 982
705 LG Kiel, NJW RR 1995, 981 ff., 982

5.1.2.6.3. Stellungnahme

Die Auffassung des Landgerichts Kiel ist abzulehnen. Den gesetzgeberischen Zweck der Regelung des § 817 Satz 2 BGB hat der Bundesgerichtshof darin gesehen, dass der Staat nicht bereit sei, den Parteien seine Gerichte für ihre dunklen Geschäfte zur Verfügung zu stellen.[706] Für die Entscheidung, ob die Aufrechterhaltung des bestehenden Zustands mit Hilfe des § 817 Satz 2 BGB erfolgen soll, ist deshalb zu beachten, welchen Zwecken die jeweiligen gesetzlichen Verbote dienen und inwieweit sie die Rückabwicklung eines verbotswidrigen Zustands fordern bzw. ihr sogar entgegenstehen.[707] Verbotsgesetze können ganz verschiedene Zielsetzungen haben.[708] Gerade die Annahme oder das Bewirken der Leistung, nicht der Abschluss des Grundgeschäfts, muss von dem gesetzlichen Verbot oder dem Sittenwidrigkeitsurteil erfasst sein.[709] Der Anwendungsbereich des § 817 Satz 2 BGB ist darüber hinaus dadurch beschränkt, dass jeweils geprüft werden muss, ob der Schutzzweck der verletzten Norm die Rückabwicklung verbietet oder eher fordert.[710] Es muss deshalb genau eingegrenzt werden, für welche Leistungen das Verbot der Rückforderung gelten soll.[711]

Die Erbringung der Architektenleistung selbst verstößt nicht gegen Art. 10 § 3 MRVG. Der Vertrag kann z.B. auch später nach Grundstückserwerb freiwillig abgeschlossen oder gemäß § 141 BGB bestätigt werden (s. Seite 159 ff.). Art. 10 § 3 MRVG hat somit keinen Strafcharakter. Der Bauherr soll lediglich die freie Architektenwahl erhalten, aber nicht dadurch begünstigt werden, dass er die Leistungen des Architekten kostenlos in Anspruch nehmen kann.

Der Bundesgerichtshof kommt in vergleichbaren Fallkonstellationen zu demselben Ergebnis über die Anwendung des § 242 BGB.[712] Er führt aus, dass Bereicherungsansprüche zu dem Billigkeitsrecht gehören und daher in besonderem Maße unter den Grundsätzen von Treu und Glauben stehen. In dem zu entscheidenden Fall war ein gemäß § 134 BGB nichtiger Schwarzarbeitervertrag geschlossen worden. Der Schwarzarbeiter konnte von dem Auftraggeber Wertersatz nach §§ 812, 818 Abs. 2 BGB verlangen, ohne dass dieser ihm § 817 Satz 2

---

706 BGHZ 44, 16; BGHZ 36, 395, 399; BGHZ 35, 103, 107; BGHZ 28, 164, 169; BGH, NJW 1962, 482 ff.; BGH, NJW 1956, 338 ff.; Heimann/Trosien in RGRK, § 817 BGB Rn. 10
707 Westermann/Buck in Erman, § 817 BGB Rn. 2; Lieb in Münchener Kommentar, § 817 BGB Rn 13; Sprau in Palandt, § 817 BGB Rn. 20
708 Westermann/Buck in Erman, § 817 BGB Rn 15; Sprau in Palandt, § 817 BGB Rn. 20
709 Westermann/Buck in Erman, § 817 BGB Rn. 3
710 Westermann/Buck in Erman, § 817 BGB Rn. 15
711 Jauernig/Stadler, § 817 BGB, Rn. 13
712 BGH, NJW 1990, 2542 ff.

BGB entgegenhalten konnte. Der Bundesgerichtshof führte aus, dass es mit § 242 BGB nicht vereinbar wäre, wenn der Auftraggeber den Wert des rechtswidrig Erlangten nicht erstatten müsste, sondern unentgeltlich behalten dürfe. Bei Anwendung des den Gläubiger hart treffenden Rückforderungsverbots nach § 817 Satz 2 BGB könne nicht außer Betracht bleiben, welchen Zweck das in Frage stehende Verbotsgesetz verfolge. Danach könne im Einzelfall eine einschränkende Auslegung des rechtspolitisch problematischen und in ihrem Anwendungsbereich umstrittenen § 817 Satz 2 BGB erforderlich sein. Für das Gesetz zur Bekämpfung von Schwarzarbeit geht der Bundesgerichtshof davon aus, dass dieses zur Wahrung öffentlicher Belange erlassen wurde. Nur daneben soll auch der Auftraggeber vor fehlerhafter Werkleistung durch den Schwarzarbeiter geschützt werden. Das Gesetz wurde als Verbotsgesetz ausgestaltet, um durch die Nichtigkeit des verbotenen Geschäfts den verfolgten Zweck zu erreichen. Nach den Vorstellungen des Gesetzgebers sollte aber der wirtschaftlich meist stärkere Auftraggeber keinesfalls günstiger behandelt werden als ein wirtschaftlich schwächerer Schwarzarbeiter. Unter diesen Umständen sei es nach Treu und Glauben geboten, dem Besteller nicht den durch nichts zu rechtfertigenden Vorteil der unentgeltlichen Leistung zu belassen.[713] Diese Grundsätze sind auch auf Fälle des Koppelungsverbots anzuwenden.

5.2. Ansprüche des Erwerbers/Auftraggebers im Falle der Nichtigkeit des Architektenvertrages

5.2.1. Ansprüche auf Rückerstattung zuviel gezahlten Architektenhonorars nach § 812 Absatz 1 Satz 1 BGB

Die Ansprüche aus Überzahlung zuviel gezahlten Architektenhonorars ergeben sich aus § 812 I, 1, 1. Alternative BGB.

Hat der Erwerber an den Architekten/Ingenieur Zahlungen geleistet und ist der Architekten-/Ingenieurvertrag wegen Verstoßes gegen Art. 10 § 3 MRVG nichtig, so hat der Erwerber u.U. einen Rückzahlungsanspruch nach § 812 Abs. 1 Satz 1 BGB.

Ein solcher Rückzahlungsanspruch kommt ganz oder teilweise dann in Betracht, wenn der Architekt/Ingenieur Zahlungen erhalten hat,

- ohne entsprechende Leistungen zu erbringen,

---

713 BGH, NJW 1990, 2542 ff., 2543

- wenn der Architekt objektiv werthaltige Leistungen erbracht hat, aber mehr erhalten hat als den Mindestsätzen des § 4 Abs. 4 HOAI entspricht,
- wenn die entsprechenden Leistungen unbrauchbar/mangelbehaftet sind,
- wenn der Bauherr die Leistungen nicht verwertet.

Das Schuldverhältnis zwischen den Parteien ist so abzuwickeln, dass Leistung und Gegenleistung zurückgewährt werden. Ist dies nicht möglich, so ist Wertersatz (§ 818 Abs. 2 BGB) zu leisten, wobei die Saldotheorie Anwendung findet.

5.2.1.1. Keine Leistung erbracht

Hat der Architekt/Ingenieur keine Leistungen erbracht, dann ist die Situation einfach. Der Erwerber kann den gezahlten Vorschuss gemäß §§ 812 Abs. 1 Satz 1 BGB zurückverlangen.

5.2.1.2. Mehr als Mindestsätze bezahlt

Wenn der Architekt mehr erhalten hat, als ihm nach den Mindestsätzen zusteht, überschreitet dies die übliche Vergütung, die als Wertersatz im Sinne des § 818 Abs. 2 BGB anzusetzen ist. Er muss dem Bauherrn den überschießenden Betrag zurückzahlen.

5.2.1.3. Mangelhafte bzw. unbrauchbare Architektenleistungen

Hat der Architekt/Ingenieur Pläne erstellt und Tätigkeiten entfaltet hat, die mangelhaft bzw. unbrauchbar waren, stellt sich der Rückabwicklungsanspruch wie folgt dar:
Der Bauherr hat – soweit er den Architekten/Ingenieur bezahlt hat – einen Anspruch auf Rückzahlung des geleisteten Betrages nach § 812 Abs. 1 Satz 1 BGB. Der Architekt/Ingenieur hat zwar seinerseits gegenüber dem Bauherrn einen Anspruch aus §§ 812 Abs. 1 S. 1, 818 Abs. 2 BGB auf Wertersatz für die von ihm erbrachten Leistungen. Sind die Leistungen objektiv unbrauchbar bzw. mangelbehaftet, wird dies bei der Berechnung des Wertes seiner Leistung jedoch berücksichtigt. Maßgeblich für den Wert der Leistung ist der objektive Wert einer mangelfreien Leistung abzüglich der für die Mangelbeseitigung erforderlichen Kosten.[714] Da aufgrund des nichtigen Vertrages Gewährleistungsansprüche des Bauherrn nicht bestehen, erfolgt der Ausgleich für mangelhafte Leistungen

---

714 Locher in Festschrift für Vygen Seite 28 ff., 36

im Rahmen des Bereicherungsrechts.[715] Bei schwerwiegenden Mängeln, die zur Unbrauchbarkeit führen, kann der Anspruch des Architekten vollständig entfallen.[716] Dem Anspruch des Bauherrn auf Rückzahlung des gezahlten Architektenhonorars steht nur ein reduzierter oder kein Anspruch des Architekten für die von ihm erbrachten Leistungen entgegen. Die Saldierung ergibt somit einen Überschuss, der an den Bauherrn auszukehren ist.

Das Landgericht Mönchengladbach[717] sieht einen solchen Zahlungsanspruch nach § 812 Abs. 1 Satz 1 BGB allerdings dann als nicht gegeben an, wenn bei einem wirksamen Architektenvertrag die Gewährleistungsansprüche bereits verjährt wären. In einem solchen Fall geht das Landgericht davon aus, dass der Bauherr nach wie vor bereichert ist und zwar um den Wert der Architektenleistung ohne Abzug der Mängelbeseitigungskosten. Der Architekt habe die Vergütung mit Rechtsgrund erhalten, da er gegen den Bauherrn einen Anspruch auf Bereicherungsausgleich nach §§ 812 Abs. 1 Satz 1, 818 Abs. 2 BGB in vollem Umfange gehabt habe. Die Mangelbeseitigungskosten seien nicht in Abzug zu bringen, da der Bereicherungsanspruch des Architekten darauf beruhe, dass der Bauherr etwas erlangt habe, nämlich die Ersparnis der Zahlung einer Vergütung an einen anderen Architekten bei einem wirksamen Vertrag. Bei einem wirksamen Vertrag mit einem anderen Architekten hätte der Bauherr aufgrund der Verjährung der Gewährleistungsansprüche eine Vergütung zahlen müssen, ohne seinerseits Mängelbeseitigungskosten geltend machen zu können. Auch im Falle eines nichtigen Vertrags könne der Bauherr nicht besser gestellt sein.[718]

Locher[719] hält die Entscheidung für falsch. Zutreffend führt er aus, dass bei der Entscheidung nicht berücksichtigt worden sei, dass Bereicherungsansprüche des Architekten gegenüber dem Bauherrn von vornherein um den Wert der Mängelbeseitigungskosten zu reduzieren sind. Locher leitet dies aus § 818 Abs. 3 BGB ab. Nach der diesseitigen Auffassung ergibt es sich jedoch schon aus § 818 Abs. 2 BGB. Die Leistung des Architekten hat von vornherein wegen der Mängel objektiv nur einen um die Mängelbeseitigungskosten reduzierten Wert gehabt. Der Bauherr ist somit durch die Architektenleistung nur in der Höhe der erbrachten Leistungen abzüglich der Mängelbeseitigungskosten bereichert gewesen. Nur in diesem Umfange gibt das Bereicherungsrecht somit dem Architekten einen

---

715 LG Mönchengladbach, BauR 1988, 246; OLG Hamm, BauR 1986, 710; Locher/Koeble/Frik, Art. 10 § 3 MRVG Rn. 17
716 BGH, BauR 1982, 83 ff., 86; Pastor in Werner/Pastor, Rn. 1912; Locher in Festschrift für Vygen Seite 28 ff., 36
717 LG Mönchengladbach, BauR 1988, 246, 247
718 So auch Locher/Koeble/Frik, Art. 10 § 3 MRVG Rn. 17
719 Locher in Festschrift für Vygen, Seite 28 ff., 36

Anspruch, die Zahlung des Bauherrn zu behalten.[720] Hat der Bauherr mehr gezahlt als dem Wert der Architektenleistung entspricht, muss der Architekt den erlangten Überschuss an den Bauherrn herausgeben.

5.2.1.4. Rückzahlungsanspruch des Architektenhonorars bei fehlender Verwertung durch den Bauherrn

Wenn der Bauherr die Leistungen des Architekten nicht verwertet, dann ist bei einem gezahlten Vorschuss des Bauherrn zu untersuchen, ob die ausgetauschten Leistungen sich nach dem objektiven Wert entsprechen. Wenn die Leistungen mangelhaft/unbrauchbar sind, dann wird auf die obigen Ausführungen verwiesen. Wenn die Leistungen dagegen von dem Bauherrn aus anderem Grunde nicht verwertet werden, dann entspricht der objektive Wert der Leistung zunächst einmal dem, was gezahlt worden ist. Der Bauherr hat keine Rückzahlungsansprüche (s. Seite 191 ff.), weil der Wegfall der Bereicherung nach § 818 Abs. 3 BGB wegen der Saldotheorie nicht zu berücksichtigen ist. Wenn die Leistungen des Architekten allerdings nach dem objektiven Wert unter dem Vorschuss bleiben, besteht im Umfange der Differenz ein Rückzahlungsanspruch des Bauherrn.

5.2.1.5. Rückzahlung des Architektenhonorarvorschusses bei günstigerer anderer Beauftragungsmöglichkeit

Hat der Bauherr die Leistungen zwar verwertet, diese aber bei Kenntnis des Koppelungsverbots günstiger oder kostenlos erlangen können, weil er z.B. Verwandte oder einen befreundeten Architekten hätte beauftragen können (§ 4 Abs. 2 HOAI)[721], dann hat der Bauherr keinen Anspruch auf Rückzahlung des Architektenhonorars gemäß § 812 Abs. 1 S. 1 BGB. Das Oberlandesgericht Hamm hat unzutreffenderweise dem Erwerber einen Anspruch aus § 812 Abs. 1 S. 1 BGB zugesprochen. Der Architekt kann jedoch für die von ihm geleisteten Arbeiten nach §§ 812 Abs. 1 S. 1, 818 Abs. 2 BGB Wertersatz in Höhe der Mindestsätze (§ 4 Abs. 4 HOAI) verlangen, denn diese entsprechen dem objektiven Wert der von ihm erbrachten Leistungen. Dieser Anspruch steht dem Rückzahlungsanspruch des Bauherrn wertmäßig entgegen, wenn dieser nicht mehr als die Mindestsätze bezahlt hat. Eine Saldierung führt daher zu keinem Überschuss zugunsten des Bauherrn.

---

720 Locher in Festschrift für Vygen, Seite 28 ff, 36, Fn. 46
721 Siehe oben OLG Hamm, BauR 1986, 711 ff.

5.2.1.6. Die Mangelbeseitigungskosten übersteigen das Architektenhonorar

Probleme entstehen bei Nichtigkeit des Architektenvertrags dann, wenn die Mängelbeseitigungskosten das „Architektenhonorar" überschreiten. Eine Reduzierung des Wertes der Architektenleistung ist nur bis zum gänzlichen Fehlen jeglicher Bereicherung möglich. Einen überschießenden Betrag zugunsten des Bauherrn kann man dagegen über das Bereicherungsrecht nicht erhalten (hierzu näher auch Seite 209 ff).

5.2.1.7. § 814 BGB

Zu Lasten des Bauherrn/Erwerbers kann § 814 BGB eingreifen, wenn dieser beispielsweise das Architektenhonorar bezahlt hat und später unter Berufung auf die Nichtigkeit des Architektenvertrags eine Rückzahlung des Honorars verlangt.

Über einen solchen Fall hatte das Landgericht Oldenburg am 10.01.2003 zu entscheiden.[722] In dem dortigen Fall hatte eine Projektentwicklungsgesellschaft von einer GbR ein Grundstück erworben und gleichzeitig einen Vertrag über Projektierungs- und Konzeptionierungsleistungen geschlossen, der Planungsleistungen nach § 15 HOAI beinhaltete. Die Aufspaltung des Geschäfts erfolgte auf Wunsch der Käuferin, deren Geschäftsführer Architekt war. Das Landgericht Oldenburg ließ einen Rückforderungsanspruch an § 814 BGB scheitern, weil es von der erforderlichen Kenntnis der Vertragsunwirksamkeit auf Seiten der Käuferin ausging. Es sei zwar Aufgabe des Leistungsempfängers, die Kenntnis der Vertragsunwirksamkeit auf Seiten des Leistenden darzulegen und zu beweisen[723], aber dann, wenn der Leistende bauplanerisch selbst tätig sei, müsse bis zum Beweis des Gegenteils davon ausgegangen werden, dass der Erwerber die für die eigene Berufsausübung wichtige Vorschrift des Art. 10 § 3 MRVG kenne.

Einen ähnlichen Fall hatte das Kammergericht[724] zu beurteilen. Noch weitergehend als das Landgericht Oldenburg vertrat das Kammergericht sogar generell die Auffassung, dass Bauträger und Baubetreuer größeren Zuschnitts Kenntnis von der Vorschrift des Koppelungsverbotes hätten, weil es sich um eine für ihre Berufsausübung wichtige Vorschrift handele. Es ließ daher wegen Kenntnis des Erwerbers von der Vorschrift des Art. 10 § 3 MRVG den Rückforderungsanspruch aus Bereicherungsrecht an § 814 BGB scheitern.

---

722 LG Oldenburg, Schäfer/Finnern/Hochstein/Korbion Art. 10 § 3 MRVG Nr. 26
723 So auch Lieb in Münchener Kommentar, § 814 BGB Rn. 16; Thomas in Palandt, § 814 BGB Rn. 11
724 KG, BauR 1986, 598 ff, 599

Die Entscheidungen beider Gerichte sind zwar im Ansatz zutreffend. Allerdings ist auch hier wie schon bei der Frage der Anwendung des § 814 BGB zu Lasten des Architekten die Frage zu stellen, ob generell unterstellt werden kann, dass Projektentwickler, Baubetreuer, Bauträger u. ä. Gesellschaften als am Bau Tätige von dem Koppelungsverbot des Art. 10 § 3 MRVG Kenntnis haben. Dies ist durchaus zweifelhaft, da das Koppelungsverbot nicht zu Lasten von Bauträgern, Baubetreuern etc. gilt und diese lediglich auf Erwerberseite mit der Vorschrift des Art. 10 § 3 MRVG konfrontiert werden können. In jedem Fall kann der Beweis über die Kenntnis auf Seiten des Erwerbers nicht durch den Beweis des Anscheins geführt werden. Hier gelten die Ausführungen auf Seite 200 ff. entsprechend.

5.2.2. „Gewährleistungsansprüche" des Bauherrn bei mangelhafter Leistung des Architekten ?

Wie oben ausgeführt, kann es bei Durchführung von unwirksamen Architektenverträgen zu Problemen hinsichtlich der Haftung wegen mangelhafter Architektenleistung kommen. Da der Architekten-/Ingenieurvertrag unwirksam ist, sind konsequenterweise auch keinerlei vertragliche Gewährleistungsansprüche des Bauherrn gegen den Architekten gegeben.

Im Rahmen der bereicherungsrechtlichen Ausgleichsansprüche lässt sich eine Lösung zumindest für die Fälle finden, in denen die Mängelbeseitigungskosten wertmäßig nicht über dem liegen, was dem Architekten als Ersatzanspruch für seine Leistungen zusteht. Darüber hinaus kann das Bereicherungsrecht jedoch keine Lösungsmöglichkeiten bieten. Übersteigen somit die Kosten für die Mängelbeseitigung den Wert der Architektenleistung, dann gibt das Bereichungsrecht keinen Zahlungsanspruch für den überschießenden Teil der Mängelbeseitigungskosten.

In der Literatur[725] und Rechtsprechung[726] beschäftigt man sich nur vereinzelt mit der Frage, welche Möglichkeiten abgesehen von Ansprüchen im Rahmen des Bereicherungsrechts der Bauherr gegenüber dem Architekten bei Vorliegen von Mängeln hat.

Im Einzelnen:

---

[725] Locher/Koeble/Frik, Art. 10 § 3 MRVG Rn. 17; Pastor in Werner/Pastor Rn. 1912; Locher in Festschrift für Vygen S. 28 ff., 25 ff.; Kniffka/Koeble ,12. Teil Rn. 66 ff.
[726] BGH, BauR 1982, 83 ff., 85 ff.; OLG Hamm, BauR 1986, 710; LG Mönchengladbach, BauR 1988, 246

5.2.2.1. Vertragliche Ansprüche aus §§ 633 ff. BGB analog

Kniffka/Koeble[727] sind der Meinung, dass der Erwerber so geschützt sein müsse, wie wenn aus seiner Sicht ein wirksamer Architektenvertrag zustande gekommen wäre. Anderenfalls würde die Schutzvorschrift des Art. 10 § 3 MRVG ins Gegenteil verkehrt. Es soll daher über § 242 BGB eine analoge Anwendung der §§ 633 ff. BGB zugunsten der Erwerber stattfinden.

Dem kann nicht gefolgt werden. Wie bereits oben ausgeführt wurde, handelt es sich bei Art. 10 § 3 MRVG gerade nicht um eine Schutzvorschrift zugunsten des Erwerbers, sondern um eine Norm, die den Wettbewerb unter den Architekten gewährleisten und mittelbar den Mietanstieg verhindern will. Sie ist somit keine Vorschrift alleine zugunsten des Bauherrn, so dass es auch nicht gerechtfertigt ist einseitig zu seinem Schutze über eine Analogie die Gewährleistungsregeln aus dem Werkvertragsrecht anzuwenden.

5.2.2.2. § 311 Abs. 2 BGB / Ansprüche aus Verschulden bei Vertragsschluss

5.2.2.2.1. Aufklärungspflicht des Architekten/Ingenieurs

Diskutiert werden Ansprüche auf Schadensersatz wegen Verschuldens bei Vertragsschluss. Teilweise wird in der Literatur und Rechtsprechung[728] die Auffassung vertreten, dass ebenso wie beim Fall der Anfechtbarkeit des Vertrages wegen fehlender Architekteneigenschaft auch bei einem Verstoß gegen das Koppelungsverbot eine Aufklärungspflicht des Architekten zu bejahen sei. Der Architekt müsse von dieser für seine Berufsausübung wichtigen Regelung Kenntnis haben und den Bauherrn auf die Unwirksamkeit des Architektenvertrages hinweisen.

Zu berücksichtigen ist allerdings, dass der Architekt positive Kenntnis von seiner Architekteneigenschaft bzw. der Befugnis zur Führung der Berufsbezeichnung „Architekt" hat. Eine Kenntnis des Koppelungsverbots kann jedoch keineswegs bei allen Architekten unterstellt werden. Der obigen Meinung in Literatur und Rechtsprechung ist jedoch im Ergebnis zuzustimmen. Es kommt für die Annahme einer Aufklärungspflicht nicht darauf an, ob der Architekt/Ingenieur seinerseits positive Kenntnis von Art. 10 § 3 MRVG und dem Vorliegen der Voraussetzung dieser Vorschrift hat. Art. 10 § 3 MRVG ist für Berufsausübung

---

727 Kniffka/Koeble,12. Teil Rn. 66
728 Jagenburg, BauR 1979, 91 ff.; Locher in Festschrift für Vygen S. 28 ff., 36; OLG Düsseldorf, BauR 1975, 138 ff. 141; LG Mönchengladbach, BauR 1988, 246 ff, 247; Löffelmann/Fleischmann, Rn. 734

der Architekten/Ingenieure wichtig, so dass verlangt werden kann, dass sie über diese Norm Bescheid wissen. Alleine aus der Verpflichtung der Architekten/Ingenieurs, sich über Art. 10 § 3 MRVG zu informieren, folgt allerdings noch nicht, dass sie auch die Verpflichtung haben, die Erwerber über diese Vorschrift aufzuklären. Grundsätzlich gehört es nämlich zu den Pflichten beider Vertragsparteien, sich über mögliche Wirksamkeitshindernisse in Bezug auf den Vertrag zu informieren.[729] Es besteht jedoch eine verbreitete Auffassung dahingehend, dass eine Partei die andere Partei auf nur ihr bekannte Bedenken gegen die Wirksamkeit eines Vertrages hinweisen muss.[730] Dies hat auch dann zu gelten, wenn ihr die Vorschrift nicht bekannt ist, aber als wichtige berufsrechtliche Vorschrift bekannt sein muss. Eine Aufklärungspflicht kommt zumindest dann in Betracht, wenn zwischen den Parteien des Vertrages ein Informationsgefälle besteht.[731]

Von einem solchen Gefälle kann ausgegangen werden, wenn auf der einen Seite ein Fachmann in Bausachen wie der Architekt steht und auf der anderen Seite des Vertrags baufachliche Laien. Bei der Vorschrift des Art. 10 § 3 MRVG handelt es sich um ein Gesetz, das dem Fachmann, d.h. dem Architekten/Ingenieur, aufgrund seiner Berufsausübung bekannt ist oder zumindest bekannt sein müsste. Dagegen ist das Gesetz dem normalen Bauherrn in der Regel nicht bekannt. Anders kann dies zu beurteilen sein, wenn ein fachlich erfahrener Erwerber/Bauherr den Architektenvertrag schließt. In Betracht kommen hier Bauträger, Baubetreuer, Generalübernehmer, Generalunternehmer etc. Zwischen Architekt/Ingenieur einerseits und dem fachlich versierten Bauherrn andererseits besteht kein Informationsgefälle. Wer im großen Umfange oder gar professionell im Baubereich tätig ist, von dem kann auch erwartet werden, dass er sich über wichtige Vorschriften aus dem Baubereich informiert, selbst wenn sie sich auch im wesentlichen nicht auf die eigene Berufsausübung, sondern auf die seines Vertragspartners beziehen. Dies gilt insbesondere, wenn es sich um eine Vorschrift wie den Art. 10 § 3 MRVG handelt, der die absolute Unwirksamkeit eines Architektenvertrags zur Folge hat.

Grundsätzlich ist daher davon auszugehen, dass eine Aufklärungspflicht in dann besteht, wenn dem Architekten/Ingenieur ein im Baugewerbe unerfahrener Bauherr als Vertragspartner gegenübersteht, nicht dagegen, wenn der Vertag mit Bauträgern, Wohnungsbauunternehmen oder anderen in größerem Umfange am Baugeschehen Teilnehmenden geschlossen wird.

---

729 Grüneberg/Sutschet in Bamberger/Roth, § 311 BGB, Rn. 70; Grüneberg in Palandt, § 311 BGB, Rn. 39; Emmerich in Münchener Kommentar, § 311BGB Rn. 167
730 Emmerich in Münchener Kommentar, § 311 BGB Rn. 107
731 Emmerich in Münchener Kommentar, § 311 BGB Rn. 107

5.2.2.2.2. Verschulden

Grundsätzlich indiziert die Pflichtverletzung ein Verschulden. Es gibt aber gerade bei der Architektenkoppelung teilweise tatsächlich und juristisch so komplizierte Fälle, dass sie selbst von Gerichten nicht einheitlich entschieden werden. Von Architekten/Ingenieuren kann nicht erwartet werden, dass sie derartig komplizierte Sachverhalte unter Art. 10 § 3 MRVG subsumieren. Das Verschulden kann deshalb ausnahmsweise entfallen. Der Architekt muss sein fehlendes Verschulden jedoch im Einzelfall darlegen und nachweisen.

5.2.2.2.3. Rechtsfolgen eines Aufklärungspflichtverstoßes

Die Rechtsfolgen eines Aufklärungspflichtverstoßes nach § 311 Abs. 2 BGB richten sich nach § 280 Abs. 1 i.V.m. §§ 249 ff. BGB.[732]
Der Geschädigte, d.h. der Bauherr/Erwerber, kann verlangen, so gestellt zu werden, wie er ohne das schädigende Ereignis stünde.[733] In der Regel ist bei Ansprüchen aus § 311 Abs. 2 BGB nur der Vertrauensschaden, d.h. das negative Interesse zu ersetzen.[734] In Betracht kommt jedoch im Einzelfall auch der Ersatz des positiven Interesses, wenn es dem Geschädigten gelingt nachzuweisen, dass es ohne Verletzung der Aufklärungspflicht zum Abschluss eines für ihn günstigen Vertrags gekommen wäre.[735] Dabei kann Folge der Aufklärung auch der Abschluss eines Vertrags mit einem Dritten sein.[736] Dieser Erfüllungsschaden ist allerdings dann nicht zu ersetzen, wenn der Schutzzweck der verletzten Norm dies verbietet.[737]
Daraus folgt:
Bei Schadensersatzansprüchen, die dem Umfang nach Gewährleistungsansprüchen entsprechen, handelt es sich um den Ersatz des Erfüllungsinteresses. Der Schutzzweck des Art. 10 § 3 MRVG gebietet es jedoch nicht, dem geschä-

---

[732] Grüneberg/Sutschet in Bamberger/Roth, § 311 BGB, Rn. 113; Grüneberg in Palandt, § 311 BGB Rn. 54; Emmerich in Münchener Kommentar, § 311 BGB Rn. 260

[733] Grüneberg in Palandt, § 311 BGB Rn. 54; Emmerich in Münchener Kommentar, § 311 BGB Rn. 261

[734] Grüneberg in Palandt, § 311 BGB Rn. 55; Unberath in Bamberger/Roth, § 280 BGB Rn. 50; Emmerich in Münchener Kommentar, § 311 BGB Rn. 261

[735] Emmerich in Münchener Kommentar, § 311 BGB Rn. 261; Unberath in Bamberger/Roth, § 280 BGB Rn. 51

[736] Emmerich in Münchener Kommentar, § 311 BGB Rn. 267; Unberath in Bamberger/Roth, § 280 BGB Rn. 51

[737] Unberath in Bamberger/Roth, § 280 BGB Rn. 51; Emmerich in Münchener Kommentar, § 311 BGB Rn. 262

digten Bauherrn einen Schadensersatzanspruch in Höhe des Erfüllungsinteresses zu verweigern. Das folgt schon daraus, dass bei ordnungsgemäßer Aufklärung und damit bei Kenntnis von dem Vorliegen der Voraussetzungen des Koppelungsverbots der Bauherr die Möglichkeit gehabt hätte, freiwillig, d.h. ohne Zwang mit dem Architekten/Ingenieur einen Vertrag abzuschließen. Der Abschluss eines wirksamen Architektenvertrags wäre also möglich gewesen. Alternativ hätte er auch mit einem anderen Architekten/Ingenieur einen wirksamen Vertrag schließen können. Art. 10 § 3 MRVG soll somit nicht verhindern, dass der Bauherr in Fällen der Durchführung des Bauvorhabens Schadensersatzansprüche in dem Umfange erhält wie Gewährleistungsansprüche. Grundsätzlich kann somit das Erfüllungsinteresse verlangt werden.

Bei einer Verletzung der Aufklärungspflicht über das Vorliegen der Voraussetzungen des Art. 10 § 3 MRVG bedeutet dies, dass der Bauherr/Erwerber so zu stellen ist, wie er bei einer ordnungsgemäßen Aufklärung gestanden hätte. Der Erwerber hätte dann einen wirksamen Architektenvertrag entweder mit dem begünstigten Architekten oder mit einem anderen Architekten schließen können. Im Falle der Beauftragung eines anderen Architekten ist davon auszugehen, dass diesem dieselben Fehler, die zu den Baumängeln geführt haben, nicht unterlaufen wären.[738] Wenn es gleichwohl zu Fehlern gekommen wäre, dann hätte der Erwerber vertragliche Gewährleistungsansprüche nach § 633 ff. BGB gehabt. Zutreffend führt Locher[739] aus, dass der Umfang der vertraglichen Gewährleistungsansprüche zunächst demjenigen der Wertminderung von mangelhafter gegenüber mangelfreier Architektenleistung nach § 818 Abs. 2 BGB entspricht. Sind die erbrachten Architektenleistungen völlig mangelfrei, so steht dem Erwerber kein Schadensersatzanspruch aus Verschulden bei Vertragsschluss zu, weil er dasselbe Honorar auch bei Beauftragung eines anderen Architekten hätte zahlen müssen. Sind dagegen Mängel gegeben, so entspricht der Schadensersatzanspruch aus Verschulden bei Vertragsschluss demjenigen, was dem Erwerber bei vertraglichen Gewährleistungsansprüchen nach § 635 BGB a.F./§ 634 BGB n.F. zustehen würde. Im Gegensatz zu Ansprüchen aus §§ 812 ff. BGB liegt aber der Vorteil bei Schadensersatzansprüchen aus § 311 Abs. 2 BGB darin, dass keine Begrenzung auf den Umfang des Architektenhonorars gegeben ist.[740] Liegen die Mängelbeseitigungskosten über dem Architektenhonorar, so sind sie über § 311 Abs. 2 BGB voll zu ersetzen.

Dem Erwerber/Bauherrn steht gemäß § 311 Abs. 2 BGB aber nicht mehr zu, als ihm bei Abschluss eines wirksamen Vertrages zugestanden hätte. Insoweit ist

---

738 Locher in Festschrift für Vygen S. 28 ff., 37
739 Locher in Festschrift für Vygen S. 28 ff., 37
740 Locher in Festschrift für Vygen S. 28 ff., 37; Löffelmann/Fleischmann, Rn. 734

nochmals auf die Entscheidung des Landgerichts Mönchengladbach[741] zu verweisen (s. Seite 206 f.). Wie bereits dargestellt, war in dem zu entscheidenden Fall der Architektenvertrag zwischen den Parteien wegen Verstoßes gegen das Koppelungsverbot unwirksam. Der Bauherr verlangte wegen mangelhafter Leistung das gezahlte Honorar zurück. Das Landgericht lehnte Ansprüche aus § 812 Abs. 1 S. 1 BGB ebenso wie aus Verschulden bei Vertragsschluss ab. Bezogen auf Ansprüche aus Bereicherung ist die Entscheidung unzutreffend. Zuzustimmen ist ihr jedoch im Hinblick auf die Ansprüche aus Verschulden bei Vertragsschluss. Im Rahmen dieser Anspruchsgrundlage sind die Bauherrn so zu stellen, wie sie ohne das schädigende Ereignis gestanden hätten. Bei Kenntnis der Nichtigkeit des Architektenvertrags hätten sie einen anderen Architekten wirksam beauftragt und wären zum damaligen Zeitpunkt ebenfalls mit der Geltendmachung der Mängel infolge Verjährung ausgeschlossen gewesen. Eine Rückgriffsforderung hätte somit nicht bestanden. Bei einem unwirksamen Vertrag kann der Erwerber/Bauherr jedoch nicht mehr als Schadensersatz verlangen, als ihm bei einer wirksamen Beauftragung zugestanden hätte. Er hat deshalb keinen Schadensersatzanspruch gegen den Architekten

5.3. Versicherungsrechtliche Probleme

Den Bauherren und Architekten/Ingenieuren ist unter Umständen mit Ansprüchen aus § 311 Abs. 2 BGB oder aus Bereicherungsrecht im Zusammenhang mit Mängeln des Architektenwerks nicht viel gedient, wenn diese Anspruchsgrundlagen dazu führen, dass die Architektenhaftpflichtversicherung nicht eintritt.

Für Ansprüche aus § 311 Abs. 2 BGB ist von dem Oberlandesgericht Saarbrücken[742] entschieden worden, dass diese Schadensersatzansprüche grundsätzlich zu den von der Haftpflichtversicherung zu ersetzenden Schäden gehören. Es geht insoweit auch um Ansprüche auf Ersatz eines Schadens. Nicht entscheidend ist, auf welcher rechtlichen Grundlage diese basieren.[743]

Kein Versicherungsschutz besteht dagegen für Ansprüche aus §§ 812 ff. BGB, besonders auch nicht für Ansprüche auf Wertersatz nach § 818 Abs. 2 BGB. Es fehlt an jeder Vergleichbarkeit mit den in § 1 AHB erfassten Ansprüchen, da es sich nicht um Schadensersatz, sondern um Bereicherungsansprüche

---

741 LG Mönchengladbach, BauR 1988, 246 ff., 247
742 OLG Saarbrücken, NJW-RR 1998, 931 ff.; vgl. hierzu Prölls/Martin, § 1 AHB Rn. 5
743 Littbarski, § 1 AHB Rn.35; Prölls/Martin, § 1 AHB Rn. 5

handelt.[744] Verlangt daher ein Partner vom Versicherungsnehmer wegen schlechter Leistungen das an letzteren bereits gezahlte Entgelt zurück, so besteht kein Versicherungsschutz.[745]

---

[744] Prölls/Martin, § 1 AHB Rn. 7; Späte AHB-Kommentar, § 1 Rn. 176; Bruck/Möller/Johannsen Band IV G 63
[745] Prölls/Martin, § 1 AHB Rn. 7; Bruck/Möller/Johannsen, Band IV G 63; Späte, § 1 AHB Rn 176

IX. Kritik an Art. 10 § 3 MRVG

Vor dem Hintergrund dieser vielfachen Probleme ist Art. 10 § 3 MRVG in den letzten Jahrzehnten häufig kritisiert worden. Neben Zweifeln in Bezug auf seine Verfassungsmäßigkeit[746] ist vor allem die Reichweite und insbesondere die extensive Auslegung der Vorschrift durch die Gerichte beanstandet worden. Viele Autoren glauben darüber hinaus, dass der mit der Regelung bezweckte rechtspolitische Erfolg nicht eingetreten ist, und stellen die Frage, ob die Norm heutzutage überhaupt noch als zeitgemäß angesehen werden kann.

1. Kritische Stimmen in der Literatur

Hesse[747] wirft das Problem auf, ob die Begründung der Bundesregierung und des Rechtsausschusses für die Schaffung des Art. 10 § 3 MRVG nicht von vornherein falsch war. So seien die Sachverhalte, die bekämpft werden sollten, in den schwärzesten Farben gemalt worden. Man sei davon ausgegangen, dass auf der einen Seite der Architekt von geringer fachlicher Qualifikation wie eine Spinne im Netz auf den Bauwilligen warte, der ihm nicht entgehen könne. Auf der anderen Seite stünden die Bauwilligen, die diesen Machenschaften ohne jede Alternative ausgeliefert seien. Einige Fälle seien in der Tat ärgerlich gewesen. Es habe aber auch zahllose Abstufungen gegeben, z.B. den vergleichsweise harmlosen Fall, dass der Architekt sich beim Verkauf eines einzelnen von ihm ererbten Grundstückes vom Erwerber die Architektenleistungen übertragen ließ. Ähnlich unverfänglich seien auch Fälle, in denen der Architekt auf Betreiben des Bauwilligen diesem mit viel Mühe ein Grundstück besorge und sich dafür versprechen lasse, dass er Architektenleistungen erbringen dürfe.[748] Auf der anderen Seite habe es auch außerhalb der Architektenschaft schwarze Schafe gegeben, die allerdings von dem Koppelungsverbot nicht erfasst seien, wie z.B. Bauunternehmen.[749] Hesse wirft deshalb die Frage auf, ob Art. 10 § 3 MRVG nicht über das

---

746 Pauly, BauR 2006, 769, 770; Lass, DNotZ 1996, 742 ff.
747 Hesse, BauR 1985, 30 ff.
748 Hesse, BauR 1985, 30 ff.
749 Hesse, BauR 1985, 30, 31

Ziel der Sicherung des freien Wettbewerbs unter Ingenieuren und Architekten hinausgeschossen sei. Das Gesetz gestatte keine differenzierende Betrachtung. Auch wenn die Freiheit des Wettbewerbs sowie die Wahlfreiheit des Bauinteressenten und das Preisgefüge unter keinem denkbaren Gesichtspunkt beeinträchtigt werden könne, gelte das Verbot. Zwar erleichtere der Rundumschlag die Anwendung des Gesetzes. Einfache Lösungen seien aber nicht immer die gerechtesten. Außerdem geht Hesse davon aus, dass nach mehr als 10-jähriger Praxis fraglich sei, ob die Rechtsprechung dem von dem Gesetzgeber angestrebten Ziel einer Verhinderung unerwünschter Bindung näher gekommen sei.

Auch Jagenburg[750] kritisiert die weite Fassung des Art. 10 § 3 MRVG. Er hält es nicht für nötig, dass der Gesetzgeber Dinge, die bis 1971 fast ausnahmslos als zulässig angesehen und nur in ihren Auswüchsen bekämpft wurden, durch das Gesetz von 1971 generalklauselartig verboten werden.[751] Nach seiner Meinung würden trotz des Verbotes der Architektenkoppelung nach wie vor Koppelungsverträge abgeschlossen. Die Zahl der Kopplungsgeschäfte habe sich nicht verringert. Die juristische Bewältigung des Problems gehe an der Rechtswirklichkeit vorbei.[752]

Ebenso übt Pauly[753] in mehrfacher Hinsicht Kritik an dem Gesetz. Zum einen äußert er Bedenken gegen die Verfassungsmäßigkeit des Art. 10 § 3 MRVG wegen der Ungleichbehandlung von Architekten/Ingenieuren einerseits und Bauträgern, Generalunternehmern mit Planungsverpflichtung sowie Generalübernehmern andererseits.[754] Außerdem vertritt er die Auffassung, dass sich die Situation auf dem Wohnungsmarkt seit Inkrafttreten des Koppelungsverbots im Jahre 1971 dramatisch verändert habe. Von einer Knappheit an Grundstücken könne in der heutigen Zeit genauso wenig die Rede sein wie von einem dringenden Handlungsbedarf im Hinblick auf das Mietzinsniveau.

Wolfsteiner[755] bezeichnet Art. 10 § 3 MRVG als eine Sumpfblüte neuerer Gesetzgebungspraxis. Bei seinem Anblick wünsche sich der Betrachter, der Gesetzgeber hätte zunächst einmal nach bewährtem altrömischem Vorbild sich selbst ein Koppelungsverbot für Gesetze auferlegt. Das Verbot der Architektenbindung habe jedenfalls mit den Honorarordnungen für Ingenieure und Architekten, denen das Gesetz gewidmet sei, nur äußerlich und mit der Verbesserung des Mietrechts überhaupt nichts zu tun. Das wenig überzeugende Gesetzgebungsverfahren habe in jeder Hinsicht ein mangelhaftes Gesetz hervorgebracht, dessen

---

750 Jagenburg, BauR 1979, 91 ff.; in Bindhardt/Jagenburg § 2 Rn. 106 ff.
751 Jagenburg in Bindhardt/Jagenburg § 2 Rn. 122
752 Jagenburg in Bindhardt/Jagenburg § 2 Rn. 112; BauR 1979, 91 ff., 93
753 Pauly, BauR 2006, 769 ff.
754 Pauly, BauR 2006, 769 ff., 770
755 Wolfsteiner, MitBayNot 1978, 52 ff., 55

Zweck es offenbar sei, zu verhindern, dass sich kaufmännisch versierte Ingenieure und Architekten auf Kosten solcher Kollegen, die den freien Beruf in seiner reinen Form ausüben, Wettbewerbsvorteile verschaffen. Auch wenn der Zweck billigenswert sei, sei kaum verständlich, warum der Gesetzgeber dieses Problem, das nur Architekten und Ingenieure untereinander betreffe, nach außen getragen habe und der Grundstücksverkehr damit belastet werden musste. Der Grundstückskäufer sei jedenfalls an dem Verbot der Architektenbindung in der Regel desinteressiert. Wenn er sich überhaupt darauf berufe, dann nur aus Motiven, die mit dem Gesetzeszweck nichts zu tun hätten.[756]

Brych/Pause[757] vertreten die Auffassung, das Koppelungsverbot des Art. 10 § 3 MRVG könne zu leicht umgangen werden. Für Großanbieter wie Bauträger gelte es ohnehin nicht, ebensowenig wie für das Generalübernehmer- oder das Architektenmodell. Ferner sei die Vorschrift verfassungsrechtlich äußerst bedenklich. Der Preisauftrieb in Ballungsgebieten könne ohnehin nicht gedämpft werden, da dort völlig andere Faktoren für die Preisentwicklung gelten. Art. 10 § 3 MRVG sei somit letztlich auch nur eine Belastung der Gerichte und im Zuge der EG-Liberalisierung schließlich obsolet und ersatzlos aufzuheben.

Auch Hesse/Korbion/Mantscheff/Vygen hat schon frühzeitig Kritik an dem Koppelungsverbot geübt.[758] Vygen weist darauf hin, dass es fraglich sei, ob das Koppelungsverbot, nachdem es jahrelang in Kraft war und zahlreiche Urteile ergangen sind, das Ziel des Gesetzgebers, den Mieter zumindest mittelbar vor dem Mietanstieg zu schützen, erreicht hat. Er hält das Gesetz wegen der in der Zwischenzeit völlig veränderten Lage auf dem Wohnungsmarkt für überflüssig. In jedem Falle müsste es gelockert werden.[759]

Hoffmüller[760] riet anlässlich der Kommentierung eines Rechtsstreits vor dem Landgericht Mönchengladbach/Oberlandesgericht Düsseldorf Architekten dringend davon ab, im Vorfeld eines Architektenvertrags dem Bauherrn bei der Grundstücksbeschaffung behilflich zu sein. Auch dann, wenn Bauherren den Architekten bitten, sich beim Erwerb eines Grundstückes für sie einzusetzen, könne das dem Architekten zum Verhängnis werden, wenn später ein Architektenvertrag mit dem Bauherrn geschlossen wird. Hoffmüller teilte mit, dass laut Beschluss der Architektenkammer Nordrhein-Westfalen eine Änderung des Koppe-

---

756 Wolfsteiner, MitBayNot 1978, 52 ff. 55
757 Brych/Pause, NJW 1990, 545 ff., 548
758 Siehe Vygen in Hesse/Korbion/Mantscheff/Vygen, 4. und 5. Auflage Art. 10 § 3 MRVG Rn. 44 und in Korbion/Mantscheff/Vygen, 6. Auflage Art. 10 § 3 MRVG Rn. 44
759 Vygen in Korbion/Mantscheff/Vygen, 6. Auflage Art. 10 § 3 MRVG Rn. 44; so auch Morlock, IBR 1993, 386; Breiholdt, MDR 1987, 810, 811
760 Hoffmüller DAB 89, NW 79

lungsverbots herbeigeführt werden sollte. Es sei zunächst beabsichtigt gewesen, das Koppelungsverbot auf alle am Bau Beteiligten auszuweiten, um eine Konkurrenzsituation zu verhindern. Nach rechtlicher Prüfung sei man jedoch zu dem Schluss gekommen, dass das Koppelungsverbot vollständig aufgehoben werden solle. Der von ihm geschilderte Fall sei ein typisches Beispiel dafür, dass eine ursprünglich als sinnvoll und ökonomisch richtig anerkannte Gesetzeslage durch stets weiter ausufernde Interpretationen von Gerichten zu wirtschaftlich nicht mehr akzeptablen und vertretbaren Folgen führen könne.

2. Positive Meinung

Art. 10 § 3 MRVG ist in der Literatur jedoch nicht nur kritisiert, sondern auch nach Jahren noch positiv bewertet worden.

So führt Doerry[761] aus, es sei aufgrund der praktischen Erfahrung nicht daran zu zweifeln, dass es unentdeckt gebliebene Fälle des Koppelungsverbots gegeben habe. Der mit dem Gesetz verfolgte Zweck habe jedoch nach wie vor noch seinen guten Sinn. Der Architekt werde vor solchen Kollegen geschützt, die sich unter dem Deckmantel des freien Architekten wie Makler verhalten und den Wettbewerb zu manipulieren versuchen.[762]

3. Erster Baugerichtstag am 19.05.2006 in Hamm

Auf dem ersten Baugerichtstag in Hamm im Mai 2006 wurde bezüglich Art. 10 § 3 MRVG ebenfalls erhebliche Kritik geäußert. Werner forderte in seinem Vortrag, § 3 des Gesetzes zur Regelung von Ingenieur- und Architektenleistungen ersatzlos aufzuheben.

Er begründete dies wie folgt:

1. Art. 10 § 3 MRVG schränke nicht nur die Vertragsfreiheit, sondern auch den Wettbewerb der Architekten/Ingenieure gegenüber den Bauträgern usw. unangemessen ein.
2. Die Vorschrift animiere zur Umgehung.
3. Trotz einer Flut von gerichtlichen Entscheidungen gebe es für eine Vielzahl von Fallkonstellationen keine Rechtssicherheit.

---

761 Doerry, ZfBR 1991, 48 ff., 51, 52
762 Doerry, ZfBR 1991, 48 ff., 52; Doerry in Festschrift für Baumgärtel S. 41 ff., 52

4. Die Rechtsfolgen bei einem Verstoß seien für Bauherren und Architekten oftmals unbefriedigend.[763]

Im Einzelnen führte Werner dann aus, dass die berufsbezogene Auslegung des Koppelungsverbots freiberufliche Architekten und Ingenieure gegenüber Bauträgern und Generalunternehmern etc. im Wettbewerb eindeutig benachteilige. Die Rechtslage verschaffe den Bauträgern, Generalunternehmern, Wohnbauunternehmen und Baubetreuungsunternehmen erhebliche Wettbewerbsvorteile. Durch das Koppelungsverbot seien Architekten und Ingenieure, insbesondere in Ballungsgebieten mit engen Grundstücksmärkten, aus dem Bereich des Ein- und Zweifamilienbaus weitgehend verdrängt worden. Der Gedanke, die Monopolbildung zu verhindern, habe sich in sein Gegenteil verkehrt. Nicht die Architekten, sondern Bauträger usw. hätten heute eine monopolartige Stellung erworben.

Außerdem habe sich im baugewerblichen Bereich in der Vergangenheit eine erhebliche Veränderung ergeben. Heute könne man insbesondere im Einfamilienhausbau vielfach nur noch auf dem Markt bestehen, wenn man die Tätigkeit mit einem Grundstücksangebot verbinde. Wenn man den freiberuflich tätigen Architekten und Ingenieuren diese Möglichkeit abschneide, bestehe die Gefahr, dass der Berufsstand vollständig zurückgedrängt würde. Nach Auffassung Werners verstößt das Koppelungsverbot auch gegen Art. 3 Abs. 1 GG, da es gleiche Sachverhalte ungleich behandele. Deshalb stelle das Koppelungsverbot eine nicht gerechtfertigte einseitige Diskriminierung der freiberuflichen Architekten und Ingenieure dar.

Weiterhin führe die Konkurrenz mit anderen auf dem Wohnungsmarkt tätigen Unternehmen dazu, dass Architekten und Ingenieure Möglichkeiten suchten, die Konsequenz des Art. 10 § 3 MRVG zu umgehen. Die Rechtsprechung wiederum begegne diesen Umgehungsversuchen mit einer immer weiteren Auslegung des Art. 10 § 3 MRVG. Die Ergebnisse seien wenig befriedigend. Bis heute sei keine Rechtssicherheit gegeben. Trotz der extensiven Auslegung des Koppelungsverbots und einer kaum noch überschaubaren Rechtsprechung seien viele Fragen offen geblieben.

Auch die Rechtsfolgen sind nach Meinung Werners unbefriedigend.

Dem Vorschlag, das Architektenkoppelungsverbot aufzuheben, hat der Ausschuss IV des 1. Baugerichtstages nach kurzer und weitgehend nicht kontroverser Diskussion mit überwältigender Mehrheit zugestimmt.[764] Begründet wurde dies damit, dass Art. 10 § 3 MRVG nicht mehr zeitgemäß sei. Das Koppelungsverbot stelle heute eine gerade für mittlere und kleine Architekturbüros existenzbedro-

---

763 1. Baugerichtstag, BauR 2006, S. 1602 ff.
764 1. Baugerichtstag, BauR 2006, 1617

hende Wettbewerbsbeschränkung dar, denn der Markt wünsche gerade auch im Ein- und Zweifamilienhausbau Immobilien aus einer Hand.

X. Gesetzesinitiativen

Nach Erlass des Art. 10 § 3 MRVG hat es wiederholt Ansätze gegeben, diesen Paragraphen aufzuheben oder abzuändern. Besonders intensiv hat sich u.a. die Architektenkammer Nordrhein-Westfalen darum bemüht.
Drei Standpunkte wurden über die Jahre zu Art. 10 § 3 MRVG von verschiedenen wirtschaftlichen und politischen Gruppierungen vertreten:

1. Diejenigen, die mit Art. 10 § 3 MRVG zufrieden waren oder aber Abgrenzungsprobleme bei einer Neuregelung sahen, beharrten auf der Beibehaltung der Norm in unveränderter Form.
2. Die vermittelnde Auffassung wollte Art. 10 § 3 MRVG in zweierlei Hinsicht abändern:
   a) Das Koppelungsverbot sollte nicht mehr berufsstands-, sondern leistungsbezogen sein.
   b) Die Veräußerung von Grundstücken nach Durchführung eines Architektenwettbewerbes sollte von dem Koppelungsverbot ausgenommen werden.
   Zu diesen beiden Varianten gab es eine Vielzahl sehr unterschiedlicher Vorschläge.
3. Die radikalste Lösung war diejenige, Art 10 § 3 MRVG komplett aufzuheben.

Art. 10 § 3 MRVG ist jedoch bis zum heutigen Tage weder aufgehoben noch modifiziert worden. Ein Zeichen dafür, dass der Gesetzgeber für die Abänderung letztendlich keinen dringenden Bedarf gesehen hat.

Grundsätzlich lässt sich feststellen, dass für die Änderung im Sinne der genannten Punkte 2 a) und b), zumindest zeitweilig, gute Chancen bestanden. Sie ist im Ergebnis daran gescheitert, dass man es für problematisch hielt, eine Formulierung zu finden, die keine Abgrenzungsschwierigkeiten bereitet. Die radikalste Lösung, nämlich Art. 10 § 3 komplett aufzuheben, war nicht mehrheitsfähig. Interessant ist, dass auch ein Teil der Architektenkammern und die Bundesarchitektenkammer an einer solchen radikalen Lösung lange Zeit kein Interesse zeigten und insoweit auf einer Linie mit den Verbänden lagen, die die Wohnungswirtschaft vertraten. Letztere waren an der Beibehaltung in unveränderter Form interessiert, weil für sie das Koppelungsverbot, das lediglich die freiberuflichen Architekten und Ingenieure trifft, Wettbewerbsvorteile bringt. Die unterschiedlichen Auffassungen in der Architektenschaft rührten daher, dass teilweise die Aufhebung des Koppelungsverbots deshalb nicht gewünscht wurde, weil man meinte, das Koppelungsverbot schütze kleinere Architekturbüros. Für andere Architekten stand dagegen die Tatsache im Vordergrund, dass freiberufliche Architekten insgesamt im Wettbewerb gegenüber Baubetreuern, Bauträgern und Projektentwicklern wegen des Koppelungsverbots benachteiligt werden. Sie legten daher in erster Linie Wert darauf, das Koppelungsverbot leistungsbezogen zu definieren und nur hilfsweise Art. 10 § 3 MRVG komplett aufzuheben.

Im Einzelnen lässt sich die oben aufgezeigte Entwicklung um die Bemühungen der Änderung und Aufhebung des Koppelungsverbotes zeitlich und inhaltlich wie folgt beschreiben:

Anlässlich der Gesetzesänderung zu Art. 10 § 1 Abs. 3 Nr. 1 und § 2 Abs. 3 Nr. 1 MRVG beantragte die SPD Fraktion Mitte 1984 im Ausschuss für Raumordnung, Bauwesen und Städtebau die Neufassung des Art. 10 § 3 MRVG. Es sollte eine Bindung an Preisträger aus gemeindlichen Planungswettbewerben zulässig sein. Der Ausschuss lehnte diesen Vorschlag jedoch mehrheitlich ab.[765]

Dennoch schlug wenige Monate später der Ausschuss für Städtebau und Wohnungswesen dem Bundesrat eine Entschließung folgenden Inhalts vor:

„Die Bundesregierung wird gebeten, gemeinsam mit den Ländern zu prüfen, ob und wie eine teilweise Lockerung des Koppelungsverbots in § 3 des Gesetzes zur Regelung von Ingenieur- und Architektenleistungen vom 04.11.1971 (BGBL I 1749) insbesondere im Interesse der Gemeinden herbeigeführt werden kann, und ggf. einen entsprechenden Gesetzentwurf vorzulegen".[766]

Als Begründung führte er an, seit der Entscheidung des Bundesgerichtshofs vom 24.06.1982 sei klargestellt, dass das Koppelungsverbot auch für Gemeinden gelte. Ihnen sei verboten, Wettbewerbe zur Realisierung von kosten- und flächensparendem Bauen durchzuführen, dem Preisträger bestimmte Grundstücke an die Hand zu geben und interessierte Bauwillige an den entsprechenden Architekten zu verweisen. Gleiches gelte auch für eine entsprechende Verfahrensweise im Anschluss an eine Einzelbeauftragung außerhalb eines förmlichen Architektenwettbewerbs. Das Verbot entspreche nicht dem gesetzgeberischen Willen. Hintergrund seines Erlasses sei gewesen, zu verhindern, dass bei knappem Angebot an Baugrund der Planer durch die Bindung eine monopolartige Stellung erwerbe. Es komme dann nicht mehr auf die eigene Leistung des Architekten an. Grundsätzlich anders sei es jedoch bei Wettbewerben oder Einzelaufträgen der Gemeinden, die der Förderung städtebaulich und harmonisch gestalteter Objekte

---

765 Bundestagsdrucksache 10/1562 vom 06.06.1984
766 Bundesratsdrucksache 456/1/84 vom 15.10.1984

diene. Dort erhalte gerade der Planer aufgrund seiner Leistungsfähigkeit den Auftrag.[767]

Der Bundesrat nahm am 26.10.1984 die Entschließung des Ausschusses mit klarer Mehrheit an.[768]

Danach erteilte die Bundesregierung einen Prüfauftrag an das Bundesministerium für Wirtschaft, das sich seit 1984 in intensiven Gesprächen mit Ländern und Verbänden um eine zufrieden stellende Lösung im Rahmen der Änderung des Koppelungsverbots bemühte. Das Ministerium musste allerdings feststellen, dass zwischen Befürwortern und Gegnern der Lockerung des Koppelungsverbots kaum überbrückbare Auffassungsunterschiede bestanden. Es verfasste daher im Jahre 1986 einen Berichtsentwurf der Bundesregierung, in dem es sich sowohl zu möglichen Gesetzesänderungen für die Architektenwettbewerbe als auch hinsichtlich der berufsbezogenen Formulierung des Koppelungsverbots äußerte. Letzteres hing damit zusammen, dass im Laufe der Beratungen die Länder und Berufsverbände die Frage einer leistungs- statt berufsbezogenen Formulierung des Koppelungsverbots aufgeworfen hatten. Damit sollte die Ausweitung des Verbots auf Unternehmen erreicht werden, die neben anderen Leistungen auch Ingenieur- und Architektenleistungen erbringen. Deshalb bezog der Bericht zu beiden Fragen Stellung.

Ein Teil der Verbände und Kammern, besonders Vertreter der Architektenschaft, sprach sich für eine teilweise Aufhebung der Vorschrift für Architektenwettbewerbe sowie für eine Ausweitung des Koppelungsverbots auf Wohnungsbauunternehmen aus. Über den Umfang der Lockerung bestanden allerdings unterschiedliche Auffassungen. Andere Interessenvertretungen, insbesondere aus der Bau- und Immobilienwirtschaft, lehnten eine Veränderung des Art. 10 § 3 MRVG dagegen ab. Die einzelnen Länder nahmen zu der Änderung des Koppelungsverbots nicht einheitlich Stellung. Die Bundesregierung kam nach Anhörung aller Interessenvertreter und der Länder zu dem Ergebnis, Art. 10 § 3 MRVG unverändert beizubehalten. Eine Änderung sei nach ihrer Einschätzung nicht erforderlich.

Im Hinblick auf Gemeinden vertrat die Bundesregierung die Auffassung, dass die bestehende Gesetzeslage nicht nur dem Schutz des Erwerbers, sondern vornehmlich auch dem Interesse der Allgemeinheit an einer funktionierenden Wettbewerbsordnung diene. Das Argument der Befürworter einer Veränderung, wonach der als Preisträger aus einem Planungswettbewerb hervorgegangene Sieger seine Leistungsfähigkeit bereits unter Beweis gestellt habe, ließ sie nicht gelten. Zum einen sei die Leistungsfähigkeit im Verhältnis zu anderen Planern, die nicht

---

767 Antrag auf Entschließung Bundesratsdrucksache 456/1/84 vom 15.10.1984
768 Plenarprotokoll zur 542. Bundesratssitzung vom 26.10.1984

am Wettbewerb teilgenommen hätten, keineswegs erwiesen. Zum anderen könnten sich die Auswahlkriterien von Bauherren für die Beauftragung eines Architekten oder Ingenieurs von denen einer Gemeinde unterscheiden. Dem Käufer sei auch bei Architektenwettbewerben das freie Wahlrecht bezüglich seines Ingenieurs und Architekten genommen. Bedenken bestünden insbesondere dann, wenn in einem bestimmten Bezirk die Architektenbindung von Baugrundstücken so stark verbreitet sei, dass ungebundene Grundstücke kaum zur Verfügung stünden und ein bestimmter Architekt in diesem Bereich eine Art Monopolstellung erlangt habe. Es bestehe gerade auch bei Planungswettbewerben die Gefahr, dass sich in Gemeinden ein kleiner Kreis von Hausarchitekten bilde.

Das Argument der Gemeinden (Berücksichtigung städtebaulicher Gesichtspunkte etc.) könne durch entsprechende Vorgaben berücksichtigt werden, beispielsweise durch Festschreibung bauplanerischer und baurechtlicher Anforderungen im Bebauungsplangebiet kombiniert mit Gestaltungssatzungen und/oder Grundstückskaufverträgen. Die Gemeinden hätten außerdem die Möglichkeit, im eigenen Namen wünschenswerte Detailplanungen durch einen Architekten entwickeln zu lassen. Die Nutzungsbefugnis an diesen Plänen könnten sodann bei der Veräußerung der Grundstücke mit übertragen werden und zwar unter Abwälzung der Kosten. Ferner seien die Grenzen der Auflockerung nur schwer bestimmbar. Im Übrigen bestehe kein überwiegendes Interesse des Gemeindenwohls, denn die Gemeinden könnten es auch ohne Lockerung des Verbots wahren.

Ebenso lehnte die Bundesregierung die Einbeziehung der Unternehmer in das Koppelungsverbot ab und zwar mit der interessanten Begründung, das Gesetz zur Regelung von Ingenieur- und Architektenleistungen sei leistungs- und nicht berufsstandsbezogen zu interpretieren. Das ergebe sich aus Sinn und Zweck der Vorschrift des Gesetzes sowie aus seiner Entstehungsgeschichte. Soweit daher eine leistungsbezogene Formulierung gefordert werde, entspreche das geltendem Recht. Das Gesetz biete auch eine hinreichende Grundlage für eine entsprechende Auslegung. Man solle daher die weitere Entwicklung der Rechtsprechung abwarten. Soweit über eine leistungsbezogene Anwendung hinaus ein allgemeines Bindungsverbot vorgeschlagen werde, begegne dies erheblichen Bedenken, weil es die Unternehmertätigkeit von Wohnungsbauunternehmen unzumutbar einschränke.

Alle genannten Gründe zusammen führten dazu, dass die Bundesregierung eine Änderung des § 3 des Gesetzes zur Regelung von Ingenieur- und Architektenleistungen nicht für erforderlich hielt und von der Vorlage eines Gesetzesentwurfs daher absah.

Damit war die Diskussion jedoch nicht beendet. Im Jahre 1987 schlug das Bundesministerium für Wirtschaft aufgrund der seit 1984 geführten Gespräche vor, das Koppelungsverbot insgesamt aufzuheben. Die Überlegungen, die Gegenstand für den Erlass des Art. 10 § 3 MRVG gewesen seien (akute Grundstücksknappheit, monopolartige Stellung, Wettbewerbsmanipulationen), stellten sich als gegenstandslos dar. Der Wohnungsmarkt habe sich ebenso wie der Grundstücksmarkt deutlich entspannt. Im Ganzen seien Angebot und Nachfrage weitestgehend ausgeglichen. Keiner der Beteiligten habe in der Vergangenheit bei den Diskussionen eine fortbestehende akute Grundstücksknappheit als Argument für die Beibehaltung des Koppelungsverbots geltend gemacht. Da die Lockerung des Koppelungsverbots zu kaum lösbaren Abgrenzungsschwierigkeiten führe, sei seine vollständige Aufhebung sinnvoll.

Diese Position führte zu einer erneuten intensiven Erörterung innerhalb der Bundesarchitektenkammer, der Verbände und Länder. Das Meinungsspektrum blieb sehr widersprüchlich. Das Bundesministerium für Wirtschaft blieb allerdings bei seiner Auffassung und legte im Mai 1988 einen Referentenentwurf vor, der die Aufhebung des Koppelungsverbots vorsah. Schließlich hat es nach der folgenden Kontroverse – insbesondere auch innerhalb der Architektenschaft – das ursprüngliche Vorhaben aufgegeben.

Eine Verschärfung und Ergänzungsvorschläge sind allerdings ebenfalls nicht akzeptiert worden.

Erst in letzter Zeit steht die Abschaffung des Art. 10 § 3 MRVG, diesmal im Zusammenhang mit der Aufhebung des Ermächtigungsgesetzes, erneut zur Diskussion.

XI. Zusammenfassung der Ergebnisse

1. Die verfassungsrechtliche Prüfung hat Folgendes ergeben:
1.1. Art. 10 § 3 MRVG stellt eine Beschränkung der in Art. 14 Abs. 1 GG geschützten Eigentumsgarantie dar. Der Eingriff ist unzulässig, wenn man das Koppelungsverbot dahingehend auslegt, dass auch der Erwerb eines Erbbaurechts von ihm erfasst wird. Dadurch würden die Grundstückseigentümer unverhältnismäßig in ihren Rechten beschnitten.
1.2. Art. 10 § 3 MRVG schränkt die Rechte der Architekten/Ingenieure aus Art. 12 Abs. 1 GG sowohl in Bezug auf die Berufswahl als auch die Berufsausübung ein. Das Verbot der Koppelung von Grundstückserwerbsvertrag und Architekten-/Ingenieurvertrag in Fällen der Bindung an Preisträger ordnungsgemäß durchgeführter Planungswettbewerbe stellt einen Eingriff in die Berufsausübungsfreiheit und in die gemeindliche Planungshoheit dar, der unverhältnismäßig und damit verfassungswidrig ist.
1.3 Entsprechendes gilt in diesen Fällen auch für den Eingriff in die von Art. 2 Abs. 1 GG geschützte Vertragsfreiheit.
1.4. Art. 10 § 3 MRVG verstößt ferner gegen Art. 3 Abs. 1 GG. Er stellt eine willkürliche Ungleichbehandlung von freiberuflichen Architekten/Ingenieuren einerseits und gewerblichen Bauunternehmern, Bauträgern etc. andererseits dar, soweit er die Koppelung von Grundstückserwerbsgeschäften und Verträgen mit Wettbewerbspreisträgern verbietet.

2. Bei Verträgen mit Auslandsbezug ist zu differenzieren:
2.1. Die Bindung an einen bestimmten Architekten/Ingenieur im Zusammenhang mit dem Erwerb eines im Ausland gelegenen Grundstücks wird von Art. 10 § 3 MRVG nicht erfasst.
2.2. Dagegen findet die Vorschrift auf alle Koppelungen zwischen Architekten-/Ingenieurverträgen und Grundstückserwerbsverträgen Anwendung, wenn das betroffene Grundstück in Deutschland liegt. Es kommt dann nicht darauf an, welches Vertragsstatut für die einzelnen Verträge gilt. Denn bei Art. 10 § 3 MRVG handelt es sich um eine zwingende Vorschrift i.S. des Art. 34 EGBGB, so dass er auch Anwendung findet, wenn für den Grundstückserwerbs- und/oder den Architekten-/Ingenieurvertrag die Geltung ausländischen Rechts vereinbart wurde.

3. Durch Art. 10 § 3 MRVG wird die Dienstleistungsfreiheit (Art. 49 ff. EG-V) nur insoweit eingeschränkt, als das Koppelungsverbot auch die Preisträger von ordnungsgemäß durchgeführten Architektenwettbewerben miterfasst.
4. Zu dem geschützten Personenkreis, d.h. den Erwerbern im Sinne der Vorschrift, gehören auch Architekten/Ingenieure, Bauunternehmer, Bauträger, etc.
5. Das Eingreifen des Koppelungsverbots hängt auch davon ab, auf welche Art und Weise das Grundstück erworben wird:
5.1. Von Art. 10 § 3 MRVG erfasst werden sämtliche schuldrechtlichen Verträge, auf denen der Grundstückserwerb beruht, d.h. Kaufverträge, Tauschverträge, Schenkungen und Vorverträge. Die Übertragung eines Grundstücks im Rahmen einer Erbauseinandersetzung fällt dagegen nicht unter das Koppelungsverbot.
5.2. Begründet ein Eigentümer im Wege der Vorratsteilung Wohnungseigentum, dann verstößt es nicht gegen Art. 10 § 3 MRVG, wenn die Käufer sich im Zusammenhang mit dem Erwerb der Eigentumsanteile verpflichten, den bisherigen Architekten/Ingenieur zu beauftragen.
5.3. Bei Erwerb von Bruchteils- bzw. Mit- und Gesamthandseigentum liegt kein Fall einer unzulässigen Koppelung vor, wenn der Veräußerer entweder noch selbst Miteigentümer bzw. Gesamthandseigentümer bleibt oder wenn die tatsächliche und rechtliche Situation mit der des Erwerbs von Wohnungseigentum vergleichbar ist.
5.4. Dem Wortlaut nach erfasst Art. 10 § 3 MRVG nicht den Erwerb von Anteilen an einer Gesellschaft, deren einziger Vermögensgegenstand ein Grundstück ist. Er ist jedoch analog anzuwenden, wenn die Einbringung des Grundstücks in eine Gesellschaft dazu dient, das Koppelungsverbot zu umgehen.
5.5. Die Übertragung bzw. Einräumung eines Erbbaurechts ist nicht dem „Erwerb" eines Grundstücks im Sinne des Art. 10 § 3 MRVG gleichzusetzen. Auch eine analoge Anwendung der Vorschrift scheidet aus.
5.6. Gleiches gilt auch für die Einräumung eines Nießbrauchs, einer Grunddienstbarkeit nach § 1018 BGB und persönlich beschränkten Dienstbarkeiten.

6. „Grundstücke" im Sinne der Vorschrift sind Flächen auf der Erdoberfläche unabhängig von Größe und Bebaubarkeit.

7. Art. 10 § 3 MRVG wird zutreffend von der ganz herrschenden Meinung berufsstands- und nicht leistungsbezogen ausgelegt. Er gilt somit nicht für Bauträger, Generalunternehmer, Generalübernehmer etc., die Planungsleistungen mit erbringen. Dagegen ist eine Bindung an freiberufliche Architekten/Ingenieure, die Bauleistungen wie ein Generalunternehmer, Generalübernehmer oder Bauträger im Zusammenhang mit einer Grundstücksveräußerung anbieten, unzulässig.

    Unter das Koppelungsverbot fallen jedoch keine Architekten/Ingenieure, die gewerblich Bauleistungen erbringen. Ausnahmsweise greift Art. 10 § 3 MRVG jedoch ein, wenn Bauunternehmer, Bauträger, Wohnungsbauunternehmen etc. im Einzelfall oder generell ausschließlich Planungs- und Ausführungsleistungen für ein Bauwerk ausführen.

8. Unter Planung und Ausführung i.S. des Art. 10 § 3 MRVG versteht man sämtliche Architekten- und Ingenieurleistungen, die in den Leistungsbildern der HOAI enthalten sind. Nicht dazu gehören z.B. die isolierten Besonderen Leistungen, Beratungstätigkeit und die Erstellung von Gutachten.

9. Wenn freiberufliche Architekten/Ingenieure als Projektmanager, Projektentwickler, Projektsteuerer und Projektcontroller tätig werden, ist im Einzelfall zu prüfen, ob die Verbindung mit einem Grundstückserwerbsvertrag gegen Art. 10 § 3 MRVG verstößt. Das ist nicht der Fall, wenn schwerpunktmäßig keine Architekten- und Ingenieurleistungen nach den Leistungsbildern der HOAI, sondern ganz überwiegend andere, für die Projektentwicklung, Projektsteuerung etc. typische Tätigkeiten Gegenstand der vertraglichen Vereinbarung sind.

10. Ein Architekt ist auch dann „bestimmt" im Sinne der Vorschrift, wenn der Veräußerer dem Erwerber die Wahl unter mehreren von ihm ausgesuchten Architekten lässt. Verboten ist jegliche Vereinbarung, die dem Erwerber die Wahl ganz oder teilweise nimmt.

11. Das Koppelungsverbot gilt unabhängig davon, in welcher Rechtsform der freiberufliche Architekt/Ingenieur tätig wird. Schließt er sich jedoch mit einem Baubetreuer oder sonstigen gewerblichen Wohnungsunternehmer zu einer BGB-Gesellschaft zusammen, dann kommt es darauf an, welches Leistungspaket alle BGB-Gesellschafter zusammen anbieten. Handelt es sich um die Erstellung eines kompletten Bauvorhabens, greift Art. 10 § 3 MRVG auch dann nicht ein, wenn der Erwerber mit dem Architekten einen

Vertrag über die Erbringung von Architektenleistungen und mit dem anderen Gesellschafter einen solchen über Bauleistungen abschließt.

12. Ein Zusammenhang zwischen Architekten-/Ingenieur- und Grundstückserwerbsvertrag ist dann gegeben, wenn nicht angenommen werden kann, dass der Grundstückserwerb ohne Inanspruchnahme des Architekten/Ingenieurs rechtlich oder tatsächlich möglich gewesen wäre.
Die Vorschrift wird zutreffend von der herrschenden Meinung sehr weit ausgelegt. Um Schwierigkeiten bei der Abgrenzung zu vermeiden, sind nur solche Vereinbarungen unter Art. 10 § 3 MRVG zu fassen, die tatsächlich oder rechtlich eine Bindung des Erwerbers an einen bestimmten Architekten für die Zukunft beinhalten.

13. Auch Bindungen an Preisträger von Architektenwettbewerben fallen dem Wortlaut nach unter Art. 10 § 3 MRVG. Bei der Durchführung von Realisierungswettbewerben können deshalb unter Umständen Schadensersatzansprüche der Preisträger gegen den Auslober bestehen, wenn dieser das Grundstück nach Durchführung des Wettbewerbs nicht selbst bebaut, sondern zum Zwecke der Bebauung veräußert.

14. Rechtsfolgen des Verstoßes:
14.1. Für den Architekten-/Ingenieurvertrag gilt:
Der Architekten-/Ingenieurvertrag ist gemäß § 134 BGB ebenso nichtig wie die Architektenkoppelungsvereinbarung selbst.
Eine Bestätigung des Vertrages ist gemäß § 141 BGB grundsätzlich möglich.
Es ist nicht treuwidrig, wenn sich Erwerber bzw. Architekten/Ingenieure auf die Unwirksamkeit des Vertrages berufen. Eine unzulässige Rechtsausübung gemäß § 242 BGB kann darin jedoch dann gesehen werden, wenn der Vertragspartner arglistig gehandelt hat.
14.2. Für den Grundstückserwerbsvertrag gilt Folgendes:
Der Vertrag wird gemäß Art. 10 § 3 Satz 2 MRVG von der Unwirksamkeit des Architekten-/Ingenieurvertrags nicht berührt. Der nichtige Vertrag soll ersatzlos entfallen, damit der Grundstückserwerber frei über das Grundstück verfügen kann. Das schließt allerdings die Anwendung des § 139 BGB aus anderen Gründen nicht grundsätzlich aus. Für die Annahme eine Gesamtnichtigkeit gemäß § 139 BGB reicht es jedoch nicht aus, wenn beide Verträge nach dem Willen der Parteien rechtlich Teile eines Gesamtgeschäfts sein sollen. Art. 10 § 3 Satz 2 MRVG ordnet gerade an, dass auf den Parteiwillen keine Rücksicht zu nehmen ist.

14.3. Sollen Grundstückserwerbs- und Architekten-/Ingenieurvertrag nach dem Willen der Parteien miteinander „stehen und fallen", dann liegt ein einheitliches Geschäft i.S des § 311 b BGB vor. Die Architektenbindungsvereinbarung bzw. der Architekten-/Ingenieurvertrag müssen dennoch nicht mit dem Grundstückserwerbsvertrag zusammen beurkundet werden, da unwirksame Vereinbarungen nicht beurkundungspflichtig sind.

15. Ansprüche des Architekten/Ingenieurs gegen den Erwerber:
Dem Architekten/Ingenieur können Ansprüche auf Aufwendungersatz nach §§ 683, 670 BGB gegen den Erwerber/Bauherrn zustehen, wenn festgestellt wird, dass seine Tätigkeit dem tatsächlichen Interesse und Willen des Bauherrn entspricht.
Die Höhe des Aufwendungsersatzanspruchs richtet sich nach den Mindestsätzen der HOAI. Der Architekt/Ingenieur kann jedoch nicht mehr erhalten, als ihm bei einer wirksamen Beauftragung zugestanden hätte.

15.2. Steht nicht fest, dass die Tätigkeit des Architekten/Ingenieurs dem tatsächlichen Interesse und Willen des Erwerber/Bauherrn entspricht, dann kommen Ansprüche des Architekten/Ingenieurs gegen den Erwerber aus Bereicherungsrecht (§§ 812 ff. BGB) in Betracht.
Sind die Leistungen des Architekten/Ingenieurs mangelhaft/unbrauchbar, so reduziert sich sein Anspruch aus § 812 Abs. 1 Satz 1 BGB i.V.m. § 818 Abs. 2 BGB um die zur Mängelbeseitigung erforderlichen Kosten.
Verwertet der Erwerber die Arbeiten des Architekten/Ingenieurs nicht, dann entfällt gemäß § 818 Abs. 3 BGB ein Bereicherungsanspruch. Der Erwerber kann sich jedoch auf § 818 Abs. 3 BGB nicht berufen, wenn er von der Nichtigkeit des Architekten-/Ingenieurvertrags Kenntnis hatte (§§ 818 Abs. 4, 819 BGB), es sei denn, er geht davon aus, dass auch der Architekt von der Unwirksamkeit der Vereinbarung weiß.
Die Höhe des Bereicherungsanspruchs richtet sich nach der üblichen Vergütung, d.h. den Mindestsätzen der HOAI. Auch hier gilt jedoch, dass der Architekt/Ingenieur nicht mehr erhalten kann, als er bei einer wirksamen Beauftragung erhalten hätte.
Der Bereicherungsanspruch ist bei Vorliegen der Voraussetzungen des § 814 BGB ausgeschlossen. Dagegen führt die Kenntnis des Architekten/Ingenieurs vom Vorliegen der Voraussetzungen des Art. 10 § 3 MRVG nicht zu einem Ausschluss von Bereicherungsansprüchen gemäß § 817 Abs. 2 BGB. Das Koppelungsverbot richtet sich nicht gegen die Architekten-/Ingenieurtätigkeit an sich, sondern lediglich gegen deren Verbindung mit dem Grundstückserwerbsvertrag. Es liegt somit keine verbotene Tätigkeit i.S. des § 817 Abs. 2 BGB vor.

16. Ansprüche des Erwerbers gegen den Architekten/Ingenieur:
16.1. Grundsätzlich hat der Erwerber Ansprüche auf Rückzahlung zu viel gezahlten Honorars. Bei fehlerhaften/unbrauchbaren Architektenleistungen fließen die Mangelbeseitigungskosten in die Berechnungen des Rückzahlungsanspruchs ein. Hat der Erwerber Architektenleistungen aus anderen Gründen nicht verwertet, z.B weil er seine Bauabsicht aufgegeben hat, dann entfällt wegen der Anwendung der Saldotheorie ein Rückzahlungsanspruch gegenüber dem Architekten.

Ansprüche bei mangelhafter Architekten-/Ingenieurleistung, wenn die Kosten der Mängelbeseitigung den Wert der Architektenleistung übersteigen:
Sind Architektenleistungen mangelhaft/unbrauchbar, dann können Bereicherungsansprüche des Architekten u.U. ganz entfallen. Überschießende Beträge können dagegen nicht über das Bereicherungsrecht ausgeglichen werden.

Eine analoge Anwendung der §§ 633 ff. BGB scheidet ebenfalls aus.

In Betracht kommen jedoch Schadensersatzansprüche aus Verschulden bei Vertragsschluss (§ 311 Abs. 2 BGB). Der Architekt/Ingenieur muss den Erwerber, wenn es sich um keinen Baufachmann, sondern um einen Laien handelt, über Art. 10 § 3 MRVG und seine Rechtsfolgen aufklären. Verletzt er diese Pflicht, macht er sich schadensersatzpflichtig. Die Höhe des Ersatzanspruchs richtet sich nach den Kosten für die Mängelbeseitigung.

17. Versicherungsrechtliche Probleme können dann entstehen, wenn der Erwerber wegen fehlerhafter Leistungen von dem Architekten bereits gezahltes Honorar zurückverlangt. Wird der Anspruch auf Bereicherungsrecht gestützt, ist die Versicherung des Architekten nicht eintrittspflichtig.

XII. Resümee

Die Auslegung des Art. 10 § 3 MRVG durch die Rechtsprechung ist widersprüchlich und zu Recht in der Literatur, bei berufsständischen Vereinigungen und auch bei Architekten, Notaren und Anwälten auf Kritik gestoßen. Begründete Zweifel bestehen bereits am Erfolg seiner Zielsetzung, den Mietanstieg zu verhindern oder wenigstes zu dämpfen. Denn er erfasst weder Bauträger, Baubetreuer und andere Wohnungsbauunternehmen noch den Erwerb von Wohnungseigentum nach vorangegangener Vorratsteilung des veräußernden Eigentümers. Heutzutage wird ein großer, wenn nicht überwiegender Teil der Bauvorhaben im Ein- und Zweifamilienhausbau sowie Mehrfamilienwohnungsbau nicht mehr von Bauherren in Zusammenarbeit mit Architekten ausgeführt, sondern im Rahmen von Bauträgermodellen etc.

Auch die Absicht, den Wettbewerb auf dem Architekten-/Ingenieurmarkt zu gewährleisten und die Qualität der Architekten-/Ingenieurleistungen zu sichern, erfüllt die Vorschrift nur bedingt. Das Koppelungsverbot sollte ja gerade auch mittlere und kleinere Architekten-/Ingenieurbüros stärken und es ihnen ermöglichen, wegen der Qualität ihrer Leistungen Aufträge zu erhalten. Da jedoch zunehmend die Tendenz besteht, ein Bauvorhaben nicht nur im Wohnungsbau, sondern auch im Ein- und Zweifamilienhausbereich aus einer Hand zu erhalten, sind diese Büros nicht mehr konkurrenzfähig. Und selbst wenn sie ökonomisch dazu in der Lage wären, stünde ihnen Art. 10 § 3 MRVG im Wege: Solange ihre Verträge auch dann nichtig sind, wenn freiberufliche Architekten/Ingenieure Gesamtleistungspakete *wie* Bauträger, Baubetreuer, Wohnungsbauunternehmen etc. anbieten, sind sie gegenüber den gewerblichen Bauunternehmen benachteiligt.

Das Bestreben der Rechtsprechung, Umgehungsversuche zu verhindern, führt darüber hinaus zu unklaren Grenzziehungen und damit zu erheblicher Rechtsunsicherheit. Zu letzterer tragen auch die widersprüchlichen Entscheidungen im Hinblick auf die Gültigkeit von Abstandssummenvereinbarungen, die Anwendbarkeit des § 141 BGB und auf die Wirksamkeit von Koppelungsvereinbarungen im Zusammenhang mit Übertragungen von Anteilen einer Grundstücksgesellschaft bei. Das Gleiche gilt für die unterschiedlichen Auffassungen zu Bindungsvereinbarungen im Zusammenhang mit der Übertragung von Erbbaurechten. Schließlich besteht in einigen weiteren Fragen in Literatur und Rechtsprechung keine Einigkeit:

Dürfen sich auch Bauträger etc auf das Koppelungsverbot stützen? Weshalb ist die Übertragung von Wohnungseigentum mit Bindung an einen bestimmten Architekten möglich, nicht dagegen der Grundstückserwerb zum Zwecke der Errichtung von Reihen- und Stadthäusern? Wann liegt ein Zusammenhang zwischen Grundstückserwerbs- und Architektenvertrag vor? Wann kann sich einer der beiden Vertragspartner auf treuwidriges Verhalten des anderen berufen? Welche Beweisregeln kommen zur Anwendung?

Wird ein Bauvorhaben mit den „vorgegebenen" Architekten verwirklicht, so kann Art. 10 § 3 MRVG darüber hinaus zu unbefriedigenden Ergebnissen führen. Den Parteien wäre in solchen Fällen mit einer wirksamen Vertragsbeziehung mehr gedient als mit Hilfskonstruktionen wie Ansprüchen aus Bereicherungsrecht, §§ 683, 670 BGB oder Schadensersatzansprüchen gemäß § 311 Abs. 2 BGB. Die vertraglichen Vergütungsregeln und das Mängelgewährleistungsrecht werden den Interessen von Bauherrn und Architekten/Ingenieuren besser gerecht als nicht vertragliche Anspruchsgrundlagen.

Schwerwiegende Nachteile hat das Koppelungsverbot aber auch in dem Bereich der Architektenwettbewerbe. Durch Art. 10 § 3 MRVG werden die Möglichkeiten des öffentlichen Auftraggebers bzw. Wettbewerbsveranstalters, eine Bindungswirkung an den/die Wettbewerbssieger herzustellen, unmöglich gemacht. Gerade dann, wenn Gemeinden etc. nicht über ausreichende finanzielle Mittel verfügen, wählen sie gerne den Weg einer Veräußerung des Grundstücks mit einer Bindung an die planerischen Ergebnisse aus Wettbewerben. Da eine Koppelung an Architekten/Ingenieure nicht möglich ist, werden diese erheblich gegenüber Bauträgern etc. benachteiligt. Denn eine Bindung an letztere ist im Zusammenhang mit der Grundstücksveräußerung nach Durchführung entsprechender Wettbewerbe zulässig. Dadurch werden die Architekten aber von vornherein aus einem für sie wirtschaftlich, aber auch planerisch wertvollen Bereich ausgeschlossen. Art. 10 § 3 MRVG ist deshalb wegen Verstoßes gegen Artt. 2 Abs. 1, 12 Abs. 1 und 3 Abs. 1 verfassungswidrig.

Schriften zum deutschen und internationalen Baurecht

Herausgegeben von Axel Wirth

Band 1 Sebastian Ulbrich: Leistungsbestimmungsrechte in einem künftigen deutschen Bauvertragsrecht vor dem Hintergrund, der Funktion und der Grenzen von §§ 1 Nr. 3 und Nr. 4 VOB/B. 2007.

Band 2 Alice Müller: Nachhaltigkeit im öffentlichen Baurecht unter besonderer Berücksichtigung energieeffizienten Bauens und des Einsatzes erneuerbarer Energien. 2008.

Band 3 Petra Christiansen-Geiss: Voraussetzungen und Folgen des Koppelungsverbotes Art. 10 § 3 MRVG. 2009.

www.peterlang.de

Sebastian Ulbrich

Leistungsbestimmungsrechte in einem künftigen deutschen Bauvertragsrecht vor dem Hintergrund, der Funktion und der Grenzen von §§ 1 Nr. 3 und Nr. 4 VOB/B

Frankfurt am Main, Berlin, Bern, Bruxelles, New York, Oxford, Wien, 2007.
XXIII, 260 S.
Schriften zum deutschen und internationalen Baurecht.
Herausgegeben von Axel Wirth. Bd. 1
ISBN 978-3-631-56372-4 · br. € 54.70*

Bei einem BGB-Bauvertrag stehen den Bauvertragsparteien keine speziellen bauvertraglichen Normen zur Regelung von Bauablaufstörungen zur Verfügung. Dieser Befund steht in einem auffälligen Kontrast zur Bedeutung von Bauablaufstörungen bei einem Bauvertrag. Hintergrund dieses Missstandes ist, dass bislang kein selbständiges Bauvertragsrecht im Bürgerlichen Gesetzbuch normiert ist, in welchem die speziellen Anforderungen eines Bauvertrages, vor allem durch besondere Vorschriften zur Regelung von Bauablaufstörungen, ausreichende Berücksichtigung hätten finden können. Mit diesem Buch wird anhand eines Vergleiches mit §§ 1 Nr. 3 und Nr. 4 VOB/B der Versuch unternommen, die Rechtsunsicherheit im Bereich von Bauablaufstörungen bei einem BGB-Bauvertrag durch konkrete Vorschläge für gesetzliche Leistungsbestimmungsrechte zu beheben.

Aus dem Inhalt: Leistungsänderungen gem. §§ 1 Nr. 3 und Nr. 4, §§ 2 Nr. 5 und Nr. 6 VOB/B, insbesondere deren Funktion, deren Rechtsnatur, deren Grenzen und Wirksamkeit · Integration in ein künftiges deutsches Bauvertragsrecht

Frankfurt am Main · Berlin · Bern · Bruxelles · New York · Oxford · Wien
Auslieferung: Verlag Peter Lang AG
Moosstr. 1, CH-2542 Pieterlen
Telefax 0041(0)32/3761727

*inklusive der in Deutschland gültigen Mehrwertsteuer
Preisänderungen vorbehalten
Homepage http://www.peterlang.de

www.ingramcontent.com/pod-product-compliance
Ingram Content Group UK Ltd.
Pitfield, Milton Keynes, MK11 3LW, UK
UKHW021836210426
5322IPUK00021B/313